普通高等教育"十四五"系列教材

面向对象程序设计

主　编　张　勇　张平华　赵小龙

副主编　于海霞　林　徐

中国水利水电出版社
www.waterpub.com.cn
·北京·

内 容 提 要

　　Java 是目前使用最为广泛的面向对象语言之一。本书通过对 Java 语言的全面介绍,引导读者一步一步地学习面向对象编程的基本思想和基础知识,快速掌握面向对象编程的核心内容,并学会灵活运用所学的知识。

　　本书系统地介绍了 Java 语言的语法知识和应用技术,采用浅显易懂的语言和丰富的程序示例完整详细地介绍了 Java 语言的重点和难点。本书共分为 17 章,体系合理、逻辑性强、文字流畅、通俗易懂,是学习 Java 面向对象程序设计的理想教材。

　　本书既可作为高等院校计算机专业的教材,又可作为职业教育的培训用书和 Java 初学者的入门教材,也可供有一定 Java 编程经验的开发人员参考。

图书在版编目(ＣＩＰ)数据

　　面向对象程序设计 / 张勇,张平华,赵小龙主编
. -- 北京 : 中国水利水电出版社,2023.5
　　普通高等教育"十四五"系列教材
　　ISBN 978-7-5226-1512-7

　　Ⅰ. ①面… Ⅱ. ①张… ②张… ③赵… Ⅲ. ①JAVA语言－程序设计－高等学校－教材 Ⅳ. ①TP312.8

　　中国国家版本馆CIP数据核字(2023)第081430号

策划编辑:崔新勃　　责任编辑:王玉梅　　加工编辑:白绍昀　　封面设计:李 佳

书 名	普通高等教育"十四五"系列教材 面向对象程序设计 MIANXIANG DUIXIANG CHENGXU SHEJI
作 者	主 编 张 勇 张平华 赵小龙 副主编 于海霞 林 徐
出版发行	中国水利水电出版社 (北京市海淀区玉渊潭南路 1 号 D 座　100038) 网址:www.waterpub.com.cn E-mail: mchannel@263.net(答疑) 　　　　 sales@mwr.gov.cn 电话:(010) 68545888(营销中心)、82562819(组稿)
经 售	北京科水图书销售有限公司 电话:(010) 68545874、63202643 全国各地新华书店和相关出版物销售网点
排 版	北京万水电子信息有限公司
印 刷	三河市德贤弘印务有限公司
规 格	184mm×260mm　16 开本　19 印张　474 千字
版 次	2023 年 5 月第 1 版　2023 年 5 月第 1 次印刷
印 数	0001—2000 册
定 价	49.00 元

前　言

Java 作为当前主流的面向对象程序语言之一，从其诞生到今天，它已经遍布软件编程的各个领域。特别是随着因特网的快速发展，Java 在 Web（万维网）方面表现出强大的特性，进入移动互联时代，Java 在手机开发领域也得到广泛的应用。

本书全面介绍了 Java 语言，阐述其面向对象的本质特征：封装性、继承性和多态性。本书汇聚一线教师多年教学经验，语言通俗易懂，各章内容循序渐进。

全书共 17 章，第 1 章介绍了 Java 概述；第 2 章介绍了 Java 基础；第 3 章介绍了类与对象；第 4 章介绍了继承；第 5 章介绍了抽象类、接口与内部类；第 6 章介绍了多态；第 7 章介绍了语言包；第 8 章介绍了异常与异常处理机制；第 9 章介绍了输入流与输出流；第 10 章介绍了 Swing 及事件处理；第 11 章介绍了多线程；第 12 章介绍了数据库编程；第 13 章介绍了网络编程；第 14～16 章是综合案例；第 17 章是实验指导。

本书是安徽省质量工程教学研究重点项目：工程教育认证视角下网络工程国家一流专业建设路径研究（编号：2022jyxm1050），安徽省"六卓越、一拔尖"卓越人才培养创新项目（编号：2020zyrc108）及安徽省高校优秀青年人才支持计划重点项目（编号：gxyqZD2021130）研究成果之一。

本书由张勇、张平华、赵小龙任主编，于海霞、林徐任副主编；张勇负责全书整体结构的设计及统稿、定稿工作。全书的编写工作如下：第 1 章、第 3 章、第 4 章、第 5 章、第 6 章、第 17 章由张勇编写，第 7 章、第 8 章、第 9 章由张平华编写，第 11 章、第 13 章由赵小龙编写，第 10 章、第 12 章由于海霞编写，第 2 章由林徐编写，第 14 章由张帅兵编写，第 15 章由陈丽萍编写，第 16 章由董俊庆编写。

由于时间紧迫及编者水平有限，书中难免存在疏漏不足，敬请广大读者批评指正。

编　者
2023 年 2 月

目　　录

第1章 Java 概 述

1.1 Java 的起源

Java 是美国 Sun（太阳）公司推出的一种面向对象的程序设计语言。Java 的应用范围十分广泛，比如：桌面应用系统开发、Web 应用、嵌入式系统开发等。同时，由于 Java 具有面向对象、可移植性、安全性、多线程性等众多的优点，Java 语言在推行之初就受到了业界的普遍关注和欢迎。

1991 年，Sun 公司在一个项目中需要设计一种计算机语言用于手机、掌上电脑（Personal Digital Assistant，PDA）等电子设备，由于设备参数的局限性，该语言所占空间必须非常小而且能够生成紧凑的代码，Java 应运而生。它吸取 C/C++语言的优点，摒弃了它们的不足，起初该语言命名为 Oak，后来更名为 Java。1995 年 5 月 Java1.0 正式对外发布，1998 年 Java1.2 正式对外发布，此后陆续发布新版本，2009 年 4 月 Sun 公司被 Oracle（甲骨文）公司收购。

1.2 Java 的特性

《Java 白皮书》中在关于 Java 语言设计目标部分指出："To live in the world of electronic commerce and distribution, Java must enable the development of secure, high performance, and highly robust applications on multiple platforms in heterogeneous, distributed networks, threaded, dynamically adaptable, simple and object oriented." 因此，我们可以得出 Java 语言具有简单性、面向对象、分布式、健壮性、安全性、可移植性、多线程、高效率等特性。

1. 简单性

Java 的简单性是指程序员无需经过专业的培训就能使用 Java 语言。Java 可以说是从 C++语言转变而来的，因此其语言风格与 C++类似，它具有 C++语言的优点，同时摒弃了 C++中指针、多重继承、冗余等使程序复杂性提高的内容。所以，可以说掌握了 C++后，Java 语言将很容易被掌握。

2. 面向对象

Java 是一种纯面向对象的编程语言，其在程序开发时将现实世界中的所有实体都看作是要被处理的对象，将现实世界中对象的属性和行为分别用程序中的数据和方法来表示。该部分将在第 3 章详细阐述。

3. 分布式

分布式是在计算机科学领域中为了充分利用网络中多个计算机的处理能力，将一个需要巨大计算能力才能解决的问题划分成多个小的部分，再分别交给不同计算机处理，并把各个计算机的处理结果汇总，得到最终的处理结果。分布式一般包括数据分布和操作分布两个方面，其中数据分布是指将相关数据分别存储在网络中不同的计算机上,操作分布是指相关问题的处理分别放置在不同的计算机上进行。

4. 健壮性

Java 语言设计之初就被要求其所开发的软件要具有较高的可靠性，因此它提供了较高的查错功能，包括编译时进行查错和运行时进行二次查错，因此许多问题在开发之初就能被发现。

5. 安全性

Java 的分布式特性要求了其必须具有较高的安全性。Java 摒弃了指针并提供了自动内存管理机制，有效避免了通过指针和非法操作导致内存破坏系统的可能性。

6. 可移植性

Java 语言的可移植性是指其具有与平台无关的特性，即程序可以在不同的操作平台运行，实质是一种"一次编写、到处运行"的语言。

7. 多线程

Java 的多线程特性是指 Java 语言能够开发一个同时处理多个事件的程序，同时其同步机制能够保证不同线程之间可以进行数据共享。

8. 高效率

Java 语言的高效率是指程序执行效率高。前面提到 Java 是一种解释型语言，但 Java 的执行效率要比一般的解释型语言的效率要高。原因有两个：一是 Java 语言使用了字节码，该字节码非常简单，其执行效率非常接近于机器码的执行效率；二是由于多线程的特性，Java 程序可以同时处理多个事件，执行效率就高于一次处理一个事件的程序。

1.3　Java 的工作原理

众所周知，任何程序设计语言都要被"翻译"成机器语言之后才能在计算机上运行。通常存在两种"翻译"方式，即解释型和编译型。其中，解释型语言是对源程序解释一句执行一句，而且每执行一次源程序就要被解释一次，效率较低；编译型语言是在程序运行时直接被编译成一组能够被计算机识别的机器语言（即机器码），而且程序只在第一次运行时被编译，之后可以直接运行，其执行效率较高。

Java 程序语言既是编译型又是解释型语言。Java 程序在被执行时，首先被 Java 编译器（javac.exe）转换成字节码，然后字节码被 Java 虚拟机（JVM）解释成机器码，最后再被执行，如图 1.1 所示。

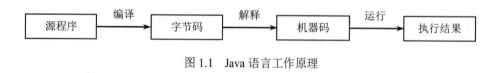

图 1.1　Java 语言工作原理

1.4　Java 的开发运行环境

Java 的开发运行环境指的是 Java 程序的开发工具和软/硬件环境。Java 程序的开发需要安装 Sun 公司的 JDK（Java 语言的软件开发工具包）。

1.4.1　JDK 的安装

Sun 公司在开发 JDK 时，为不同的操作系统提供了不同的 JDK 版本，安装时需要根据自己的操作系统进行选择性安装。本书以 Windows 7 操作系统为例讲解 JDK 的安装过程：

（1）登录 Oracle 公司网站（http://www.oracle.com）下载 JDK 工具包。在 Java downloads 选项卡中选择相应版本进行下载，如图 1.2 所示。

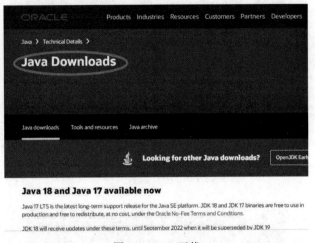

图 1.2　Java 下载

（2）单击 Java for Developers 超链接后进入 Java SE 相关资源的下载页面，如图 1.3 所示。选择可用版本进入到 JDK 下载页面，如图 1.4 所示。

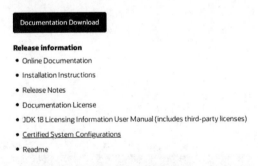

图 1.3　相关资源的下载页面

Java SE Development Kit 18.0.2 downloads		

Thank you for downloading this release of the Java™ Platform, Standard Edition Development Kit (JDK™). The JDK is a development environment for building applications and components using the Java programming language.

The JDK includes tools for developing and testing programs written in the Java programming language and running on the Java platform.

Linux　macOS　Windows

Product/file description	File size	Download
x64 Compressed Archive	172.79 MB	https://download.oracle.com/java/18/latest/jdk-18_windows-x64_bin.zip (sha256 ☑)
x64 Installer	153.37 MB	https://download.oracle.com/java/18/latest/jdk-18_windows-x64_bin.exe (sha256 ☑)
x64 MSI Installer	152.25 MB	https://download.oracle.com/java/18/latest/jdk-18_windows-x64_bin.msi (sha256 ☑)

图 1.4　JDK 下载页面

（3）在 JDK 下载页面中，有不同操作系统的下载版本，包括 Linux、macOS 和 Windows，单击链接下载对应的版本。

（4）安装 JDK。JDK 的安装过程比较简单，需要注意的是其安装路径。JDK 的安装目录与后面环境变量的配置相关，安装过程如图 1.5 至图 1.7 所示。

图 1.5　JDK 安装（1）

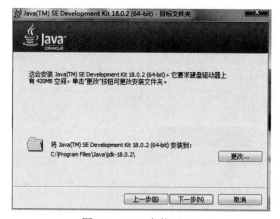

图 1.6　JDK 安装（2）

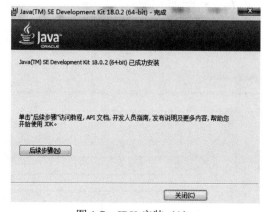

图 1.7　JDK 安装（3）

安装后的 JDK 目录如图 1.8 所示。

图 1.8　JDK 目录

1.4.2　环境变量的配置

JDK 安装完成后，必须进行环境变量的配置，之后才能开发 Java 程序。JDK 环境变量配置步骤如下：

（1）在桌面右击"计算机"，在弹出的级联菜单中单击"属性"命令，进入"系统属性"对话框，并选择"高级"选项卡，如图 1.9 所示。

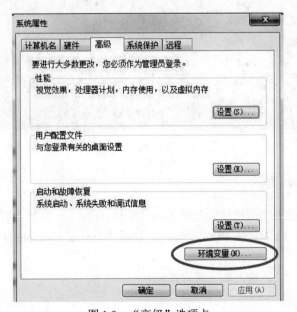

图 1.9　"高级"选项卡

（2）单击"环境变量"按钮进入"环境变量"对话框，在"系统变量"选项组中选中 path 变量后，单击"编辑"按钮，进入"编辑系统变量"对话框，如图 1.10 所示。

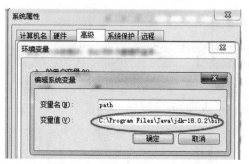

图 1.10   "编辑系统变量"对话框

（3）在"编辑系统变量"对话框的"变量值"文本框中加入 JDK 的 bin 路径。本书的 bin 为"C:\Program Files\Java\jdk-18.0.2\bin;"。注意，bin 后面的分号不能少。

（4）在"开始"菜单中单击"运行"选项后输入 cmd，按回车键进入"命令提示符"界面。在其中输入 javac 后按回车键，出现图 1.11 所示的界面时，表明 JDK 环境变量配置成功。

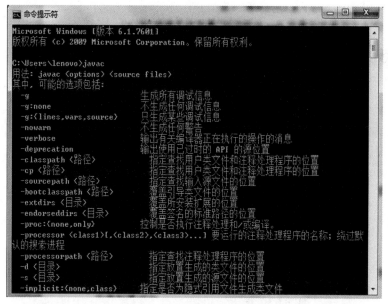

图 1.11   JDK 配置成功界面

1.4.3 第一个 Java 程序

JDK 环境变量配置成功后就可以进行 Java 程序的开发了。本节将编写一个简单的 Java 应用程序，要求程序运行结果是在 DOS 控制台上显示"This is a simple java application！"。Java 应用程序开发步骤如下：

（1）打开"记事本"，输入如下程序源码：

```
public class Test{
    public static void main(String[ ] args){
        System.out.print("This is a simple java application！");
    }
}
```

然后将该记事本文件保存到 D 盘中，文件命名为 Test.java。

（2）在"命令提示符"界面输入"d："将路径切换至 D 盘根目录下（图 1.12），然后输入 javac Test.java，对该文件进行编译，如图 1.13 所示。编译无误后，则会在 D 盘根目录下生成 Test.class 文件。

图 1.12　路径切换至 D 盘根目录

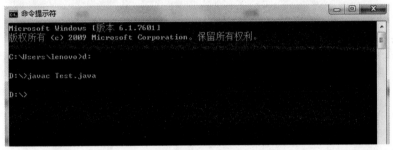

图 1.13　编译 Test.class 文件

（3）运行 Test.class 文件。在"命令提示符"界面输入 java Test 命令，则 DOS 控制台会显示"This is a simple java application！"，如图 1.14 所示。

图 1.14　程序运行结果

在该程序中，public class Test 为类的声明语句，public 表明该类为一个公共类，class 为声明类的关键字，Test 为类名。public static void main（String[ ] args）表明在 Test 类中定义了一个主方法，其为程序的入口点，static 表明该方法为一个静态方法，void 表明该方法的返回值为空，main 为方法名，args[ ]是该方法的参数，是一个字符串数组。System.out.print()是 Java 中信息输出语句，System 是 Java 类库中的一个类，out 是 System 类中的一个对象，print()为 out 对象的一个方法，其参数为字符串类型。

1.4.4　开发工具 Eclipse

Java 的开发工具很多，如 JCreator、NetBeans、Eclipse 等。Eclipse 是一个基于 Java 的、开放源码的、可扩展的免费应用开发平台。它为编程人员提供了一流的 Java 集成开发环境，是一个可以用于构建本地和 Web 应用程序的开发工具平台，可以通过插件来实现程序的快速开发。Eclipse 有多个版本，可以去其官方网站（www.eclipse.org）进行下载，如图 1.15 所示。

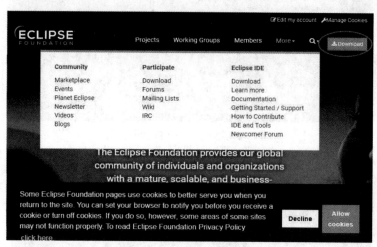

图 1.15　Eclipse 下载页面

Eclipse 的安装过程如图 1.16 至图 1.19 所示。

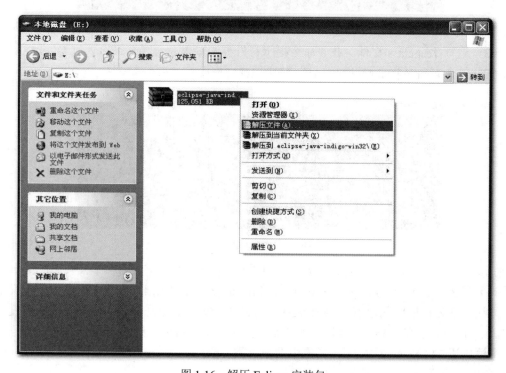

图 1.16　解压 Eclipse 安装包

图 1.17　打开 Eclipse

图 1.18　设置 Eclipse 工作区

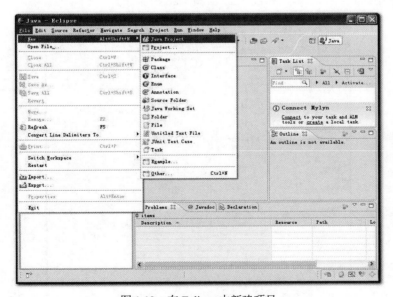

图 1.19　在 Eclipse 中新建项目

如果需要中文版 Eclipse 还需要下载相应版本的汉化包，安装汉化包的过程如图 1.20 和图 1.21 所示。

图 1.20　下载 Eclipse 汉化包并解压

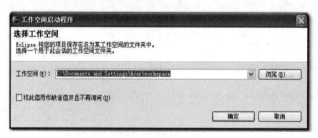

图 1.21　设置工作空间

在 Eclipse 中新建一个项目，如图 1.22 至图 1.28 所示。

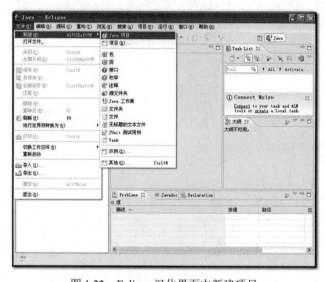

图 1.22　Eclipse 汉化界面中新建项目

图 1.23　"新建 Java 项目"对话框

图 1.24　在项目中新建类

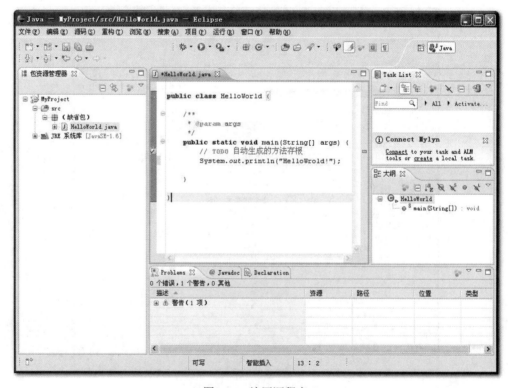

图 1.25   "新建 Java 类"对话框

图 1.26   编写源程序

图 1.27　运行 Java 程序

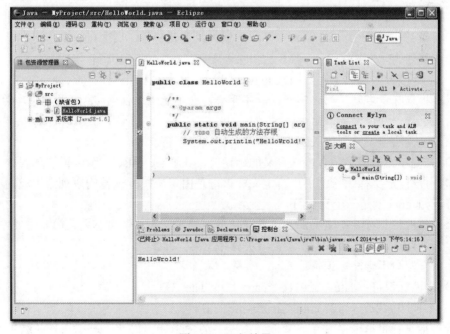

图 1.28　运行结果

第 2 章　Java　基　础

2.1　Java　符　号　集

一个 Java 程序通常由数据类型、运算符、变量和控制流程语句 4 部分组成。其中，数据类型和运算符不仅定义了语言的规范，还决定了可以执行什么样的操作；变量是用来存储指定类型的数据，其值在程序运行期间是可变的，与变量对应的是常量，其值是固定的；控制流程语句决定了语句的执行顺序。

Java 程序中所用到的符号集包含标识符、关键字、注释以及运算符。

2.1.1　标识符

标识符可以简单地理解为一个名字，它是用来标识类名、变量名、方法名、数组名、文件名的有效字符序列。如：

```
int i= 100;
System.out.println(i); // 在控制台输出信息
```

变量名 i 就是标识符，由用户所起，但命名也要遵循一定的规则。Java 中标识符是为方法、变量或其他用户定义项所定义的名称。标识符可以有一个或多个字符。在 Java 语言中，标识符的构成规则如下：

（1）标识符由数字（0～9）、字母（A～Z 和 a～z）、美元符号（$）、下划线（_）以及 Unicode 字符集中符号大于 0xC0 的所有符号组合构成（各符号之间没有空格）。

（2）标识符的第一个符号需为字母、下划线或美元符号，后面可以是任何字母、数字、美元符号或下划线。

（3）Java 区分字母大小写，因此 myvar 和 MyVar 是两个不同的标识符。

提示：标识符命名时，切记不能以数字开头，也不能使用任何 Java 关键字作为标识符，而且不能赋予标识符任何标准的方法名。

标识符分为两类，分别为关键字和用户自定义标识符。

（1）关键字。关键字是有特殊含义的标识符，如 true、false 表示逻辑的真假。

（2）用户自定义标识符。用户自定义标识符是由用户按标识符构成规则生成的非保留字的标识符，如 abc 就是一个标识符。

提示：使用标识符时一定要注意，或者使用关键字，或者使用自定义的非关键字标识符。此外，标识符可以包含关键字，但不能与关键字重名。

下列为合法与不合法标识符：

（1）合法标识符：date、$2011、_date、D_$date 等。

（2）不合法标识符：123.com、2com、for、if 等。

提示：标识符用来命名常量、变量、类和类的对象等。因此，一个良好的编程习惯要求命名标识符时，应赋予它一个有意义或有用途的名字。

2.1.2　关键字

Java 的关键字对 Java 编译器有特殊的意义，它们用来表示一种数据类型，或者表示程序的结构等。保留字是为 Java 预留的关键字，它们虽然现在没有作为关键字，但在以后的升级版本中有可能作为关键字。Java 语言目前定义了 51 个关键字，这些关键字不能作为变量名、类名和方法名来使用。对这些关键字进行了如下分类：

（1）数据类型：boolean、int、long、short、byte、float、double、char、class、interface。

（2）流程控制：if、else、do、while、for、switch、case、default、break、continue、return、try、catch、finally。

（3）修饰符：public、protected、private、final、void、static、strict、abstract、transient、synchronized、volatile、native。

（4）动作：package、import、throw、throws、extends、implements、this、supper、instanceof、new。

（5）保留字：true、false、null、goto、const。

提示：由于 Java 区分字母大小写，因此 public 是关键字，而 Public 不是关键字。但是为了程序的清晰及可读性，要尽量避免使用关键字的其他形式命名。

2.1.3　注释

Java 支持以下三种注释方式：

（1）单行注释。单行注释是指以双斜杠"//"标识后的一行内容，用在注释信息内容少的地方。

（2）多行注释。多行注释是指包含在"/*"和"*/"之间的内容，它能注释多行。为了程序的可读性，一般首行和尾行不写注释信息（这样也比较美观）。

提示：多行注释可以嵌套单行注释，但是不能嵌套多行注释和文档注释。

（3）文档注释。文档注释是指包含在"/**"和"**/"之间的内容，它也能注释多行，一般用在类、方法和变量上面，用来描述其作用。在 Eclipse 中，注释后，将鼠标指针放在类和变量上面会自动显示出用户注释的内容。

提示：文档注释能嵌套单行注释，不能嵌套多行注释和文档注释，一般首行和尾行也不写注释信息。

2.1.4　运算符

运算符丰富是 Java 语言的主要特点之一，它提供的运算符数量之多，在高级语言中是少见的。

Java 语言中的运算符除了具有优先级之外，还有结合性的特点。当一个表达式中出现多种运算符时，执行的先后顺序不仅要遵守运算符优先级别的规定，还要受运算符结合性的约束，以便确定是自左向右进行运算还是自右向左进行运算。最基本的运算符包括算术运算符、赋值运算符、关系运算符、逻辑运算符、条件运算符和位运算符等。

1. 算术运算符

Java 中的算术运算符主要用来组织数值类型数据的算术运算，按照运算操作数的不同可以分为一元运算符和二元运算符。

（1）一元运算符。一元运算符一共有 3 个，分别是-、++和--，具体说明见表 2.1。

表 2.1　一元算术运算符

运算符	名称	说明	例子
-	取反符号	取反运算	b=-a
++	自加一	先取值再加一，或先加一再取值	a++或++a
--	自减一	先取值再减一，或先减一再取值	a--或--a

表 2.1 中，-a 是对 a 取反运算，a++或 a--是在表达式运算完后，再给 a 加一或减一。而++a 或--a 是先给 a 加一或减一，然后再进行表达式运算。如：

```
int a = 12;
System.out.println(-a);
int b = a++;
System.out.println(b);
b = ++a;
System.out.println(b);
```

上述代码第 2 行是把 a 变量取反，输出结果是-12。第 4 行代码是先把 a 赋值给 b 变量再加一，即先赋值后++，因此输出结果是 12。第 5 行代码是把 a 加一，再把 a 赋值给 b 变量，即先++后赋值，因此输出结果是 14。输出结果如图 2.1 所示。

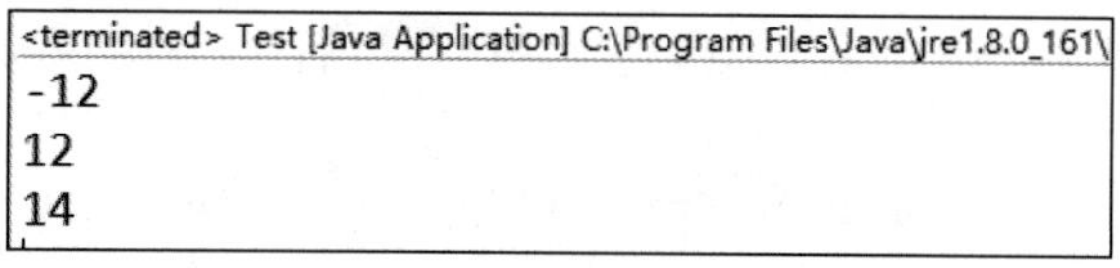

```
<terminated> Test [Java Application] C:\Program Files\Java\jre1.8.0_161\
-12
12
14
```

图 2.1　代码运行结果

（2）二元运算符。Java 语言中算术运算符的功能是进行算术运算，除了经常使用的加（+）、减（-）、乘（*）和除（\）外，还有取余运算（%）。加（+）、减（-）、乘（*）、除（/）。它们和平常接触的数学运算具有相同的含义，具体说明见表 2.2。

表 2.2　二元算术运算符

运算符	名称	说明	例子
+	加	求 a 加 b 的和，还可用于 String 类型，进行字符串连接操作	a+b
-	减	求 a 减 b 的差	a-b
*	乘	求 a 乘以 b 的积	a*b
/	除	求 a 除以 b 的商	a/b
%	取余	求 a 除以 b 的余数	a%b

提示：算术运算符都是双目运算符，即连接两个操作数的运算符。在优先级上，*、/、% 具有相同运算级别，并高于+、-（+、-具有相同级别）。

2. 赋值运算符

（1）赋值运算符。赋值运算符即"="，是一个二元运算符（即对两个操作数进行处理），其功能是将右方操作数所含的值赋值给左方的操作数。语法格式如下：

> 变量类型 变量名=所赋的值；

左方必须是一个变量，而右边所赋的值可以是任何数值或表达式，包括变量（如 a、number）、常量（如 123、'book'）或有效的表达式（如 45*12）。如：

```
int a = 10; //声明 int 型变量 a
int b = 5; //声明 int 型变量 b
int c = a+b+2; //将变量 a、b 和 2 进行运算后的结果赋值给 c
```

遵循赋值运算符的运算规则，可知系统将先计算 a+b+2 的值，结果为 17。然后将 17 赋值给变量 c，因此运算后"c=17"。

如下列代码运行的结果为：b 和 c 的值都等于 19。

```
int a, b, c; //声明 int 型变量 a、b、c
a = 15; //将 15 赋值给变量 a
c=b=a+4; //将 a+4 的值赋给变量 b、c
System.out.println("c 值为："+c); //将变量 c 的值输出
System.out.println("b 值为："+b); //将变量 b 的值输出
```

赋值运算符使用的顺序是先将 a+4 的值赋给 b，再将 b 的值赋给 c，从右向左运算。不过，在程序开发中不建议使用这种赋值语法。

提示： 在 Java 中可以把赋值运算符连在一起使用，例如：x=y=z=15，在这个语句中，变量 x、y、z 得到同样的值 15。

（2）算术赋值运算符。算术赋值运算符只是一种简写，一般用于变量自身的变化。如：

```
int a = 1;
int b = 2;
a += b; //相当于  a = a + b
System.out.println(a);
a += b + 3; //相当于  a = a + b + 3
System.out.println(a);
a -= b; //相当于  a = a - b
System.out.println(a);
a *= b; //相当于  a=a*b
System.out.println(a);
a /= b; //相当于  a=a/b
System.out.println(a);
a %= b; //相当于  a=a%b
System.out.println(a);
```

运行结果如图 2.2 所示。

```
<terminated> Test [Java Application] C:\Program Files\Java\jre1.8.0_161\bin\javaw.exe
3
8
6
12
6
0
```

图 2.2　代码运行结果

3．关系运算符

关系运算符也可以称为比较运算符，用来比较判断两个变量或常量的大小。关系运算符是二元运算符，运算结果是 boolean 型。当运算符对应的关系成立时，运算结果是 true，否则是 false。

关系表达式是由关系运算符连接起来的表达式。关系运算符中"关系"二字的含义是指一个数据与另一个数据之间的关系，这种关系只有成立与不成立两种情况，可以用逻辑值来表示（逻辑上的 true 与 false 用数字 1 与 0 来表示）。关系成立时表达式的结果为 true（或 1），否则表达式的结果为 false（或 0）。表 2.3 给出了比较运算符的含义及其实例应用。

表 2.3 关系运算符的含义及其实例应用

运算符	含义	说明	实例	结果
>	大于运算符	只支持左右两边操作数是数值类型。如果前面变量的值大于后面变量的值，则返回 true	2>3	false
>=	大于或等于运算符	只支持左右两边操作数是数值类型。如果前面变量的值大于等于后面变量的值，则返回 true	4>=2	true
<	小于运算符	只支持左右两边操作数是数值类型。如果前面变量的值小于后面变量的值，则返回 true	2<3	true
<=	小于或等于运算符	只支持左右两边操作数是数值类型。如果前面变量的值小于等于后面变量的值，则返回 true	4<=2	false
==	相等运算符	（1）如果进行比较的两个操作数都是数值类型，无论它们的数据类型是否相同，只要它们的值相等，将返回 true。 （2）如果两个操作数都是引用类型，只有当两个引用变量的类型具有父子关系时才可以比较，只要两个引用指向的是同一个对象就会返回 true。 （3）Java 也支持两个 boolean 类型的值进行比较	4==4 97=='a' 5.0==5 true==false	true true true false
!=	不相等运算符	（1）如果进行比较的两个操作数都是数值类型，无论它们的数据类型是否相同，只要它们的值不相等，将返回 true。 （2）如果两个操作数都是引用类型，只有当两个引用变量的类型具有父子关系时才可以比较，只要两个引用指向的不是同一个对象就会返回 true	4!=2	true

关系运算符的使用应注意：

（1）基本类型的变量、值不能和引用类型的变量、值使用 == 进行比较；boolean 类型的变量、值不能与其他任意类型的变量、值使用 == 进行比较；如果两个引用类型之间没有父子继承关系，那么它们的变量也不能使用 == 进行比较。

（2）== 和 != 可以应用于基本数据类型和引用类型。当用于引用类型比较时，比较的是两个引用是否指向同一个对象。但在实际开发过程中的多数情况下，只需比较对象的内容是否相同，不需要比较是否为同一个对象。

（3）关系运算符的优先级为：>、<、>=、<= 具有相同的优先级，并且高于具有相同优先级的!=、==。关系运算符的优先级高于赋值运算符而低于算术运算符，结合方向是自左向右。

关系运算符通常用于 Java 程序的逻辑判断语句的条件表达式中。使用关系运算符要注意以下几点：

（1）运算符 >=、==、! =、<= 是由两个字符构成的运算符，若用空格将其分开写就会产

生语法错误。例如"x> =y;"就是错误的，但是可以写成"x >= y;"，在运算符的两侧增加空格会提高程序可读性。同样将运算符写反，例如 =>、=<、=! 等形式会产生语法错误。

（2）由于计算机内存放的实数与实际的实数存在着一定的误差，如果对浮点数进行 ==（相等）或 !=（不相等）的比较，容易产生错误结果，应该尽量避免。

（3）不要将"=="写成"="。

4. 逻辑运算符

逻辑运算符把各个运算的关系表达式连接起来组成一个复杂的逻辑表达式，以判断程序中的表达式是否成立，判断的结果是 true 或 false。逻辑运算符是对布尔型变量进行运算，其结果也是布尔型，具体说明见表 2.4。

表 2.4　逻辑运算符的用法、含义及实例

运算符	用法	含义	说明	实例	结果
&&	a&&b	短路与	ab 全为 true 时，计算结果为 true，否则为 false	2>1&&3<4	true
||	a||b	短路或	ab 全为 false 时，计算结果为 false，否则为 true	2<1||3>4	false
!	!a	逻辑非	a 为 true 时，值为 false；a 为 false 时，值为 true	!(2>4)	true
|	a|b	逻辑或	ab 全为 false 时，计算结果为 false，否则为 true	1>2|3>5	false
&	a&b	逻辑与	ab 全为 true 时，计算结果为 true，否则为 false	1<2&3<5	true

逻辑运算符的优先级为：! 运算的级别最高，&&运算高于||运算。! 运算符的优先级高于算术运算符，而&&运算和||运算则低于关系运算符。结合方向是：逻辑非（单目运算符）具有右结合性，逻辑与和逻辑或（双目运算符）具有左结合性。例如：

```
x>0 && x<=100      // 第一行语句
y%4==0 || y%3==0    // 第二行语句
!(x>y)      // 第三行语句
```

其中，第一行语句用于判断 x 的值是否大于 0 且小于或等于 100，只有两个条件同时成立结果才为真（true）。第二行语句用于判断 y 的值是否能被 4 或者 3 整除，只要有一个条件成立，结果就为真（true）。第三行语句先比较 x 和 y，再将比较结果取反，即如果 x 大于 y 成立，则结果为假（false），否则为真（true）。

提示：

（1）&&与&区别：如果 a 为 false，则不计算 b（因为不论 b 为何值，结果都为 false）。

（2）||与|区别：如果 a 为 true，则不计算 b（因为不论 b 为何值，结果都为 true）。

如：

```
int x,y=10;
if( ((x=0)==0) || ((y=20)==20) )
        System.out.println("现在 y 的值是:"+y);
```

运行结果如图 2.3 所示。

```
<terminated> Test [Java Application] C:\Program Files\Java\jre1.8.0_161\bin\javaw.exe
现在y的值是：10
```

图 2.3　代码运行结果

5. 条件运算符

Java 提供了一个特别的三元运算符（也称为三目运算符），它经常用于取代某个类型的 if-then-else 语句。条件运算符的符号表示为 "?:"，使用该运算符时需要有三个操作数，因此称其为三元运算符。三元运算符第一个操作数是条件表达式，其余的是两个值，条件表达式成立时运算取第一个值，不成立时取第二个值。示例代码如：boolean b = 20 < 45 ? true : false;。

三元运算符用于判断，其等价的 if-else 语句如下：

```
boolean a;              // 声明 boolean 变量
if (20 < 45)            // 将 20<45 作为判断条件
    a = true;           // 条件成立将 true 赋值给 a
else
    a = false;          // 条件不成立将 false 赋值给 a
```

当表达式 "20<45" 的运算结果返回真时，则 boolean 型变量 a 取值 true；当表达式 "20<45" 返回假时，则 boolean 型变量 a 取值 false，此例的结果是 true。

6. 位运算符

Java 定义的位运算将直接对整数类型的位进行操作，这些整数类型包括 long、int、short、char 和 byte。位运算符主要用来对操作数二进制的位进行运算。按位运算表示按每个二进制位（bit）进行计算，其操作数和运算结果都是整型值。

（1）位逻辑运算符。位逻辑运算符包含 4 个：&（与）、|（或）、~（非）和^（异或）。除了~（即位取反）为单目运算符外，其余都为双目运算符。表 2.5 中列出了它们的基本用法。

表 2.5   位逻辑运算符

运算符	含义	实例	结果
&	按位进行与运算（AND）	4 & 5	4
|	按位进行或运算（OR）	4 | 5	5
^	按位进行异或运算（XOR）	4 ^ 5	1
~	按位进行取反运算（NOT）	~ 4	-5

（2）位移运算符。位移运算符用来将操作数向某个方向（向左或者右）移动指定的二进制位数。表 2.6 列出了 Java 语言中的两个位移运算符，它们都属于双目运算符。

表 2.6   位移运算符

运算符	含义	实例	结果
»	右移位运算符	8»1	4
«	左移位运算符	9«2	36

（3）复合位赋值运算符。所有的二进制位运算符都有一种将赋值与位运算组合在一起的简写形式。复合位赋值运算符由赋值运算符与位逻辑运算符和位移运算符组合而成。表 2.7 列出了组合后的复合位赋值运算符。

表 2.7　复合位赋值运算符

运算符	含义	实例	结果
&=	按位与赋值	num1 &= num2	等价于 num 1=num 1 & num2
|=	按位或赋值	num1 |= num2	等价于 num 1=num 1 | num2
^=	按位异或赋值	num1 ^= num2	等价于 num 1=num 1 ^ num2
-=	按位取反赋值	num1 -= num2	等价于 num 1=num 1 - num2
«=	按位左移赋值	num1 «= num2	等价于 num 1=num 1 « num2
»=	按位右移赋值	num1 »= num2	等价于 num 1=num 1 » num2

2.2　数据类型、常量与变量

2.2.1　数据类型

Java 语言支持的数据类型分为两种（图 2.4）：基本数据类型（Primitive Type）和引用数据类型（Reference Type）。

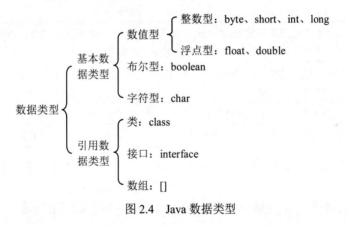

图 2.4　Java 数据类型

1. 基本数据类型

基本数据类型包括字节型（byte）、短整型（short）、整型（int）、长整型（long）、单精度浮点型（float）、双精度浮点型（double）、字符型（char）和布尔型（boolean）共 8 种，具体说明详见表 2.8。

表 2.8　Java 的基本数据类型

类型名称	关键字	占用内存	取值范围
字节型	byte	1 字节	-128～127
短整型	short	2 字节	-32768～32767
整型	int	4 字节	-2147483648～2147483647
长整型	long	8 字节	-9223372036854775808～9223372036854775807

续表

类型名称	关键字	占用内存	取值范围
单精度浮点型	float	4 字节	+/-3.4E+38（6～7 个有效位）
双精度浮点型	double	8 字节	+/-1.8E+308（15 个有效位）
字符型	char	2 字节	ISO 单一字符集
布尔型	boolean	1 字节	true 或 false

提示：char 代表字符型，实际上字符型也是一种整数型，相当于无符号整数型。所有的基本数据类型的大小（所占用的字节数）都已明确规定，在各种不同的平台上保持不变，这一特性有助于提高 Java 程序的可移植性。

Java 是一种强制类型的语言，所有变量都必须先明确定义其数据类型，然后才能使用。Java 中所有的变量、表达式和值都必须有自己的类型，没有"无类型"变量这样的概念。

基本数据类型又可分为四大类，即整数型、浮点型、布尔型和字符型。

（1）整数型。Java 定义了 4 种整数型变量：字节型（byte）、短整型（short）、整型（int）和长整型（long）。这些都是有符号的值，有正数或负数之分，具体说明见表 2.9。

表 2.9　整数型的变量说明

名称	说明
字节型（byte）	byte 类型是最小的整数型。当用户从网络或文件中处理数据流时，或者处理可能与 Java 的其他内置类型不直接兼容的未加工的二进制数据时，该类型非常有用
短整型（short）	short 型限制数据的存储顺序为先高字节，后低字节。这样在某些机器中会出错，因此该类型很少被使用
整型（int）	int 型是最常使用的一种整数型
长整型（long）	对于大型程序常会遇到很大的整数，当超出 int 型所表示的范围时就要使用 long 型

1）字节型。使用 byte 关键字来定义 byte 型变量，可以一次定义多个变量并对其进行赋值，也可以不进行赋值。

byte 型是整数型中内存空间最少的，只占用 1 个字节；取值范围也是最小的，只在-128~127之间。因此，在使用时一定要注意，以免数据溢出产生错误。如：

　　　byte x = 48,y = -108,z;   //定义 byte 型变量 x、y、z，并赋初值给 x、y

2）短整型。使用 short 关键字来定义 short 型变量，可以一次定义多个变量并对其进行赋值，也可以不进行赋值。系统给 short 型分配 2 个字节的内存，其取值范围也比 byte 型大了很多，在-32768~32767 之间，虽然取值范围变大，但还是要注意数据溢出。

3）整型。使用 int 关键字来定义 int 型变量，可以一次定义多个变量并对其进行赋值，也可以不进行赋值。系统给 int 型分配 4 个字节的内存，因此，int 型变量的取值范围很大，在-2147483648~2147483647 之间，足够一般情况下使用，所以是整数型变量中应用最广泛的。如：

　　　int x= 450,y = -462,z; //定义 int 型变量 x、y、z，并赋初值给 x、y

4）长整型。使用 long 关键字来定义 long 型变量，可以一次定义多个变量并对其进行赋值，也可以不进行赋值。而在对 long 型变量赋值时结尾必须加上"L"或者"1"，否则将不被认为是 long 型。当数值过大，超出 int 型的范围时就使用 long 型，系统分配给 long 型变量 8

个字节，取值范围更大，在-9223372036854775808~9223372036854775807 之间。如：

```
long x=4556824L,y=-4624477161,z; //定义 long 型变量 x、y、z，并赋初值给 x、y
```

提示：在定义 long 型变量时最好在结尾处加"L"，因为"l"非常容易和数字"1"弄混。

以下代码是在主方法中创建不同的整数型变量，并将这些变量相加，将结果输出。

```
//创建类
public class Test {
    //主方法
    public static void main(String[] args) {
        //声明 byte 型变量并赋值
        byte mybyte = 124;
        //声明 short 型变量并赋值
        short myshort = 32564;
        //声明 int 型变量并赋值
        int myint = 45784612;
        //声明 long 型变量并赋值
        long mylong = 46789451L;
        long result = mybyte+myshort+myint+mylong;
        //获得各变量相加后的结果
        System.out.println("四种类型相加的结果为："+result);
        //将以上变量相加的结果输出
    }
}
```

运行结果如图 2.5 所示。

```
<terminated> Test [Java Application] C:\Program Files\Java\jre1.8.0_161\bin\javaw.exe
四种类型相加的结果为：92606751
```

图 2.5　代码运行结果

（2）浮点型。浮点型是带有小数部分的数据类型，也叫作实型。浮点型数据包括单精度浮点型（float）和双精度浮点型（double），表示有小数精度要求的数字。

单精度浮点型（float）和双精度浮点型（double）之间的区别主要是所占用的内存大小不同，float 型占用 4 字节的内存空间，double 型占用 8 字节的内存空间。double 型比 float 型具有更高的精度和更大的表示范围。

Java 默认的浮点型为 double，例如，11.11 和 1.2345 都是 double 型数值。如果要说明一个 float 型数值，就需要在其后追加字母 f 或 F，如 11.11f 和 1.2345F 都是 float 型的常数。

可以使用如下方式声明 float 型的变量并赋予初值：

```
float price = 12.2f;// 定义 float 型并赋予初值
```

也可以使用以下任意一种方式声明 double 型的变量并赋予初值：

```
double price = 12.254d; // 定义 double 型的变量并赋予初值
double price = 12.254; // 定义 double 型的变量并赋予初值
```

提示：一个值能被看作是 float 型，它必须以 f（或 F）结束；否则，会被当作 double 值。对 double 值来说，是否写 d（或 D）是可选的。

利用程序计算路径问题。假设从 A 地到 B 地路程为 2348.4 米，那么往返 A 和 B 两地需要走多少米？代码如下：

```java
public static void main(String[] args) {
    double lutu = 2348.4; // 定义 double 型的变量，用于存储单程距离
    int num = 2; // 定义 int 类型的变量，用于存储次数
    float total = (float) (lutu * 2); // 定义 float 型的变量，用于存储总距离
    System.out.println("往返 AB 两地共需要行驶：" + total + " 米");
}
```

运行结果如图 2.6 所示。

<terminated> Test [Java Application] C:\Program Files\Java\jre1.8.0_161\bin\javaw.exe
往返 **AB** 两地共需要行驶：**4696.8** 米

图 2.6　代码运行结果

上述代码中首先定义了一个类型为 double、名称为 lutu 的变量用于存储单程距离，然后定义了一个类型为 int、名称为 num 的变量用于存储经过的次数，最后定义了一个类型为 float、名称为 total 的变量用于存储总距离。

其实，一个 double 型的数据与一个 int 型的数据相乘后得到的结果类型为 double，但是由于单程距离乘以次数的结果为一个单精度浮点型（float 型）的数，因此可以将总距离转换为 float 型的数据。

（3）布尔型。布尔型（boolean）用于对两个数值做逻辑运算，判断结果是"真"还是"假"。Java 中用保留字 true 和 false 来代表逻辑运算中的"真"和"假"。因此，一个 boolean 型的变量或表达式只能是取 true 和 false 这两个值中的一个。

提示：在 Java 语言中，布尔型的值不能转换成任何数据类型，true 常量不等于 1，而 false 常量也不等于 0。这两个值只能赋给声明为 boolean 型的变量，或者用于布尔运算表达式中。

如，可以使用以下语句声明 boolean 型的变量：

```java
boolean isable;        // 声明 boolean 型的变量 isable
boolean b = false;     // 声明 boolean 型的变量 a，并赋予初值为 false
```

（4）字符型。Java 语言中的字符型（char）使用两个字节的 Unicode 编码表示，它支持世界上所有语言，可以使用单引号字符或者整数对 char 型赋值。

一般计算机语言使用 ASCII 编码，用一个字节表示一个字符。ASCII 码是 Unicode 码的一个子集，用 Unicode 表示 ASCII 码时，其高字节为 0，它是其前 255 个字符。

Unicode 字符通常用十六进制表示。例如"\u0000"～"\u00ff"表示 ASCII 码集。"\u"表示转义字符，它用来表示其后的 4 个十六进制数字是 Unicode 码。

字符型变量的类型为 char，用来表示单个的字符，例如：

```java
char letter = 'D';
char numChar = '5';
```

第一条语句将字符 D 赋给字符型变量 letter；第二条语句将数字字符 5 赋给字符型变量 numChar。

在 main() 方法中定义两个字符类型的变量，并使之相对应的 ASCII（或 Unicode）值相加，最后将结果输出。代码如下：

```java
public static void main(String[] args) {
    char a = 'A';       // 向 char 类型的 a 变量赋值为 A，所对应的 ASCII 值为 65
```

```
char b = 'B';        // 向 char 类型的 b 变量赋值为 B，所对应的 ASCII 值为 66
System.out.println("A 的 ASCII 值与 B 的 ASCII 值相加结果为: "+(a+b));
    }
```

在该程序中，a 变量首先被赋值为"A"，字母 A 在 ASCII 中对应的值为 65。接着又定义了一个类型为 char 的变量 b，并赋值为"B"，字母 B 在 ASCII 中所对应的值为 66。因此相加后得出的结果为 131。运行结果如图 2.7 所示。

```
<terminated> Test [Java Application] C:\Program Files\Java\jre1.8.0_161\bin\javaw.exe
A 的 ASCII 值与 B 的 ASCII 值相加结果为: 131
```

图 2.7　代码运行结果

提示：字符通常用 16 进制表示，范围为"\uOOOO"～"\uFFFF"，即从 0～65535。在\uOOOO 和\uFFFF 中，u 的作用是告诉编译器是用两个字节（16 位）的字符信息表示一个 Unicode 字符。

2．引用数据类型

引用数据类型建立在基本数据类型的基础上，包括数组、类和接口。引用数据类型是用户自定义的，用来限制其他数据的类型。另外，Java 语言中不支持 C++中的指针类型、结构类型、联合类型和枚举类型。引用数据类型还有一种特殊的 null 类型。

引用数据类型就是对一个对象的引用，对象包括实例和数组两种。实际上，引用类型变量就是一个指针，只是 Java 语言里不再使用指针这个说法。

空类型（null type）就是 null 值的类型，这种类型没有名称。因此，不能声明一个 null 类型的变量或者将其他类型转换到 null 类型。

空引用（null）是 null 类型变量唯一的值，它可以转换为任何引用类型。

提示：空引用（null）只能被转换成引用数据类型，不能转换成基本数据类型，因此不要把一个 null 值赋给基本数据类型的变量。

2.2.2　常量

1．常量值

常量值又称为字面常量，它是通过数据直接表示的，因此有很多种数据类型，像整型和字符串型等。下面一一介绍这些常量值。

（1）整型常量值。Java 的整型常量值主要有以下 3 种形式。

1）十进制数形式。十进制数如 54、-67、0。

2）八进制数形式。Java 中八进制常数的表示以 0 开头，如：0125 表示十进制数 85，-013 表示十进制数-11。

3）十六进制数形式。Java 中十六进制常数的表示以 0x 或 0X 开头，如：0x100 表示十进制数 256，-0x16 表示十进制数-22。

整型（int）常量默认在内存中占 32 位，是具有整数型的值，当运算过程中所需值超过 32 位长度时，可以把它表示为长整型（long）数值。长整型则要在数字后面加 L 或 l，如 697L，表示一个长整型数，它在内存中占 64 位。

（2）实型常量值。Java 的实型常量值主要有如下两种形式：

1）十进制数形式。十进制由数字和小数点组成，且必须有小数点，如 12.34、-98.0。

2）科学记数法形式。科学记数法的规则为 e 或 E 之前必须有数字，且 e 或 E 之后的数字必须为整数，如 1.75e5 或 32&E3。

Java 实型常量默认在内存中占 64 位，是具有双精度型（double）的值。如果考虑到需要节省运行时的系统资源，而运算时的数据值取值范围并不大且运算精度要求不太高的情况，可以把它表示为单精度型（float）的数值。单精度型数值一般要在该常数后面加 F 或 f，如 69.7f，表示一个 float 型实数，它在内存中占 32 位（取决于系统的版本高低）。

（3）布尔型常量值。Java 的布尔型常量只有两个值，即 false（假）和 true（真）。

（4）字符型和字符串常量值。Java 的字符型常量值是用单引号引起来的一个字符，如'e'、'E'。需要注意的是，Java 字符串常量值中的单引号和双引号不可混用。双引号用来表示字符串，像"11"、"d"等都是表示单个字符的字符串。

提示：这里表示字符和字符串的单引号和双引号都必须是英语输入环境下输入的符号。

除了以上所述形式的字符常量值之外，Java 还允许使用一种特殊形式的字符常量值来表示一些难以用一般字符表示的字符，这种特殊形式的字符是以"\"开头的字符序列，称为转义字符。表 2.10 列出了 Java 中常用的转义字符及其表示的意义。

表 2.10　Java 中常用的转义字符

转义字符	说明
\ddd	1～3 位八进制数所表示的字符
\uxxxx	1～4 位十六进制数所表示的字符
\'	单引号字符
\"	双引号字符
\\	双斜杠字符
\r	回车
\n	换行
\b	退格
\t	横向跳格

2．定义常量

常量不同于常量值，它可以在程序中用符号来代替常量值使用，因此在使用前必须先定义。常量与变量类似也需要初始化，即在声明常量的同时要赋予一个初始值。常量一旦初始化就不可以被修改。Java 语言使用 final 关键字来定义一个常量，其语法如下所示：

```
final dataType variableName = value
```

其中，final 是定义常量的关键字，dataType 指明常量的数据类型，variableName 是变量的名称，value 是初始值。

final 关键字表示最终的，它可以修饰很多元素，若修饰变量，该变量就变成了常量。例如，下面代码语句使用 final 关键字声明常量。

```
public class HelloWorld {
    // 静态常量
```

```
public static final double PI = 3.14;
// 声明成员常量
final int y = 10;
public static void main(String[] args) {
    // 声明局部常量
    final double x = 3.3;
}
}
```

常量有三种类型：静态常量、成员常量和局部常量。代码第 3 行是声明静态常量，在 final 之前使用 public static 修饰。public static 修饰的常量，其作用域是全局的，不需要创建对象就可以访问它，在类外部的访问形式为 HelloWorld. PI。这种常量在编程中使用很多。代码第 5 行声明成员常量，作用域类似于成员变量，但不能修改。代码第 8 行声明局部常量，作用域类似于局部变量，但不能修改。

在定义常量时，需要注意如下内容：

（1）在定义常量时就需要对该常量进行初始化。

（2）final 关键字不仅可以用来修饰基本数据类型的常量，还可以用来修饰对象的引用或者方法。

（3）为了与变量区别，常量取名一般都用大写字符。

当常量被设定后，一般情况下不允许再进行更改，如果更改其值将提示错误。例如，图 2.8 中定义常量 AGE 并赋予初值，如果更改 AGE 的值，那么在编译时将提示赋值错误。

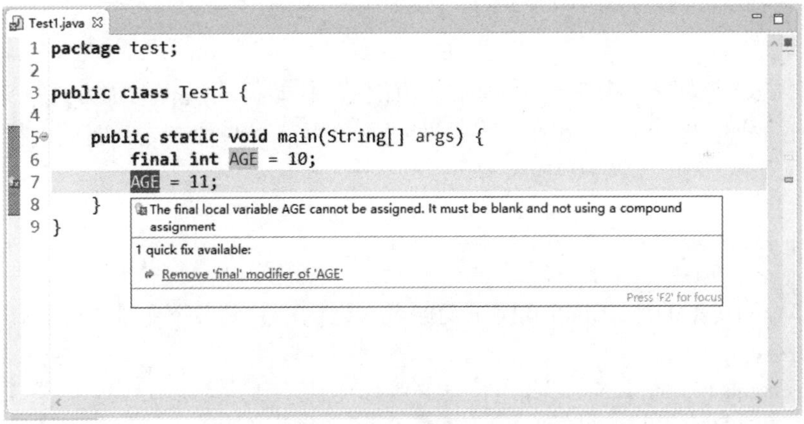

图 2.8　给常量赋值

2.2.3　变量

1. 声明变量

Java 语言是强类型（Strongly Typed）语言，强类型包含以下两方面的含义：

（1）所有的变量必须先声明、后使用。指定类型的变量只能接受匹配类型的值。这意味着每个变量和每个表达式都有一个在编译时就确定的类型。类型限制了一个变量能被赋的值，限制了一个表达式可以产生的值，限制了在这些值上可以进行的操作，并确定了这些操作的含义。

（2）常量和变量是 Java 程序中最基础的两个元素。常量的值是不能被修改的，而变量的值在程序运行期间可以被修改。

在 Java 中用户可以通过指定数据类型和标识符来声明变量，其基本语法如下所示。

```
DataType identifier;
```

或者：

```
DataType identifier=value;
```

上述语法代码中涉及 3 个内容：DataType、identifier 和 value。其具体说明如下：

1）DataType。变量类型，如 int、string、char 和 double 等。

2）identifier。标识符，也称作变量名称。

3）value。声明变量时的值。

变量标识符的命名规范如下：

（1）首字符必须是字母、下划线（_）、美元符号（$）或者人民币符号（¥）。

（2）标识符由数字（0~9）、大写字母（A~Z）、小写字母（a~z）、下划线（_）、美元符号（$）、人民币符号（¥），以及所有在十六进制 0xc0 前的 ASCII 码组成。

（3）不能把关键字、保留字作为标识符。

（4）标识符的长度没有限制。

（5）标识符区分字母大小写。

如下面代码分别声明了 String、boolean 和 int 型的变量：

```
String employee;        // String 型的变量
boolean isSave;         // boolean 型的变量
int create_at;          // int 型的变量
```

2. 变量赋值

初始化变量是指为变量指定一个明确的初始值。初始化变量有两种方式：一种是声明时直接赋值，另一种是先声明、后赋值。如下面代码分别使用两种方式对变量进行了初始化：

```
char usersex='女';       // 直接赋值
```

或者：

```
String username;        // 先声明
username ="琪琪";        // 后赋值
```

另外，多个同类型的变量可以同时定义或者初始化，但是多个变量中间要使用逗号分隔，声明结束时用分号分隔。

```
String username,address,phone,tel;      // 声明多个变量
int num1=12,num2=23,result=35;          // 声明并初始化多个变量
```

初始化变量时需要注意以下事项：

（1）变量是类或者结构中的字段，如果没有显式地初始化，创建变量的默认初始值为 0。

（2）方法中的变量必须显式地初始化，否则在使用该变量时就会出错。

2.3 流程控制语句

2.3.1 选择语句

Java 支持两种选择语句：if 语句和 switch 语句。其中 if 语句使用布尔表达式或布尔值作

为分支条件来进行分支控制，而 switch 语句则用于对多个整型值进行匹配，从而实现分支控制。这些语句允许只有在程序运行后才能确定整型值状态的情况下，控制程序的执行过程。

选择结构（也称为分支结构）解决了顺序结构不能判断的缺点，可以根据一个条件判断执行哪些语句块。选择结构适合带有逻辑或关系比较等条件判断的计算。例如，判断是否到了下班时间，判断两个数的大小等。

1. if 结构

if 语句是使用最多的条件分支结构，它属于选择语句，也可以称为条件语句。if 选择结构是先进行条件判断之后再做处理的一种语法结构。默认情况下，if 语句控制着下方紧跟的一条语句的执行。不过，通过语句块，if 语句可以控制多个语句。

if 语句的最简语法格式如下，表示"如果满足某种条件，就进行某种处理"。

```
if(条件表达式) {
    语句块;
}
```

其中"条件表达式"和"语句块"是比较重要的两个地方。

（1）条件表达式。条件表达式可以是任意一种逻辑表达式，最后返回的结果必须是一个布尔值。取值可以是一个单纯的布尔变量或常量，也可以是使用关系或布尔运算符的表达式。如果条件为真，那么执行语句块；如果条件为假，则语句块将被绕过，不被执行。

（2）语句块。语句块可以是一条语句也可以是多条语句。如果仅有一条语句，可省略条件语句中的大括号{}。从编程规范角度考虑不要省略大括号，否则会使程序的可读性变差。

if 条件语句的运行流程如图 2.9 所示。

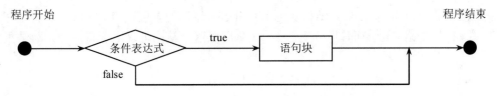

图 2.9　if 条件语句的运行流程

2. if-else 结构

单 if 语句仅能在满足条件时使用，无法执行任何其他操作（停止）。而结合 else 语句的 if 语句可以定义两个操作，此时的 if-else 语句表示"如果条件正确则执行一个操作，否则执行另一个操作"。

if-else 语句的语法格式如下所示。

```
if(表达式) {
    语句块 1;
} else {
    语句块 2;
}
```

在上述语法格式中，如果 if 关键字后面的表达式成立，那么就执行语句块 1，否则执行语句块 2，其运行流程如图 2.10 所示。

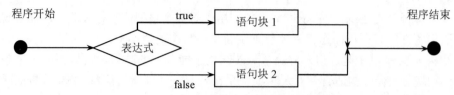

表达式为真则执行语句块 1，否则执行语句块 2

图 2.10   if-else 条件语句的运行流程

3. 多条件 if-else if-else 语句

if 语句的主要功能是给程序提供一个分支。然而，有时候仅仅多一个分支是远远不够的，甚至有时候程序的分支会很复杂，这就需要使用多分支的 if-else if-else 语句。

if-else if-else 语句通常表现为"如果满足某种条件，就进行某种处理，如果满足另一种条件，就执行另一种处理，这些条件都不满足则执行最后一种条件"。

if-else if-else 多分支语句的语法格式如下所示。

```
if(表达式 1) {
    语句块 1;
} else if(表达式 2) {
    语句块 2;
    ·
} else if(表达式 n) {
    语句块 n;
} else {
    语句块 n+1;
}
```

从语法格式可以看出，else if 结构实际上是 if-else 结构的多层嵌套。它的特点就是在多个分支中只执行一个语句组，而其他分支都不执行，所以这种结构可以用于有多种判断结果的分支中。

if-else if-else 多分支语句的运行流程如图 2.11 所示。

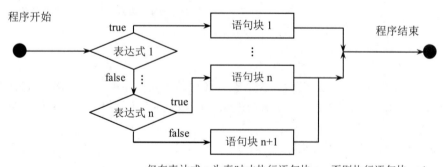

仅在表达式 n 为真时才执行语句块 n，否则执行语句块 n+1

图 2.11   if-else if-else 条件语句的运行流程

判断 x 的值是否为 30 的代码如下：

```
public class Test {
    public static void main(String args[]){
        int x = 30;
```

```
    if( x == 10 ){
        System.out.print("Value of X is 10");
    }else if( x == 20 ){
        System.out.print("Value of X is 20");
    }else if( x == 30 ){
        System.out.print("Value of X is 30");
    }else{
        System.out.print("这是 else 语句");
    }
  }
}
```

4. switch case 结构

switch case 语句判断一个变量与一系列值中的某个值是否相等，每个值称为一个分支。switch case 语句的语法格式如下：

```
switch(expression){
case value :
//语句
break; //可选
case value :
//语句
break; //可选
//可以创建任意数量的 case 语句
default : //可选
//语句
}
```

switch case 语句有如下规则：

（1）switch 语句中的变量类型可以是 byte、short、int 或者 char。从 Java SE 7 开始，switch 支持 String 类型，同时 case 标签必须为字符串常量或字面常量。

（2）switch 语句可以拥有多个 case 语句，每个 case 后面跟一个要比较的值和冒号。

（3）case 语句中值的数据类型必须与变量的数据类型相同，而且只能是常量或者字面常量。

（4）当变量的值与 case 语句的值相等时，开始执行 case 语句之后的语句，直到 break 语句出现才会跳出 switch 语句。

（5）当遇到 break 语句时，switch 语句终止。程序跳转到 switch 语句后面的语句执行。case 语句不是必须包含 break 语句。如果没有 break 语句出现，程序会继续执行下一条 case 语句，直到出现 break 语句。

（6）switch 语句可以包含一个 default 分支，该分支一般是 switch 语句的最后一个分支（可以在任何位置，但建议在最后一个）。default 在 case 语句的值和变量值不相等的时候执行。default 分支不需要 break 语句。

（7）switch case 语句执行时，一定会先进行匹配，匹配成功返回当前 case 的值，再根据是否有 break 语句，判断是否继续输出，或跳出判断。

以下代码为根据 grade 的 6 种可能，多分支地判断 grade 的值并输出对应结果。

```
public class Test {
    public static void main(String args[]){
        //char grade = args[0].charAt(0);
```

```
char grade = 'C';

switch(grade)
{
    case 'A' :
        System.out.println("优秀");
        break;
    case 'B' :
    case 'C' :
        System.out.println("良好");
        break;
    case 'D' :
        System.out.println("及格");
        break;
    case 'F' :
        System.out.println("你需要再努力努力");
        break;
    default :
        System.out.println("未知等级");
    }
    System.out.println("你的等级是  " + grade);
}
}
```

代码运行结果如图 2.12 所示。

良好

你的等级是 C

图 2.12　代码运行结果

2.3.2　循环语句

循环是程序中的重要流程结构之一。循环语句能够使程序代码重复执行，适用于需要重复一段代码直到满足特定条件为止的情况。

Java 中采用的循环语句与 C 语言中的循环语句相似，主要有 while 语句、do-while 语句和 for 语句。另外 Java5 之后推出了 foreach 循环语句，foreach 循环是 for 循环的变形，它是专门为集合遍历而设计的。

循环语句可以在满足循环条件的情况下，反复执行某一段代码，这段被重复执行的代码称为循环体。当反复执行这个循环体时，需要在合适的时候把循环条件改为假，从而结束循环，否则循环将一直执行下去，形成死循环。

循环语句可能包含如下 4 个部分：

（1）初始化语句（init statement）。初始化语句可以是一条或多条语句，这些语句用于完成一些初始化工作。初始化语句在循环开始之前执行。

（2）循环条件（test expression）。循环条件是一个 boolean 表达式，这个表达式能决定是否执行循环体。

（3）循环体（body statement）。循环体是循环的主体，如果满足循环条件，这个代码块将被重复执行。如果代码块只有一行语句，则可以省略花括号。

（4）迭代语句（iteration statement）。迭代语句是执行一次循环体后，对循环条件求值之前执行的，通常用于控制循环条件中的变量，使得循环在合适的时候结束。

1．while 语句

while 语句是 Java 最基本的循环语句，是一种先判断的循环结构，可以在一定条件下重复执行一段代码。

while 循环语句的语法结构如下：

```
while(条件表达式) {
语句块;
}
```

其中，语句块中的代码可以是一条或多条语句，而条件表达式是一个有效的 boolean 表达式，它决定了是否执行循环体。当条件表达式的值为 true 时，就执行大括号中的语句块。执行完毕，再次检查表达式是否为 true，如果还为 true，则再次执行大括号中的代码，否则就跳出循环，执行 while 循环之后的代码。图 2.13 表示了 while 循环语句的执行流程。

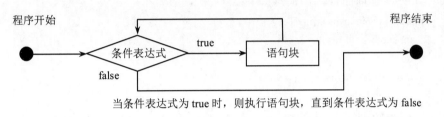

当条件表达式为 true 时，则执行语句块，直到条件表达式为 false

图 2.13　while 循环语句的执行流程

下面是一个使用 while 语句输出 10!结果的实例。

```
public static void main(String[] args) {
    int i = 1;
    int n = 1;
    while(i <= 10) {
        n=n*i;
        i++;
    }
    System.out.println("10 的阶乘结果为：  "+n);
}
```

在上述代码中，定义了两个变量 i 和 n，循环每执行一次 i 值就加 1，判断 i 的值是否小于等于 10，并利用 n=n*i 语句来实现阶乘。当 i 的值大于 10 之后，循环便不再执行并退出循环。

2．do-while 语句

如果 while 循环一开始就不满足条件表达式，那么循环体就根本不被执行。然而，有时需要条件表达式在开始时即使是假的情况下，while 循环至少也要执行一次。换句话说，有时需要在一次循环结束后再测试条件表达式，而不是在循环开始时。

Java 提供了这样的循环：do-while 循环。do-while 循环语句也是 Java 中运用广泛的循环语句，它由循环条件和循环体组成，但它与 while 语句略有不同。do-while 循环语句的特点是先执行循环体，然后判断循环条件是否成立。

do-while 语句的语法格式如下：

```
do {
语句块;
}while(条件表达式);
```

该语句的执行过程是：首先执行一次循环操作，然后再判断 while 后面的条件表达式是否为 true，如果循环条件满足，循环继续执行，否则退出循环。while 语句后必须以分号表示循环结束，其运行流程如图 2.14 所示。

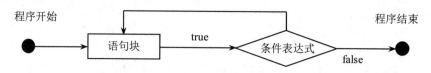

无论条件表达为 tre 或者 false，语句块至少执行一次

图 2.14　do-while 循环语句的执行流程

用 do-while 改写前面代码，代码如下：

```java
public static void main(String[] args) {
    int number = 1,result = 1;
    do {
        result*=number;
        number++;
    }while(number <= 10);
    System.out.print("10 阶乘结果是："+result);
}
```

while 循环和 do-while 循环的相同处是：两个语句都是循环结构，使用"while(循环条件)"表示循环条件，使用大括号将循环操作括起来。

while 循环和 do-while 循环的不同处是：

（1）语法不同。与 while 循环相比，do-while 循环将 while 关键字和循环条件放在后面，而且前面多了 do 关键字，后面多了一个分号。

（2）执行次序不同。while 循环先判断，再执行；do-while 循环先执行，再判断。在一开始循环条件就不满足的情况下，while 循环一次都不会执行，do-while 循环则不管什么情况下都至少执行一次。

3．for 语句

for 语句是应用最广泛、功能最强的一种循环语句。大部分情况下，for 循环可以代替 while 循环和 do-while 循环。

for 语句是一种在程序执行前就要先判断条件表达式是否为真的循环语句。假如条件表达式的结果为假，那么它的循环语句根本不会被执行。for 语句通常使用在知道循环次数的循环中。

for 语句语法格式如下：

```
for(条件表达式 1;条件表达式 2;条件表达式 3) {
语句块;
}
```

for 循环中 3 个条件表达式的含义见表 2.11。

表 2.11　for 循环中 3 个条件表达式的含义

表达式	形式	功能	举例
条件表达式 1	赋值语句	循环结构的初始部分，为循环变量赋初值	int i=1
条件表达式 2	条件语句	循环结构的循环条件	i>40
条件表达式 3	迭代语句，通常使用++或--运算符	循环结构的迭代部分，通常用来修改循环变量的值	i++

　　for 关键字后面括号中的 3 个条件表达式必须用 ";" 隔开。for 循环语句执行的过程为：首先执行条件表达式 1，进行初始化；然后判断条件表达式 2 的值是否为 true，如果为 true，则执行循环体语句块，否则直接退出循环；最后执行表达式 3，改变循环变量的值，至此完成一次循环。接下来进行下一次循环，直到条件表达式 2 的值为 false 才结束循环，其运行流程如图 2.15 所示。

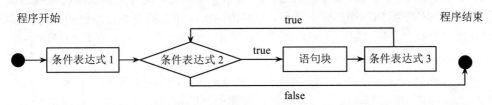

条件表达式 2 为 true 则执行语句块中的代码，然后循环变量在条件表达式 3 中进行修改

图 2.15　for 循环的执行流程

　　for 循环和 while、do-while 循环的不同：由于 while、do-while 循环的循环迭代语句紧跟着循环体，因此如果循环体不能完全执行，当使用 continue 语句来结束本次循环时，循环迭代语句不会被执行。但 for 循环的循环迭代语句并没有与循环体放在一起，因此不管是否使用 continue 语句来结束本次循环，循环迭代语句一样会获得执行。

　　与前面循环类似的是，如果循环体只有一行语句，那么循环体的大括号可以省略。例如，同样是计算 10 的阶乘，使用 for 循环的实现代码如下：

```java
public static void main(String[] args) {
    int result = 1;
    for (int number = 1; number <=10; number++) {
        result *= number;
    }
    System.out.print("10 的阶乘结果是：" + result);   // 输出"10 的阶乘结果是：3628800"
}
```

　　上述语句的含义为：将 number 变量的值从 1 开始，每次递增 1，直到大于等于 10 时终止循环。在循环过程中，将 number 的值与当前 result 的值进行相乘。

　　提示：for 语句中初始化、循环条件以及迭代部分都可以为空语句（但分号不能省略），三者均为空的时候，相当于一个无限循环。

　　在 for 循环语句中，无论缺少哪部分条件表达式，都可以在程序的其他位置补充，从而保持 for 循环语句的完整性，使循环正常进行。例如，计算 1~100 所有奇数和的代码如下：

```java
public static void main(String[] args) {
    int result = 0;
```

```
        int number = 1; // 相当于 for 语句的条件表达式 1
        for (;;) {
            if (number > 100)
                break; // 相当于 for 语句的条件表达式 2
            if (number % 2 != 0) // 如果不能整除 2，说明是奇数，则进行累加
                result += number;
            number++; // 相当于 for 语句的条件表达式 3
        }
        System.out.print("100 以内所有奇数和为：" + result);
    }
```

和其他编程语言一样，Java 允许循环嵌套。如果把一个循环体放在另一个循环体内，那么就可以形成嵌套循环。嵌套循环既可以是 for 循环嵌套 while 循环，也可以是 while 循环嵌套 do-while 循环，即各种类型的循环都可以作为外层循环，也可以作为内层循环。

当程序遇到嵌套循环时，如果外层循环的循环条件满足，则开始执行外层循环的循环体，而内层循环将被外层循环的循环体来执行，只是内层循环需要反复执行自己的循环体而已。当内层循环执行结束，且外层循环的循环体执行结束时，则再次计算外层循环的循环条件，决定是否再次开始执行外层循环的循环体。

根据上面的分析，假设外层循环的循环次数为 n 次，内层循环的循环次数为 m 次，那么内层循环的循环体实际上需要执行 n×m 次。嵌套循环的执行流程如图 2.16 所示。

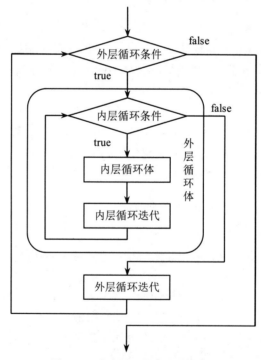

图 2.16   嵌套循环的执行流程

从图 2.16 来看，嵌套循环就是把内层循环当成外层循环的循环体。当只有内层循环的循环条件为 false 时，才会完全跳出内层循环，结束外层循环的当次循环，开始下一次循环。下面是一个使用嵌套循环输出九九乘法表实例。

```java
public static void main(String[] args) {
    System.out.println("乘法口诀表：");
    // 外层循环
    for (int i = 1; i <= 9; i++) {
        // 内层循环
        for (int j = 1; j <= i; j++) {
            System.out.print(j + "*" + i + "=" + j * i + "\t");
        }
        System.out.println();
    }
}
```

代码运行结果如图 2.17 所示。

```
1*1=1
1*2=2 2*2=4
1*3=3 2*3=6 3*3=9
1*4=4 2*4=8 3*4=12 4*4=16
1*5=5 2*5=10 3*5=15 4*5=20 5*5=25
1*6=6 2*6=12 3*6=18 4*6=24 5*6=30 6*6=36
1*7=7 2*7=14 3*7=21 4*7=28 5*7=35 6*7=42 7*7=49
1*8=8 2*8=16 3*8=24 4*8=32 5*8=40 6*8=48 7*8=56 8*8=64
1*9=9 2*9=18 3*9=27 4*9=36 5*9=45 6*9=54 7*9=63 8*9=72 9*9=81
```

图 2.17　代码运行结果

4．foreach 语句

foreach 循环语句是 Java5 的新特征之一，在遍历数组、集合方面，foreach 为开发者提供了极大的便利。foreach 循环语句是 for 语句的特殊简化版本，主要用于执行遍历功能的循环。foreach 循环语句的语法格式如下：

```
for(类型 变量名:集合) {
语句块;
}
```

其中，"类型"为集合元素的类型，"变量名"表示集合中的每一个元素，"集合"是被遍历的集合对象或数组。每执行一次循环语句，循环变量就读取集合中的一个元素，其执行流程如图 2.18 所示。

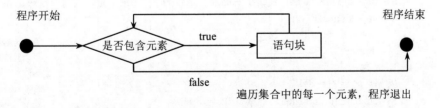

图 2.18　foreach 循环语句的执行流程

以下代码为分别对一个整型数字和字符串数组进行 foreach 循环遍历，并输出数组的每个元素。

```java
public class Test {
    public static void main(String[] args){
        int [] numbers = {10, 20, 30, 40, 50};
```

```
        for(int x : numbers ){
            System.out.print( x );
            System.out.print(",");
        }
        System.out.print("\n");
        String [] names ={"James", "Larry", "Tom", "Lacy"};
        for( String name : names ) {
            System.out.print( name );
            System.out.print(",");
        }
    }
}
```

代码运行结果如图 2.19 所示。

```
10,20,30,40,50,
James,Larry,Tom,Lacy
```

图 2.19　代码运行结果

2.3.3　跳转语句

1. break 语句

某些时候需要在某种条件出现时强行终止循环，而不是等到循环条件为 false 时才退出循环。可以使用 break 语句来完成这个功能。

break 语句用于完全结束一个循环，跳出循环体。不管是哪种循环，一旦在循环体中遇到 break 语句，系统将完全结束该循环，开始执行循环之后的代码。

例如，小明参加了一个 1000 米的长跑比赛，在 100 米的跑道上，他循环地跑着，每跑一圈，剩余路程就会减少 100 米，要跑的圈数就是循环的次数。但是，在每跑完一圈时，教练会问他是否要坚持下去，如果回答 y，则继续跑，否则表示放弃。使用 break 语句直接强行退出循环的示例如下：

```
public static void main(String[] args) {
    Scanner input = new Scanner(System.in); // 定义变量存储小明的回答
    String answer = ""; // 一圈 100 米，1000 米为 10 圈，即为循环的次数
    for (int i = 0; i < 10; i++) {
        System.out.println("跑的是第" + (i + 1) + "圈");
        System.out.println("还能坚持吗？ "); // 获取小明的回答
        answer = input.next(); // 判断小明的回答是否为 y？如果不是，则放弃，跳出循环
        if (!answer.equals("y")) {
            System.out.println("放弃");
            break;
        }
        // 循环之后的代码
        System.out.println("加油！继续！ ");
    }
}
```

运行结果如图 2.20 所示。

2. continue 语句

若想要继续运行循环，但是要忽略这次循环剩余的循环体语句，可以使用 continue 语句。continue 语句是 break 语句的补充。

continue 语句是跳过循环体中剩余的语句而强制执行下一次循环，

```
跑的是第1圈
还能坚持吗？
y
加油！继续！
跑的是第2圈
还能坚持吗？
y
加油！继续！
跑的是第3圈
还能坚持吗？
n
放弃
```

图 2.20　代码运行结果

即结束本次循环，跳过循环体中下面尚未执行的语句，接着进行下一次是否执行循环的判定。

continue 语句类似于 break 语句，但它只能出现在循环体中。它与 break 语句的区别在于：continue 并不是中断循环语句，而是中止当前迭代的循环，进入下一次的迭代。简单来讲，continue 是忽略循环语句的当次循环。

提示：continue 语句只能用在 while 语句、for 语句或者 foreach 语句的循环体之中，在这之外的任何地方使用它都会引起语法错误。

以下代码为输出数组中的每个元素，但当元素值是 30 时，不输出。

```java
public class Test {
    public static void main(String[] args) {
        int [] numbers = {10, 20, 30, 40, 50};
        for(int x : numbers ) {
            if( x == 30 ) {
                continue;
            }
            System.out.print( x );
            System.out.print("\n");
        }
    }
}
```

```
10
20
40
50
```

代码运行结果如图 2.21 所示。

图 2.21　代码运行结果

2.4　数　　组

在某些情况下，虽然可以使用单个变量来存储信息，但是如果需要存储的信息较多（例如存储 50 名学生的成绩），这时再依次创建变量并赋值就显得非常麻烦。随着处理的信息量越来越大，工作也就越来越繁琐，这时可以使用数组或集合来存储信息。使用数组，可以在很大程度上缩短和简化程序代码，从而提高应用程序的效率。

数组（array）是一种最简单的复合数据类型，它是有序数据的集合，数组中的每个元素具有相同的数据类型，可以用一个统一的数组名和不同的下标来确定数组中唯一的元素。根据数组的维度，可以将其分为一维数组、二维数组和多维数组等。

在计算机语言中，数组是非常重要的集合类型，具有如下三个基本特性：

（1）一致性。数组只能保存相同数据类型的元素。

（2）有序性。数组中的元素是有序的，通过下标访问。

（3）不可变性。数组一旦初始化，则长度（数组中元素的个数）不可变。

总的来说，数组具有以下特点：

（1）数值数组元素的默认值为 0，而引用元素的默认值为 null。

（2）数组的索引从 0 开始，如果数组有 n 个元素，那么数组的索引是从 0 到 $n-1$。

（3）数组元素可以是任何类型，包括数组类型。

（4）数组类型是从抽象基类 Array 派生的引用类型。

在 Java 中数组的下标是从零开始的，很多计算机语言的数组下标也从零开始。Java 数组下标访问运算符是中括号，如 int Array[0]，表示访问 int Array 数组的第一个元素，0 是第一个元素的下标。Java 中的数组本身是引用数据类型，它的长度属性是 length。

2.4.1   一维数组

当数组中每个元素都只带有一个下标时，这种数组就是"一维数组"。一维数组（one-dimensional array）实质上是一组相同类型数据的线性集合，是数组中最简单的一种数组。数组是引用数据类型，引用数据类型在使用之前一定要做两件事情：声明和初始化。

1. 创建一维数组

为了在程序中使用一个数组，必须声明一个引用该数组的变量，并指明整个变量可以引用的数组类型。声明一维数组的语法格式为：

        type[] arrayName;   // 数据类型[] 数组名;
或者

        type arrayName[];   // 数据类型 数组名[];

可见数组的声明有两种形式：一种是中括号"[]"跟在元素数据类型之后，另一种是中括号"[]"跟在变量名之后。

对于以上两种语法格式而言，Java 更推荐采用第一种声明格式，因为第一种格式不仅具有更好的语意，而且具有更好的可读性。对于第一种格式 type[] arrayName，很容易理解语句的含义为：定义一个变量，其中变量名是 arrayName，而变量类型是 type[]。

2. 分配空间

分配空间就是要告诉计算机在内存中为它分配多少个连续的位置来存储数据。在 Java 中可以使用 new 关键字来给数组分配空间。分配空间的语法格式如下：

        arrayName = new type[size];   // 数组名 = new 数据类型[数组长度];

其中，数组长度就是数组中能存放的元素个数，应设置为大于 0 的整数，例如：

        score = new int[10];
        price = new double[30];
        name = new String[20];

这里的 score、price、name 是已经声明过数组，当然也可以在声明数组时就给它分配空间，语法格式如下：

        type[] arrayName = new type[size];   // 数据类型[] 数组名 = new 数据类型[数组长度];

提示：声明数组后，只是得到了一个存放数组的变量，并没有为数组元素分配内存空间，不能使用。因此要为数组分配内存空间，这样数组的每一个元素才有一个空间进行存储。

3. 初始化一维数组

Java 语言中数组必须先初始化，然后才可以使用。所谓初始化，就是为数组的数组元素分配内存空间，并为每个数组元素赋初始值。数组在初始化数组的同时，可以指定数组的大小，也可以分别初始化数组中的每一个元素。在 Java 语言中，初始化数组有以下 3 种方式：

（1）使用 new 指定数组大小后进行初始化。使用 new 关键字创建数组，在创建时指定数组的大小。语法如下：

        type[] arrayName = new int[size];

创建数组之后，元素的值并不确定，需要为每一个数组的元素进行赋值。例如：创建包含 5 个元素的 int 类型的数组，然后分别将元素的值设置为 1、2、3、5 和 8。代码如下：

        int[] number = new int[5];
        number[0] = 1;

```
number[1] = 2;
number[2] = 3;
number[3] = 5;
number[4] = 8;
```

如果程序员只指定了数组的长度，那么系统将负责为这些数组元素分配初始值。系统按如下规则分配初始值：

1）数组元素的类型是基本类型中的整数型（byte、short、int 和 long），则数组元素的值是 0。

2）数组元素的类型是基本类型中的浮点型（float、double），则数组元素的值是 0.0。

3）数组元素的类型是基本类型中的字符型（char），则数组元素的值是 '\u0000'。

4）数组元素的类型是基本类型中的布尔型（boolean），则数组元素的值是 false。

5）数组元素的类型是引用类型（类、接口和数组），则数组元素的值是 null。

（2）使用 new 指定数组元素的值。使用上述方式初始化数组时，只有在为元素赋值时才确定值。如果不使用上述方法，那么还可以在初始化数组时确定值。语法如下：

```
type[] arrayName = new type[]{值 1,值 2,值 3,值 4,…,值 n};
```

例如，更改上述代码中的代码，使用 new 直接指定数组元素的值。代码如下：

```
int[] number = new int[]{1, 2, 3, 5, 8};
```

提示：不要在进行数组初始化时，既指定数组的长度，也为每个数组元素分配初始值，这样会造成代码错误。例如下面的代码：

```
int[] number = new int [5] {1,2,3,4,5};
```

（3）直接指定数组元素的值。在上述两种方式的语法中，可以省略 new type[]，如果已经声明数组变量，那么直接使用这两种方式进行初始化。如果不想使用上述两种方式，那么可以不使用 new，直接指定数组元素的值。语法如下：

```
type[] arrayName = {值 1,值 2,值 3,…,值 n};
```

例如，在前面代码的基础上更改代码，直接使用上述语法实现 number 数组的初始化。代码如下：

```
int[] number = {1,2,3,5,8};
```

使用这种方式时，数组的声明和初始化操作要同步，即不能省略数组变量的类型。如下面的代码就是错误的：

```
int[] number;
number = {1,2,3,5,8};
```

4．获取单个元素

获取单个元素是指获取数组中的一个元素，如获取第一个元素或最后一个元素。获取单个元素的方法非常简单，指定元素所在数组的下标即可。语法如下：

```
arrayName[index];
```

其中，arrayName 表示数组变量，index 表示下标，下标为 0 表示获取第一个元素，下标为 array.length-1 表示获取最后一个元素。例如，编写一个 Java 程序，使用数组存放录入的 5 件商品价格，然后使用下标访问第三个元素的值。代码如下：

```
import java.util.Scanner;
public class Test06 {
    public static void main(String[] args) {
        int[] prices = new int[5]; // 声明数组并分配空间
        Scanner input = new Scanner(System.in); // 接收用户从控制台输入的数据
```

```
for (int i = 0; i < prices.length; i++) {
    System.out.println("请输入第" + (i + 1) + "件商品的价格：");
    prices[i] = input.nextInt(); // 接收用户从控制台输入的数据
}
System.out.println("第 3 件商品的价格为：" + prices[2]);
    }
}
```

上述代码的 int[] prices = new int[5]语句创建了 5 个元素空间的 prices 数组，然后结合 for 循环向数组中的每个元素赋值，最后使用 prices[2]获取 prices 数组的第三个元素。最终运行结果如图 2.22 所示。

请输入第1件商品的价格：
5
请输入第2件商品的价格：
4
请输入第3件商品的价格：
6
请输入第4件商品的价格：
4
请输入第5件商品的价格：
8
第 3 件商品的价格为：6

图 2.22 代码运行结果

提示：在 Java 中可以利用"数组名称.length"取得数组的长度（也就是数组元素的长度），该方法返回一个 int 型数据。

5. 获取全部元素

当数组中的元素数量不多时，要获取数组中的全部元素，可以使用下标逐个获取元素。但是，如果数组中的元素过多，再使用单个下标则会比较繁琐，此时使用一种简单的方法可以获取全部元素——循环语句。

下面利用 for 循环语句遍历 number 数组中的全部元素，并将元素的值输出。代码如下：

```
int[] number = {1,2,3,5,8};
for (int i=0;i<number.length;i++) {
    System.out.println("第"+(i+1)+"个元素的值是："+number[i]);
}
```

除了使用 for 语句，还可以使用 foreach 遍历数组中的元素，并将元素的值输出。代码如下：

```
for(int val:number) {
    System.out.print("元素的值依次是："+val+"\t");
}
```

2.4.2 二维数组

在 Java 中二维数组被看作数组的数组，即二维数组为一个特殊的一维数组，其每个元素又是一个一维数组。Java 并不直接支持二维数组，但是允许定义数组元素是一维数组的一维数组，以达到同样的效果。

1. 声明二维数组

语法格式如下：

```
type arrayName[][];      // 数据类型 数组名[][];
```

或

```
type[][] arrayName;      // 数据类型[][] 数组名;
```

其中，type 表示二维数组的类型，arrayName 表示数组名称，第一个中括号表示行，第二个中括号表示列。

下面分别声明 int 类型和 char 类型的数组，代码如下：

```
int[][] age;
char[][] sex;
```

2. 初始化二维数组

二维数组可以初始化，和一维数组一样，可以通过 3 种方式来指定元素的初始值。这 3 种方式的语法如下：

```
type[][] arrayName = new type[][]{值 1,值 2,值 3,…,值 n};      // 在定义时初始化
type[][] arrayName = new type[size1][size2];      // 先给定空间，再赋值
type[][] arrayName = new type[size][];      // 设置数组第二维长度为空，可变化
```

使用第一种方式声明 int 类型的二维数组，然后初始化该二维数组。代码如下：

```
int[][] temp = new int[][]{{1,2},{3,4}};
```

上述代码创建了一个二行二列的二维数组 temp，并对数组中的元素进行了初始化。图 2.23 为该数组的内存结构。

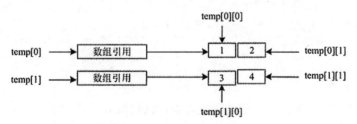

图 2.23 二维数组内存结构

使用第二种方式声明 int 类型的二维数组，然后初始化该二维数组。代码如下：

```
int[][] temp = new int[2][2];
```

使用第三种方式声明 int 类型的二维数组，并且初始化数组。代码如下：

```
int[][] temp = new int[2][];
```

3. 获取单个元素

当需要获取二维数组中元素的值时，也可以使用下标来表示。语法如下：

```
arrayName[i-1][j-1];
```

其中，arrayName 表示数组名称，i 表示数组的行数，j 表示数组的列数。例如，要获取第二行第二列元素的值，应该使用 temp[1][1] 来表示。这是由于数组的下标起始值为 0，因此行和列的下标需要减 1。

例如，通过下标获取 class_score 数组中第二行第二列元素的值与第四行第一列元素的值。代码如下：

```
public static void main(String[] args) {
```

```
double[][] class_score = {{10.0,99,99},{100,98,97},{100,100,99.5},{99.5,99,98.5}};
System.out.println("第二行第二列元素的值: "+class_score[1][1]);
System.out.println("第四行第一列元素的值: "+class_score[3][0]);
    }
```

输出结果如图 2.24 所示。

第二行第二列元素的值: 98.0
第四行第一列元素的值: 99.5

图 2.24　代码运行结果

4. 获取全部元素

在一维数组中直接使用数组的 length 属性获取数组元素的个数。而在二维数组中，直接使用 length 属性获取的是数组的行数，可以在指定的索引后加上 length（如 array[0].length）获取该行拥有多少个元素，即列数。

如果要获取二维数组中的全部元素，最简单、最常用的办法就是使用 for 语句。在全部输出一维数组中的元素时，使用一层 for 循环，而要想输出全部的二维数组，则使用嵌套 for 循环（二层 for 循环）。

例如，使用 for 循环语句遍历 double 类型的 class_score 数组的元素，并输出每一行每一列元素的值。代码如下：

```
public static void main(String[] args) {
    double[][] class_score = { { 100, 99, 99 }, { 100, 98, 97 }, { 100, 100, 99.5 }, { 99.5, 99, 98.5 } };
    for (int i = 0; i < class_score.length; i++) { // 遍历行
        for (int j = 0; j < class_score[i].length; j++) {
            System.out.println("class_score[" + i + "][" + j + "]=" + class_score[i][j]);
        }
    }
}
```

在输出二维数组时，第一个 for 循环语句表示以行进行循环，第二个 for 循环语句表示以列进行循环，这样就实现了获取二维数组中每个元素值的功能。执行代码，输出结果如图 2.25 所示。

```
class_score[0][0]=100.0
class_score[0][1]=99.0
class_score[0][2]=99.0
class_score[1][0]=100.0
class_score[1][1]=98.0
class_score[1][2]=97.0
class_score[2][0]=100.0
class_score[2][1]=100.0
class_score[2][2]=99.5
class_score[3][0]=99.5
class_score[3][1]=99.0
class_score[3][2]=98.5
```

图 2.25　代码的运行结果

foreach 循环语句不能自动处理二维数组的每一个元素，它仅是按照行循环。若想要使用 foreach 循环访问二维数组 a 中的所有元素，则需要使用两个嵌套的循环，代码如下所示：

```java
for (double[] row : a) {
    for (double value : row) {
        ......
    }
}
```

把前面代码修改为使用 foreach 循环语句输出，代码如下：

```java
public static void main(String[] args) {
    double[][] class_score = { { 100, 99, 99 }, { 100, 98, 97 }, { 100, 100, 99.5 }, { 99.5, 99, 98.5 } };
    for (double[] row : class_score) {
        for (double value : row) {
            System.out.println(value);
        }
    }
}
```

```
100.0
99.0
99.0
100.0
98.0
97.0
100.0
100.0
99.5
99.5
99.0
98.5
```

图 2.26　代码的运行结果

输出结果如图 2.26 所示。

提示：要想快速地打印一个二维数组的数据元素列表，可以调用 out.println 语句，语句格式如下：

```java
System.out.println(Arrays.deepToString(arrayName));
```

例如，对代码中的二维数组进行快速打印。如：

```java
System.out.println(Arrays.deepToString(class_score));
```

输出结果如图 2.27 所示。

```
[[100.0, 99.0, 99.0], [100.0, 98.0, 97.0], [100.0, 100.0, 99.5], [99.5, 99.0, 98.5]]
```

图 2.27　代码的运行结果

5. 获取整行元素

除了获取单个元素和全部元素之外，还可以单独获取二维数组的某一行中所有元素的值，或者二维数组中某一列元素的值。获取指定行的元素时，需要将行数固定，然后只遍历该行中的全部列即可。

例如，接收用户在控制台输入的行数，然后获取该行中所有元素的值。代码如下：

```java
public static void main(String[] args) {
    double[][] class_score = { { 100, 99, 99 }, { 100, 98, 97 }, { 100, 100, 99.5 }, { 99.5, 99, 98.5 } };
    Scanner scan = new Scanner(System.in);
    System.out.println("当前数组只有" + class_score.length + "行，您想查看第几行的元素？请输入：");
    int number = scan.nextInt();
    for (int j = 0; j < class_score[number - 1].length; j++) {
        System.out.println("第" + number + "行的第[" + j + "]个元素的值是：" + class_score[number - 1][j]);
    }
}
```

输出结果如图 2.28 所示。

6. 获取整列元素

获取指定列的元素与获取指定行的元素相似，只需保持列不变，遍历该列每一行的该列即可。

```
当前数组只有4行，您想查看第几行的元素？请输入：
3
第3行的第[0]个元素的值是：100.0
第3行的第[1]个元素的值是：100.0
第3行的第[2]个元素的值是：99.5
```

图 2.28　代码的输出结果

例如，接收用户在控制台中输入的列数，然后获取该列所有的值。代码如下：

```
public static void main(String[] args) {
    double[][] class_score = { { 100, 99, 99 }, { 100, 98, 97 }, { 100, 100, 99.5 }, { 99.5, 99, 98.5 } };
    Scanner scan = new Scanner(System.in);
    System.out.println("您要获取哪一列的值？请输入：");
    int number = scan.nextInt();
    for (int i = 0; i < class_score.length; i++) {
      System.out.println("第 " + (i + 1) + " 行的第[" + number + "]个元素的值是" + class_score[i][number]);
    }
}
```

执行代码进行测试，结果如图 2.29 所示。

```
您要获取哪一列的值？请输入：
2
第 1 行的第[2]个元素的值是99.0
第 2 行的第[2]个元素的值是97.0
第 3 行的第[2]个元素的值是99.5
第 4 行的第[2]个元素的值是98.5
```

图 2.29　代码的运行结果

2.4.3　数组的常用操作

1. Arrays 工具类

Arrays 类是一个工具类，其中包含了数组操作的很多方法。Arrays 类里均为 static 修饰的方法（static 修饰的方法可以直接通过类名调用），可以直接通过 Arrays.xxx(xxx) 的形式调用方法。

（1）int binarySearch(type[] a, type key)方法。使用二分法查询 key 元素值在 a 数组中出现的索引，如果 a 数组不包含 key 元素值，则返回负数。调用该方法时要求数组中元素已经按升序排列，这样才能得到正确结果。

（2）int binarySearch(type[] a, int fromIndex, int toIndex, type key)方法。该方法与前一个方法类似，但它只搜索 a 数组中 fromIndex 到 toIndex 索引的元素。调用该方法时要求数组中元素已经按升序排列，这样才能得到正确结果。

（3）type[] copyOf(type[] original, int length)方法。该方法将把 original 数组复制成一个新数组，其中 length 是新数组的长度。如果 length 小于 original 数组的长度，则新数组就是原数组的前面 length 个元素；如果 length 大于 original 数组的长度，则新数组前面的元素就是原数组的所有元素，后面补充 0（数值类型）、false（布尔类型）或者 null（引用类型）。

（4）type[] copyOfRange(type[] original, int from, int to)方法。该方法与前面方法相似，但这个方法只复制 original 数组中 from 索引到 to 索引的元素。

（5）boolean equals(type[] a, type[] a2)方法。如果 a 数组和 a2 数组的长度相等，而且数组元素也逐一相同，该方法将返回 true。

（6）void fill(type[] a, type val)方法。该方法将会把 a 数组的所有元素都赋值为 val。

（7）void fill(type[] a, int fromIndex, int toIndex, type val)方法。该方法与前一个方法的作

用相同，区别只是该方法仅仅将 a 数组的 fromIndex 到 toIndex 索引的数组元素赋值为 val。

（8）void sort(type[] a)方法。该方法对 a 数组的元素进行排序。

（9）void sort(type[] a, int fromIndex, int toIndex)方法。该方法与前一个方法相似，区别是该方法仅仅对 fromIndex 到 toIndex 索引的元素进行排序。

（10）String toString(type[] a)方法。该方法将数组 a 转换成一个字符串，按顺序把多个数组元素连缀在一起，元素之前使用英文逗号和空格隔开。

下面代码示范了 Arrays 类的用法：

```java
public class ArraysTest {
    public static void main(String[] args) {
        // 定义一个 a 数组
        int[] a = new int[] { 3, 4, 5, 6 };
        // 定义一个 a2 数组
        int[] a2 = new int[] { 3, 4, 5, 6 };
        // a 数组和 a2 数组的长度相等，每个元素依次相等，将输出 true
        System.out.println("a 数组和 a2 数组是否相等: " + Arrays.equals(a, a2));
        // 通过复制 a 数组，生成一个新的 b 数组
        int[] b = Arrays.copyOf(a, 6);
        System.out.println("a 数组和 b 数组是否相等: " + Arrays.equals(a, b));
        // 输出 b 数组的元素，将输出[3, 4, 5, 6, 0, 0]
        System.out.println("b 数组的元素为: " + Arrays.toString(b));
        // 将 b 数组的第 3 个元素（包括）到第 5 个元素（不包括）赋值为 1
        Arrays.fill(b, 2, 4, 1);
        // 输出 b 数组的元素，将输出[3, 4, 1, 1, 0, 0]
        System.out.println("b 数组的元素为: " + Arrays.toString(b));
        // 对 b 数组进行排序
        Arrays.sort(b);
        // 输出 b 数组的元素，将输出[0,0,1,1,3,4]
        System.out.println("b 数组的元素为: " + Arrays.toString(b));
    }
}
```

2. 比较两个数组

数组相等的条件不仅要求数组元素的个数必须相等，而且要求对应位置的元素也相等。Arrays 类提供了 equals()方法，用于比较整个数组。语法如下：

```java
Arrays.equals(arrayA, arrayB);
```

其中，arrayA 是用于比较的第一个数组，arrayB 是用于比较的第二个数组。

如：

```java
public static void main(String[] args) {
    double[] score1 = { 99, 100, 98.5, 96.5, 72 };
    double[] score2 = new double[5];
    score2[0] = 99;
    score2[1] = 100;
    score2[2] = 98.5;
    score2[3] = 96.5;
    score2[4] = 72;
```

```
        double[] score3 = { 99, 96.5, 98.5, 100, 72 };
        if (Arrays.equals(score1, score2)) {
            System.out.println("score1 数组和 score2 数组相等");
        } else {
            System.out.println("score1 数组和 score2 数组不等");
        }
        if (Arrays.equals(score1, score3)) {
            System.out.println("score1 数组和 score3 数组相等");
        } else {
            System.out.println("score1 数组和 score3 数组不等");
        }
    }
```

代码中定义 3 个数组，分别为 score1、score2 和 score3。第一个数组直接给出了数组的值；第二个数组先定义数组的长度，然后为每个元素赋值；第三个数组中的元素和第一个数组中的元素相同，但是顺序不同。分别将 score1 数组与 score2 和 score3 数组进行比较，并输出比较的结果。输出结果如图 2.30 所示。

score1 数组和 score2 数组相等
score1 数组和 score3 数组不等
图 2.30　代码的运行结果

3．复制数组

复制数组是指将一个数组中的元素在另一个数组中进行复制。在 Java 中分别有以下 4 种方法实现数组复制：

（1）Arrays 类的 copyOf()方法。Arrays 类的 copyOf()方法与 copyOfRange()方法都可实现对数组的复制。copyOf()方法是复制数组至指定长度，语法格式如下：

```
Arrays.copyOf(dataType[] srcArray,int length);
```

其中，srcArray 表示要进行复制的数组，length 表示复制后的新数组的长度。

使用这种方法复制数组时，默认从原数组的第一个元素（索引值为 0）开始复制，目标数组的长度将为 length。如果 length 大于 srcArray.length，则目标数组中采用默认值填充；如果 length 小于 srcArray.length，则复制到第 length 个元素（索引值为 length-1）。

提示： 目标数组如果已经存在，将会被重构。

例如，假设有一个数组中保存了 5 个成绩，现在需要在一个新数组中保存这 5 个成绩，同时留 3 个空余的元素供后期开发使用。

使用 Arrays 类的 copyOf()方法完成数组复制的代码如下：

```
import java.util.Arrays;
public class Test{
    public static void main(String[] args) {
        // 定义长度为 5 的数组
        int scores[] = new int[]{57,81,68,75,91};
        // 输出原数组
        System.out.println("原数组内容如下：");
        // 循环遍历原数组
        for(int i=0;i<scores.length;i++) {
```

```
            // 将数组元素输出
            System.out.print(scores[i]+"\t");
        }
        // 定义一个新的数组，将 scores 数组中的 5 个元素复制过来
        // 同时留 3 个内存空间供以后开发使用
        int[] newScores = (int[])Arrays.copyOf(scores,8);
        System.out.println("\n 复制的新数组内容如下：");
        // 循环遍历复制后的新数组
        for(int j=0;j<newScores.length;j++) {
            // 将新数组的元素输出
            System.out.print(newScores[j]+"\t");
        }
    }
}
```

在代码中，由于原数组 scores 的长度为 5，而要复制的新数组 newScores 的长度为 8，因此在将原数组中的 5 个元素复制完之后，会采用默认值填充剩余 3 个元素的内容。

因为原数组 scores 的数据类型为 int，而使用 Arrays.copyOf(scores,8)方法复制数组之后返回的是 Object[]类型，因此需要将 Object[]数据类型强制转换为 int[]类型。同时，也正因为 scores 的数据类型为 int，因此默认值为 0。

代码运行结果如图 2.31 所示。

原数组内容如下：
57　　81　　68　　75　　91
复制的新数组内容如下：
57　　81　　68　　75　　91　　0　　0　　0

图 2.31　代码的运行结果

（2）Arrays 类的 copyOfRange()方法。copyOfRange()方法是将指定数组的指定长度复制到一个新数组中，其语法形式如下：

　　　　Arrays.copyOfRange(dataType[] srcArray,int startIndex,int endIndex)

其中，srcArray 表示原数组；startIndex 表示开始复制的起始索引，目标数组中将包含起始索引对应的元素，另外，startIndex 必须在 0 到 srcArray.length 之间；endIndex 表示终止索引，目标数组中将不包含终止索引对应的元素。endIndex 必须大于等于 startIndex，可以大于 srcArray.length，如果大于 srcArray.length，则目标数组中使用默认值填充。

提示：目标数组如果已经存在，将会被重构。

例如，假设有一个名称为 scores 的数组，其元素为 8 个，现在需要定义一个名称为 newScores 的新数组。新数组的元素为 scores 数组的前 5 个元素，并且顺序不变。

使用 Arrays 类 copyOfRange()方法完成数组复制的代码如下：

```
public class Test {
    public static void main(String[] args) {
        // 定义长度为 8 的数组
        int scores[] = new int[] { 57, 81, 68, 75, 91, 66, 75, 84 };
        System.out.println("原数组内容如下：");
```

```
// 循环遍历原数组
for (int i = 0; i < scores.length; i++) {
    System.out.print(scores[i] + "\t");
}
// 复制原数组的前 5 个元素到 newScores 数组中
int newScores[] = (int[]) Arrays.copyOfRange(scores, 0, 5);
System.out.println("\n 复制的新数组内容如下：");
// 循环遍历目标数组，即复制后的新数组
for (int j = 0; j < newScores.length; j++) {
    System.out.print(newScores[j] + "\t");
}
    }
}
```

在代码中，原数组 scores 中包含有 8 个元素，使用 Arrays.copyOfRange()方法可以将该数组复制到长度为 5 的 newScores 数组中，截取 scores 数组的前 5 个元素即可。

该程序运行结果如图 2.32 所示。

```
原数组内容如下：
57      81      68      75      91      66      75      84
复制的新数组内容如下：
57      81      68      75      91
```

图 2.32　代码的运行结果

（3）System 类的使用 arraycopy()方法。arraycopy()方法位于 java.lang.System 类中，其语法形式如下：

```
System.arraycopy(dataType[] srcArray,int srcIndex,int destArray,int destIndex,int length)
```

其中，srcArray 表示原数组；srcIndex 表示原数组中的起始索引；destArray 表示目标数组；destIndex 表示目标数组中的起始索引；length 表示要复制的数组长度。

使用此方法复制数组时，length+srcIndex 必须小于等于 srcArray.length，同时 length+destIndex 必须小于等于 destArray.length。

提示：目标数组必须已经存在，且不会被重构，相当于替换目标数组中的部分元素。

例如，假设在 scores 数组中保存了 8 名学生的成绩信息，现在需要将该数组从第二个元素开始到结尾的所有元素复制到一个名称为 newScores 的数组中，新数组长度为 12。scores 数组中的元素在 newScores 数组中从第三个元素开始排列。

使用 System.arraycopy()方法来完成替换数组元素功能的代码如下：

```
public class Test {
    public static void main(String[] args) {
        // 定义原数组，长度为8
        int scores[] = new int[] { 100, 81, 68, 75, 91, 66, 75, 100 };
        // 定义目标数组
        int newScores[] = new int[] { 80, 82, 71, 92, 68, 71, 87, 88, 81, 79, 90, 77 };
        System.out.println("原数组中的内容如下： ");
        // 遍历原数组
        for (int i = 0; i < scores.length; i++) {
```

```
            System.out.print(scores[i] + "\t");
        }
        System.out.println("\n 目标数组中的内容如下：");
        // 遍历目标数组
        for (int j = 0; j < newScores.length; j++) {
            System.out.print(newScores[j] + "\t");
        }
        System.arraycopy(scores, 0, newScores, 2, 8);
        // 复制原数组中的一部分到目标数组中
        System.out.println("\n 替换元素后的目标数组内容如下：");
        // 循环遍历替换后的数组
        for (int k = 0; k < newScores.length; k++) {
            System.out.print(newScores[k] + "\t");
        }
    }
}
```

在代码中，首先定义了一个包含 8 个元素的 scores 数组，接着又定义了一个包含 12 个元素的 newScores 数组，然后使用 for 循环分别遍历这两个数组，输出数组中的元素。最后使用 System.arraycopy()方法将 newScores 数组中从第 3 个元素开始往后的 8 个元素替换为 scores 数组中的 8 个元素值。

代码运行的结果如图 2.33 所示。

```
原数组中的内容如下：
100    81    68    75    91    66    75    100
目标数组中的内容如下：
80    82    71    92    68    71    87    88    81    79    90    77
替换元素后的目标数组内容如下：
80    82    100    81    68    75    91    66    75    100    90    77
```

图 2.33   代码的运行结果

（4）Object 类的 clone()方法。clone()方法也可以实现复制数组。该方法是类 Object 中的方法，通过 clone()方法可以创建一个有单独内存空间的对象。因为数组也是一个 Object 类，因此可以使用数组对象的 clone()方法来复制数组。

clone()方法的返回值是 Object 类型，要使用强制类型转换为适当的类型，其语法格式如下：

```
array_name.clone()
```

示例语句如下：

```
int[] targetArray=(int[])sourceArray.clone();
```

提示：目标数组如果已经存在，将会被重构。

例如，有一个长度为 8 的 scores 数组，因为程序需要，现在要定义一个名称为 newScores 的数组来容纳 scores 数组中的所有元素。

可以使用 clone()方法来将 scores 数组中的元素全部复制到 newScores 数组中，代码如下：

```
public class Test {
    public static void main(String[] args) {
```

```
// 定义原数组，长度为 8
int scores[] = new int[] { 100, 81, 68, 75, 91, 66, 75, 100 };
System.out.println("原数组中的内容如下：");
// 遍历原数组
for (int i = 0; i < scores.length; i++) {
    System.out.print(scores[i] + "\t");
}
// 复制数组，将 Object 类型强制转换为 int[]类型
int newScores[] = (int[]) scores.clone();
System.out.println("\n 目标数组内容如下：");
// 循环遍历目标数组
for (int k = 0; k < newScores.length; k++) {
    System.out.print(newScores[k] + "\t");
}
        }
    }
```

在代码中，首先定义了一个长度为 8 的 scores 数组，并循环遍历该数组中的元素。然后定义了一个名称为 newScores 的新数组，并使用 scores.clone()方法将 scores 数组中的元素复制给 newScores 数组。最后循环遍历 newScores 数组，输出数组元素。

程序运行结果如图 2.34 所示。

原数组中的内容如下：
| 100 | 81 | 68 | 75 | 91 | 66 | 75 | 100 |

目标数组内容如下：
| 100 | 81 | 68 | 75 | 91 | 66 | 75 | 100 |

图 2.34　代码的运行结果

从运行结果可以看出，scores 数组的元素与 newScores 数组的元素是相同的。

提示：以上几种方法都是浅拷贝（浅复制）。浅拷贝只是复制了对象的引用地址，两个对象指向同一个内存地址，所以修改其中任意一个值，另一个值都会随之变化。深拷贝（深复制）是将对象及值复制过来，两个对象修改其中任意的值另一个值不会改变。

4. 数组排序

（1）升序。使用 java.util.Arrays 类中的 sort()方法对数组进行升序，应用该方法时，首先要导入 java.util.Arrays 包。sort()方法的语法格式如下：

```
Arrays.sort(数组名);
```

例如，假设在数组 scores 中存放了 5 名学生的成绩，现在要实现从低到高排列的功能。使用 Arrays.sort()方法来实现的具体代码如下：

```
public static void main(String[] args) {
    // 定义含有 5 个元素的数组
    double[] scores = new double[] { 78, 45, 85, 97, 87 };
    System.out.println("排序前的数组内容如下：");
    // 对 scores 数组进行循环遍历
    for (int i = 0; i < scores.length; i++) {
        System.out.print(scores[i] + "\t");
```

```
        }
        System.out.println("\n 排序后的数组内容如下：");
        // 对数组进行排序
        Arrays.sort(scores);
        // 遍历排序后的数组
        for (int j = 0; j < scores.length; j++) {
            System.out.print(scores[j] + "\t");
        }
    }
}
```

输出结果如图 2.35 所示。

```
排序前的数组内容如下：
78.0    45.0    85.0    97.0    87.0
排序后的数组内容如下：
45.0    78.0    85.0    87.0    97.0
```

图 2.35　代码的运行结果

（2）降序。在 Java 语言中使用 sort()方法实现降序有两种方法，因为要使用到后续章节中的包装类 Collections，这里只做简要介绍。

1）利用 Collections.reverseOrder()方法实现降序。代码如下：

```
public static void main(String[] args) {
    Integer[] a = { 9, 8, 7, 2, 3, 4, 1, 0, 6, 5 };        // 数组类型为 Integer
    Arrays.sort(a, Collections.reverseOrder());
    for (int arr : a) {
        System.out.print(arr + " ");
    }
}
```

代码输出结果如图 2.36 所示。

9 8 7 6 5 4 3 2 1 0

图 2.36　代码的运行结果

2）利用 Comparator 接口的复写 compare()方法实现降序。代码如下：

```
public class Test {
    public static void main(String[] args) {
        /*
         注意，要想改变默认的排列顺序，不能使用基本类型（int、double、char），而要使用它
们对应的类
         */
        Integer[] a = { 9, 8, 7, 2, 3, 4, 1, 0, 6, 5 };
        // 定义一个自定义类 MyComparator 的对象
        Comparator cmp = new MyComparator();
        Arrays.sort(a, cmp);
        for (int arr : a) {
            System.out.print(arr + " ");
        }
```

```
        }
    }
    // 实现 Comparator 接口
    class MyComparator implements Comparator<Integer> {
        @Override
        public int compare(Integer o1, Integer o2) {
            /*
                如果 o1 小于 o2，我们就返回正值，如果 o1 大于 o2，我们就返回负值，这样就可以实现
降序排序，反之可实现升序排序
            */
            return o2 - o1;
        }
    }
```

输出结果如图 2.37 所示。

9876543210

图 2.37　代码的运行结果

第 3 章 类 与 对 象

3.1 面向对象语言的特征

使用计算机语言编写程序是为了解决现实世界中的问题，程序设计的过程实际就是解决问题的过程。计算机语言的发展已经经历了从早期的面向机器的语言，到后来的面向过程的语言，以及现在应用程序开发领域广泛使用的面向对象语言。

每一种语言都有它产生的时代背景和应用局限，面向机器的语言与特定的硬件系统相关，要求程序设计者必须熟悉机器，程序的可读性差，移植性差；面向过程的语言使得程序设计者开始摆脱机器的束缚，但是程序设计中数据和处理数据的过程没有逻辑上的联系，或者说实际上是分离的，对于较大的程序这种语言就显得力不从心；面向对象的语言吸取面向过程语言的优点，避免了它的不足，为应用程序设计提供了一种全新的程序设计思路，它的特点体现在三个方面：封装性、继承性和多态性。

封装性是指将数据和数据的操作放在一起，形成一个封装体，这个封装体可以提供对外部的访问，同时对内部的具体细节也实现了隐藏，也能控制外部的非法访问。封装体的基本单位是类，对象是类的实例，一个类的所有对象都具有相同的数据结构和操作代码。

继承性是指支持代码重用，继承可以在现有类的基础上进行扩展，从而形成一个新的类，它们之间成为基类和派生类的关系。派生类不仅具有基类的属性特征和行为特征，而且还可以添加新的特征。采用继承的机制来组织、设计系统中的类，可以提高程序的抽象程度，使之更接近于人类的思维方式，同时也能较好地实现代码重用，提高程序开发效率，降低维护的工作量。

多态性使得多个不同的对象接收相同的消息却产生不同的行为，它大大提高了程序的抽象程度和简洁性。更重要的是，它最大限度地降低了类和程序模块之间的耦合性，提高了类模块的封闭性，使它们不需了解对方的具体细节，就可以很好地共同工作。这个优点对于程序的设计、开发和维护都有很大的好处。

3.2 类

在面向对象语言中，一切都是对象，Java 更是如此。那么是什么决定着某一类对象的属性特征和行为特征呢？答案是"类"，它是一种新的数据类型，作为封装对象属性和行为的一个载体。

3.2.1 类的声明

类是 Java 程序的基本单位，在 Java 中定义一个类，一般包括类的声明和类体两部分，语法格式如下：

```
[修饰符]  class  类名 [extends 父类名]  [implements 接口名]
{
    类体
}
```

其中，[ ]部分是可以缺省；"修饰符"包括访问控制符和非访问控制符；extends 表示定义这个类的同时，这个类继承另一个父类；implements 表示这个类实现其他接口，我们会在后面的章节中陆续接触到这部分内容。在这一章节遇到的类基本都是下面这种形式：

```
class  类名
{
    类体
}
```

关键字 class 的前面可以加权限修饰符 public，也可以采用默认权限（不加任何修饰符）。类名的命名应该符合 Java 标识符命名规则，一般情况下约定类名首字母大写，并且 JDK 提供的类都是符合这一约定的。

3.2.2 成员变量与成员方法

定义一个类时，在类体中可以有成员变量和成员方法。成员变量体现的是对象的静态属性，而成员方法体现的是对象的动态行为。

成员变量的定义格式：

```
修饰符 类型 成员变量;
```

其中"类型"可以是基本数据类型，也可以是引用数据类型，可以同时定义多个相同类型的成员，它们之间用逗号隔开，在类型前面还可以使用修饰符。

成员方法的定义格式：

```
修饰符 方法类型 方法名(参数类型 参数名,…,参数类型 参数名)
{
    方法体;
}
```

其中，类型可以是基本数据类型，也可以是引用数据类型；方法可以有多个参数，可以没有参数，方法的参数类型可以是基本数据类型，也可以是引用数据类型。

如下例：

```
class Triangle
{
    double sideA,sideB,sideC;
    public double getLength()
    {
        return (sideA+sideB+sideC);
    }
    public double getArea()
    {
        double p,s;
        p=0.5* (sideA+sideB+sideC);
        s=Math.sqrt(p*(p-a)*(p-b)*(p-c));
        return s;
    }
}
```

在类 Triangle 中，定义了三个成员变量 sideA、sideB、sideC 和两个成员方法 getLength()、getArea()。需要注意的是成员变量作用域是整个类，在该类的其他方法中对其是可以直接访问的；还需注意所有的操作语句必须写在方法中，不能够写在方法的外面，方法的外面只能定义成员。

3.2.3　局部变量

在方法内部定义的变量或者方法的参数，称为局部变量，在上例中 getArea()方法中定义的变量 p、s 就是局部变量。

局部变量的作用域仅限于它所定义的方法中，在其他方法中是不能够访问的，这一点和成员变量是不同的。另外，局部变量在使用之前要赋值，系统不会为其指定默认值。
如下例：

```
class Triangle
{
    double sideA,sideB,sideC;
    public double getLength()
    {
        return 2*p; //不能访问在 getArea 方法中定义的局部变量 p
    }
    public double getArea()
    {
        double p,s;
        p=0.5* (sideA+sideB+sideC); //p 是局部变量，只能在 getArea 方法中使用
        s=Math.sqrt(p*(p-a)*(p-b)*(p-c));
        return s;
    }
}
```

3.2.4　方法的重载

Java 允许在同一个类中定义多个方法，这些方法的方法名是完全相同的，但是它们的方法类型、方法中参数个数或参数类型是不同的，这一特性称为方法的重载。在调用重载方法时，Java 将根据实参个数或实参类型选择最匹配的方法。

如下例：

```
class Area
{
    float getArea(double r)
    {
        return 3.14f*r*r;
    }
    double getArea(float x,int y)
    {
        return x*y;
    }
    float getArea(int x,float y)
```

```
        {
            return x*y;
        }
        void test()
        {
            System.out.println(getArea(2.5)); //调用第一个 getArea 方法
            System.out.println(getArea(2.5f,3)); //调用第二个 getArea 方法
            System.out.println(getArea(3,2.5f)); //调用第三个 getArea 方法
        }
    }
```

在类 Area 中定义了三个 getArea 方法，它们的方法名完全相同，但是方法类型或对应参数类型不同，这就是方法的重载，在调用时也会自动选择最匹配的方法。

如果在两个方法的声明中，参数的类型和个数均相同，只是返回类型不同，这种情况就不是方法的重载，而且编译时会产生错误。假如同时定义下面这两个方法，就会发生编译错误。

```
        double getArea(float x,int y)
        {
            return x*y;
        }
        float getArea(float x,int y)
        {
            return x*y;
        }
```

在调用方法时，若没有找到类型相匹配的方法，编译器会找可以兼容的类型进行调用。如 int 类型（实参）可以找到使用 double 类型参数的方法，若不能找到兼容的方法，则编译不能通过。如下面的语句也会调用上例中第一个 getArea 方法，仅管实参是 2，不是 double 类型。

```
        System.out.println(getArea(2));
```

但是，下面的语句就无法进行编译，因为第二个 getArea 方法中第一个参数定义的是 float 类型，调用时使用的 2.5 默认处理为双精度类型。

```
        System.out.println(getArea(2.5,3));
```

3.2.5 构造方法

在类体中有一种特殊的方法，即构造方法，它在创建对象实体时调用，在构造方法中通常用于对象的初始化。构造方法有如下特点：

（1）构造方法名与类名完全相同。

（2）构造方法可以有多个参数，也可以没有参数。

（3）构造方法没有返回值，所以定义构造方法时在方法名前不能加任何方法类型，即使 void 也不可以。

（4）一个类中可以同时定义多个构造方法，如果没有定义任何构造方法，系统会默认生成一个无参的构造方法，其方法体为空；如果类中已经定义构造方法，系统不会再提供无参构造方法。

（5）构造方法的调用与成员方法的调用不同，它是在创建对象实体时调用的，格式如下：

```
    new 类名(参数);
```

如果有多个方法，系统会根据参数个数及类型寻找最匹配的构造方法。

如下例：

```java
class Person
{
    String name;
    int birthYear;
    int age;
    Person( String n,int b)
    {
        name=n;
        birthYear=b;
    }
    Person( int b,String n)
    {
        age=2014-b;
        name=n;
    }

    void test()
    {
        new Person("zhang",1990);  //调用第 1 个构造方法
        new Person(1993,"zhang");  //调用第 2 个构造方法
        new Person();   //没有无参构造方法，发生编译错误
    }
}
```

3.3 对　　象

Java 作为一种面向对象语言，它把一切都看成是对象处理，换句话说，程序设计者必须将思维扭转到面向对象的世界中，那么什么是对象？类与对象又是什么关系？通过下面的学习，我们应该能够找到答案。

3.3.1 对象的创建

通过前面的学习，已经知道类是一种新的数据类型，它是封装对象属性和行为的一个载体，所以由同一个类创建的不同对象应该具有相同的属性和相同的行为特征。一个类创建对象通常分两步：声明对象（或称创建对象引用）和创建对象实体。

声明对象的格式：

　　类名　对象引用名；

此处只是声明了一个用来操作该类对象的引用变量,它用来存放对象的引用,而不是实际对象,所以称为对象引用。

创建对象实体的格式：

　　new 类名([参数列表]);

它表示使用 new 运算符在堆中创建该类的一个对象，并且根据括号中的"参数列表"调用一

个匹配的构造方法，当然也可以没有参数，这个过程称为实例化对象。

实例化对象的过程有下面几个步骤：

（1）根据类中定义的成员为对象分配内存空间，并且此时是堆内存。

（2）分配空间后，对象的每一个成员都有一个初值：整型成员，默认初值是 0；浮点型成员，默认初值是 0.0；boolean 型成员，默认初值是 false；引用型成员，默认初值是 null。

（3）根据实例化对象时的参数列表调用匹配的构造方法。

需要注意的是，即使创建了一个对象引用，如果这个对象引用不与任何对象实体进行关联，那么不能够通过该引用访问对象的成员变量和成员方法的。对象引用和对象实体关联的语法格式如下：

对象引用名= new 类名(参数);

所以创建一个对象通常我们也可以写成下面的格式：

类名 对象引用名= new 类名(参数);

对象引用与对象实体的关系好比遥控器与电视的关系，如果仅仅有遥控器而没有电视，那么它不能起任何作用，所以对象引用在与对象实体关联前是不能访问对象成员的。

3.3.2 对象的使用

创建一个对象之后，就可以通过对象引用访问对象的成员，格式如下：

对象引用名.成员变量

对象引用名.成员方法([实参列表])

通过一个例子来了解对象的使用，如下例：

```
class Person
{
    String name;
    int age;
    Person(String n,int a)
    {
        name=n;
        age=a;
    }
    Person(int a,String n)
    {
        name=n;
        age=a;
    }
    Person()
    {
        System.out.println("no inf");
    }
    void speakName()
    {
        System.out.println("my name: "+name);
    }
```

```
        void speakAge()
        {
            System.out.println("my age: "+age);
        }

    }
public class TestPerson1
{
    public static void main(String[ ] args)
    {
        Person p1=new Person("wang",20); //创建对象实体后，调用第一个构造方法
        Person p2=new Person(23,"yang"); //创建对象实体后，调用第二个构造方法
        Person p3=new Person();//创建对象实体后，调用第三个构造方法
        System.out.println("p1:"+p1.name+","+p1.age); //通过对象引用访问其成员变量
        p3.speakName(); //通过对象引用访问其成员方法
        p2.speakAge(); //通过对象引用访问其成员方法
    }
}
```

程序运行结果如图 3.1 所示。

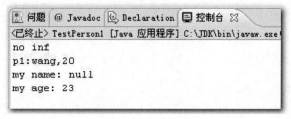

图 3.1　TestPerson1.java 程序运行结果

上例中在使用语句 Person p3=new Person();创建第三个对象后，调用无参的构造方法，该方法中没有改变其成员变量的值，所以它们的值是默认值，即 name 值是 null，age 值是 0，所以 p3.speakName();的输出结果是 my name: null。

在这个例子中，p1、p2、p3 是我们定义的三个对象引用，使用它们可以很方便地访问其对象的成员变量和成员方法。实际上，不定义这样的引用也是可以访问对象的成员，将 TestPerson1 类改写成下面的形式，Person 类程序不变，输出结果仍然是相同的，如图 3.2 所示。

```
public class TestPerson2
{
    public static void main(String[ ] args)
    {
        System.out.println("p1:"+new Person("wang",20).name+","+new Person("wang",20).age);
        new Person().speakName();
        new Person(23,"yang").speakAge();
    }
}
```

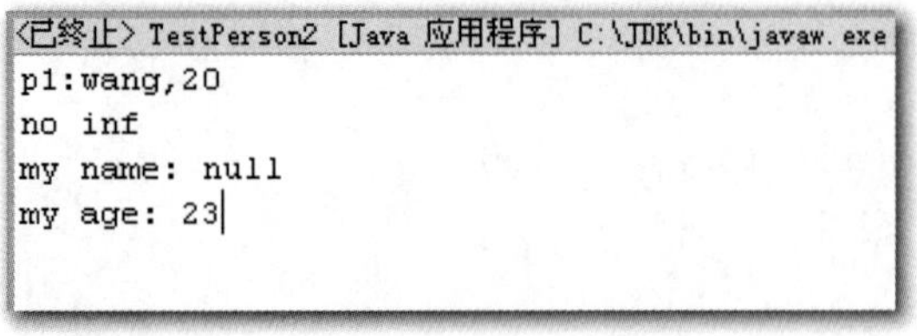

```
<已终止> TestPerson2 [Java 应用程序] C:\JDK\bin\javaw.exe
p1:wang,20
no inf
my name: null
my age: 23
```

图 3.2　TestPerson2.java 程序运行结果

没有定义对象引用依然可以访问对象的成员，这好比没有遥控器依然可以操作电视，虽然程序的效果和 TestPerson1 是一样的，但是显然没有通过引用来访问这种方式方便。

3.3.3　对象在方法参数中的使用

前面已经知道，不管是定义成员方法，还是构造方法都可以没有参数，也可以有参数，而且参数的类型既可以是基本类型也可以是引用类型。如下例：

```
class Person
{
    String name;
    int age;
    Person(String n,int a)
    {
     name=n;
     age=a;
    }
    Person(int a,String n)
    {
        name=n;
        age=a;
    }

}
public class TestPerson3
{
    void speakName(Person p )
    {
        System.out.println("my name: "+p.name);
    }

    void speakAge(Person p )
    {
        System.out.println("my age: "+p.age);
    }
    public static void main(String[ ] args)
    {
        TestPerson3 tp=new TestPerson3();
        Person p1=new Person("wang",23);
        Person p2=new Person("yang",20);
        tp.speakName(p1);
```

```
            tp.speakName(p2);
            tp.speakAge(p1);
            tp.speakAge(p2);
        }
    }
```

程序运行结果如图 3.3 所示。

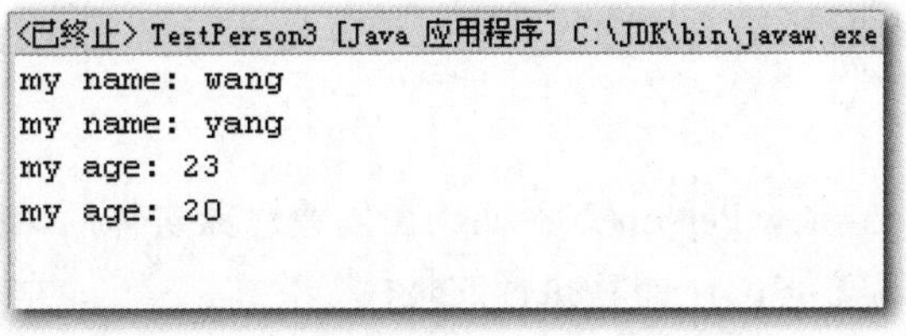

```
<已终止> TestPerson3 [Java 应用程序] C:\JDK\bin\javaw.exe
my name: wang
my name: yang
my age: 23
my age: 20
```

图 3.3　TestPerson3.java 程序运行结果

类 TestPerson3 中定义的两个成员方法 speakName 和 speakAge 的参数都是 p，因为 p 实际上是局部变量，Java 允许不同的方法中局部变量重名的，由于形参 p 的类型是 Person，所以在调用这两个方法时实参也必须是相同的类型，另外 p 仅仅是一个对象引用，它能访问哪个对象的成员取决于调用方法的实参。所以当调用 speakName 方法实参是 p1 时：tp.speakName(p1);，形参 p 此时关联的对象实体是 p1 所关联的对象实体，即成员 name 值 wang，成员 age 值 23。其他语句的调用分析是类似的。

若把上例的 main 方法改写成下面形式，程序的运行结果也是相同的。

```
public static void main(String[ ] args)
{
    TestPerson tp=new TestPerson();
    tp.speakName(new Person("wang",23));
    tp.speakName(new Person("yang",20));
    tp.speakAge(new Person("wang",23));
    tp.speakAge(new Person("yang",20));
}
```

3.4　this 关键字

this 是 Java 提供的一个关键字，它表示当前类的对象。它主要有以下三种情况的应用。

1. 访问成员变量

在成员方法或构造方法中使用 this 来访问成员变量，格式如下：

　　this.成员变量

在 3.3.3 节的例子中 Person 类有这样一个构造方法：

```
Person(int a,String n)
{
    name=n;
    age=a;
}
```

可知，name 和 age 是成员变量，a 和 n 是局部变量，实际上，此处省略了关键字 this，这个构造方法的完整写法应该是：

```
Person(int a,String n)
{
    this.name=n;
    this.age=a;
}
```

在具体的应用中，如果有语句 Person p2=new Person(23,"yang");在创建对象实体后，对象会调用这个构造方法，此时构造方法中的 this 应该就是 p2，即它执行的是：

```
p2.name=23;
p2.age="yang";
```

如果有语句 Person p3=new Person(26,"wu");在创建对象实体后，会调用这个构造方法，此时构造方法中的 this 应该就是 p3，即它执行的是：

```
p2.name=26;
p2.age="wu";
```

需要注意的是，并不是什么情况下都可以省略关键字 this，当方法的局部变量与成员变量重名时，此时在方法中直接引用的变量是局部变量，如果需要引用成员变量就必须要使用关键字，如下面的程序中 this 就不可省略了。

```
Person(int age,String name)
{
    this.name=name;
    this.age=age;
}
```

2. 访问其他成员方法

在成员方法或构造方法中使用 this 来访问其他成员方法，格式如下：

```
this.成员方法(参数列表);
```

如下例：

```
class Person
{
    string name;
    void sayHello()
    {
        System.out.println("Hello! " + name );
    }
    void say()
    {
        sayHello();
    }
}
```

在 say()方法中调用 sayHello()，实际上此处的 sayHello()等同于 this. sayHello()。

3. 调用构造方法

在一个构造方法中，用 this 调用另一构造方法，格式如下：

```
this(参数列表);
```

此处的参数列表和被调用的构造方法参数列表是匹配的，如下例：

```
class Person
{
```

```
        String name;
        int age;
        Person()
        {
            this("LI",33); //调用下面的构造方法
        }
        Person(String name,int age)
        {
            this.name=name;
            this.age=age;
        }
    }
    public class TestPerson4
    {
        public static void main(String[ ] args)
        {
            Person p=new Person();
            System.out.println(p.name+","+p.age);
        }
    }
```

程序运行结果如图 3.4 所示。

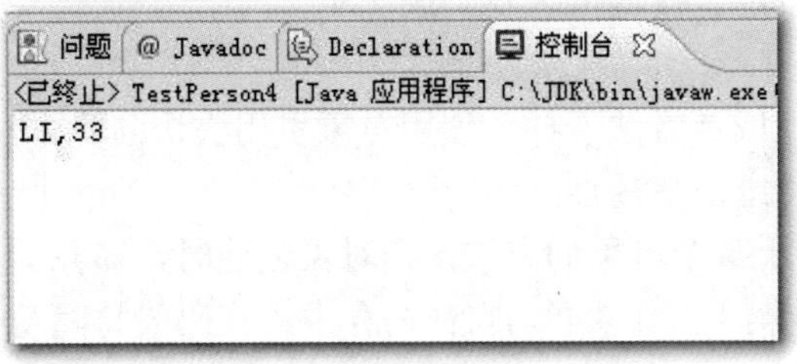

图 3.4　TestPerson4.java 程序运行结果

在 main 方法中，new Person()表示调用无参的构造方法，即 Person()，该方法中语句
this("LI",33)表示调用其他的构造方法，并且方法的第一个参数是字符串，第二个参数是整型，
即调用第二个构造方法 Person(String name,int age)，将实参值传给形参。

3.5　static 关键字

在前面已经学习了类中的成员变量，知道成员变量实际上体现的是对象的静态属性特征，
比如前面例子中 Person 类的 name 和 age，Person 类创建的不同对象都会为这两个成员分配一
次空间，它们的 name 值和 age 值可以是不同的，而且对一个对象成员的操作不会影响其他对
象对该成员的操作。

而在有些情况下，类中某些成员变量体现的应该是类的属性特征而不是对象的属性特征。
如下例：

```
    class Circle
    {
```

```
        double PI;      //圆周率
        double r;       //半径
    }
```

成员变量 r（半径）实际上是当 Circle 类创建不同的对象时都具有的属性，而且不同的对象 r 的值可以是不同的。但是圆周率 PI 实际上是类的静态特征，而不是对象的特征，应该将 PI 定义为静态成员变量。定义静态成员变量的格式：

```
        static 类型 静态成员变量名;
```

如上面的圆周率可以定义成：static double PI;。

对于静态成员变量的访问可以直接使用类名，格式为：

```
        类名.静态成员变量名
```

如访问上面的圆周率可以使用 Circle.PI。当然 Java 也允许通过对象引用去访问静态成员，需要注意的是，不同的对象引用访问的静态成员变量是相同的。

和静态成员变量一样，如果方法体现的是类的动态行为特征，而不是对象的动态行为特征，这种方法就是类方法。前面遇到的在类中定义的 main 方法实际上就是类方法。定义类方法同样需要使用 static 关键字，格式如下：

```
        修饰符 static 方法类型 类方法名(参数列表)
        {
        方法体
        }
```

对于类方法的访问可以直接使用类名，格式为：

```
        类名.类方法(实参列表);
```

Java 允许像访问其他成员方法一样，使用对象引用去访问类方法。

对于类方法，需要注意以下几点：

（1）成员方法是属于某个对象的方法，在对象创建时，对象的方法在内存中拥有自己专用的代码段，而类方法是属于整个类的，它在内存中的代码段将随着类的定义而进行分配和装载，不被任何一个对象专有。

（2）由于类方法是属于整个类的，所以它不能操纵和处理属于某个对象的成员变量，只能处理属于整个类的静态成员变量，即 static 方法只能处理 static 成员或调用 static 方法。

（3）类方法中，不能直接访问成员变量，不能使用 this 关键字。

如下例：

```
        class Test
        {
        static int i=10;
        int j;
        void f()
        {
            System.out.println(i);//成员方法中可以访问静态成员
            System.out.println(j);//成员方法中可以访问非静态成员
        }
        static void g()
        {
            System.out.println(i);
            //System.out.println(j);//error 类方法中不能访问非静态成员
```

```
    }
    public static void main(String[ ] args)
    {
        Test t=new Test();
        t.f();
        g();//类方法中可以直接调用其他类方法
        //f();// error 类方法中不可以直接调用其他非 static 方法
    }
}
```

表 3.1 列出了成员方法和类方法对成员的访问情况。

表 3.1 成员的访问情况

	成员变量	静态成员变量	其他成员方法	其他类方法
成员方法	可直接访问或通过 this 访问	可直接访问或通过 this 访问	可直接访问或通过 this 访问	可直接访问或通过类名访问
类方法	不可直接访问，也不可以通过 this 访问	可直接访问，但不可通过 this 访问	不可直接访问，也不可通过 this 访问	可直接访问，但不可通过 this 访问

3.6 包

Java 程序的基本单位是类，一个源程序可能由多个类构成，对于这些类应该如何管理？JDK 也提供了许多的类，如 System、String 等，JDK 中的类又是怎么管理的？这一节我们开始学习 Java 中类的管理机制：包。

3.6.1 包的概念

包是为了对同一项目中的多个类和接口进行分类和管理。这好比一个大学管理所有学生的方式，是将他们组织成班级，班级又组织成院系，若要明确指定一个学生，通过"院系名. 班级名. 学生名"这种方式会更加高效。

包实际上不仅提供了一种命名机制，而且提供了一种可见性机制。Java 提供了在包这一层次上的访问权限控制，在后面的节中我们会学习。

3.6.2 import 语句

包内实际上含有一组相关的类，它们在单一的名字空间下被组织在了一起。例如：JDK 中提供一个日期时间类 Date，它的全名是 java.util.Date，在实际使用中需使用如下语句：

```
class TestDate
{
    public static void main(String[ ] args)
    {
        java.util.Date dt=new java.util.Date ();
    }
}
```

这种写法在程序中显得很不方便，此时可以使用 import 语句，程序如下：

```
import java.uti.Date;
class TestDate
{
    public static void main(String[ ] args)
    {
        Date dt=new Date ();
    }
}
```

使用 import 语句导入相应的类，在程序中就可以直接使用该类名了，不需要在类名前加上相应的包名。但是需要注意的是，如果在该程序中使用 java.util 包中其他的类，仍然要用完整的形式（即类名前加上包名）。所以通常用下面的写法导入：

```
import java.util.*;
```

该语句表示导入这个包中所有的类，此时在程序中可以直接使用 java.util 中的任意一个类。

在前面的程序中使用 System 类时并没有用 import 语句导入，那是因为 Java 编译器会为所有程序自动引入包 java.lang，因此不必用 import 语句引入它包含的所有的类。但是若需要直接使用其他包中的类，必须用 import 语句引入。

另外，需要注意，使用星号"*"只能表示本层次的所有类，不包括子层次下的类。例如，在后面章节中，经常需要用两条 import 语句来引入两个层次的类，语句如下：

```
import java.awt.*;
import java.awt.event.*;
```

3.6.3 package 语句

JDK 提供的类按照其用途，分别组织在不同的包中，这样便于管理和使用。在自己开发应用程序时，程序设计者可通过 package 语句将定义的类用相应的包来管理，格式如下：

```
package 包名;
class 类{
}
```

在 package 语句下定义的类都是在该包中的。包名必是合法的标识符，另外在一个包中可以有子包，它们之间通过"."分隔，而且包及其子包对应的目录结构应存在。如果定义类之前没有 package 语句，表示这个类默认在一个无名包中。

如下例：

```
package abc.def;
class MyPackageClass
{
    public static void main(String[ ] args)
    {
        System.out.println("abc.def.MyPackageClass");
    }
}
```

此例中定义的类 MyPackageClass 是在包 abc.def 中的，因为源文件 MyPackageClass.java 必须存放在目录 abc\def 下，若使用记事本编写源程序，该目录必须自己创建，如图 3.5 所示。

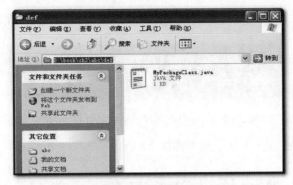

图 3.5　包的目录结构

如果使用命令编译该文件，可以在当前目录下，也可以在包的根目录下，此例中包的根目录是 "d:\book\ch3"，如图 3.6 所示。

运行该类时必须在包的根目录下或使用相关命令指定包的根目录，并且要使用类的完整名称，如图 3.7 所示。

图 3.6　使用命令编译包中的源程序

图 3.7　使用命令运行包中的类

如果不是在包的根目录下运行，则会发生错误，如图 3.8 所示。

图 3.8　编译错误

此时可以修改环境变量的值，添加包的根目录 "D:\book\ch3"，如图 3.9 所示。

图 3.9　添加环境变量 classpath 的值

此时，在任意目录下都可运行该类，如图 3.10 所示。

图 3.10　任意目录下使用命令运行包中的类

在 Eclipse 中新建包（图 3.11）的步骤如下：

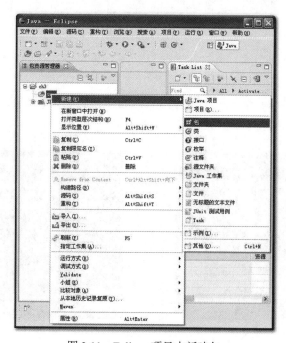

图 3.11　Eclipse 项目中新建包

（1）打开"新建 Java 包"对话框，如图 3.12 所示。

图 3.12　"新建 Java 包"对话框

（2）在"名称"文本框中输入包的名称，如图 3.13 所示，单击"完成"按钮。

图 3.13　输入包名

（3）右击 chc.jsj，在弹出的级联菜单中选择"新建→类"命令，如图 3.14 所示。

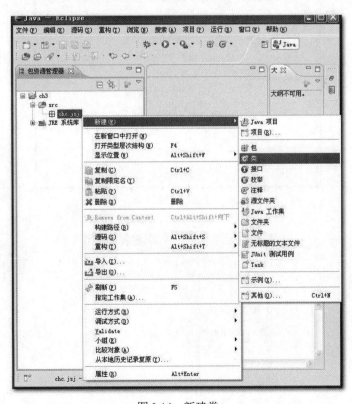

图 3.14　新建类

（4）打开"新建 Java 类"对话框，在"名称"文本框中输入类名 MyPackageClass，如图 3.15 所示，单击"完成"按钮。

图 3.15　输入类名

（5）源程序中自动加入语句 package chc.jsj;，如图 3.16 所示。对应的包的目录结构自动生成，如图 3.17 所示。

图 3.16　源程序中自动加入语句"package chc.jsj;"

图 3.17　自动生成的包的目录结构

3.6.4　常用的包

JDK 给程序开发人员提供了丰富的类，这些类都在相关的包中，表 3.2 列举出一些常用的包。

表 3.2　常用的包

包名	说明
java.lang	提供利用 Java 编程语言进行程序设计的基础类
java.util	Java 的一些实用工具包，如 Date、Calendar、ArrayList
java.awt	包含用于创建用户界面和绘制图形图像的所有类
java.awt.event	提供处理由 AWT（抽象窗口工具包）组件所激发的各类事件的接口和类
javax.swing	提供一组"轻量级"（全部是 Java 语言）组件，尽量让这些组件在所有平台上的工作方式都相同
java.io	输入流和输出流的类
java.sql	提供访问并处理存储在数据源中的 API（应用程序编程接口）
java.net	提供用于网络应用程序的类

3.7　访 问 权 限

3.7.1　成员的访问控制符

对于成员而言，不管是成员变量还是成员方法，不同的权限对应的可访问级别是不一样的。通过表 3.3 可以看出，每一种权限所对应不同的级别。

表 3.3　成员的访问权限

权限	同一个类中	同一个包中	不同包中的子类	不同包中的非子类
private	可以访问	不可以访问	不可以访问	不可以访问
默认	可以访问	可以访问	不可以访问	不可以访问
protected	可以访问	可以访问	可以访问	不可以访问
public	可以访问	可以访问	可以访问	可以访问

如下例：

```
package chc.jsj;
class Student{
    protected String school;
    private String name; //仅限于 Student 类访问
    public int age;
    Student(String name,int age, String school)
    {
```

```
                    this.name=name;
                    this.age=age;
                    this.school=school;
                }
        }
        public class Monitor{
            public static void main(String[ ] args)
            {
                Student s=new Student("li",25,"chc");
                System.out.println(s.name); //name 定义时的权限是 private，在 Monitor 中不能访问
                System.out.println(s.age); //可以访问 age 成员
                System.out.println(s.school); //可以访问 school 成员
            }
        }
```

在上例中 System.out.println(s.name);语句会发生编译错误，如图 3.18 所示，因为在 Monitor 中不能访问 name，它的权限是 private，只能在 Student 类中访问。

图 3.18   编译错误

3.7.2   类的访问控制符

可以用访问控制符定义类。类的访问控制符为 public 或为默认。若使用 public，其格式为：
```
        public class 类名
        {
        类体
        }
```
用 public 修饰类，则该类可以被其他类所访问，若类使用默认访问控制权限，则该类只能被同包中的类访问。

若使用默认修饰类，其格式为：
```
        class 类名
        {
        类体
        }
```
需要注意的是，不可以在 class 关键字前使用 private、protected 等权限修饰符，除定义内部类（后面章节中学习）外。

第4章 继 承

4.1 继承的引入

在前面的章节中，已经学习了类与对象的关系，接触了面向对象的第一个特性：封装性。把类可以看成是 Java 程序的基本单位，就像是在 C 语言中把函数看成是程序的基本单位一样。一个 Java 程序可以由多个类组成，每一个类都可以将一定的数据和功能封装在一起。下面来看两个类：

```
class Person
{
    String name;
    int age;
    void print_birthyear()
    {
        System.out.println(2014-age);
    }
}


class Student
{
    String name;
    int age;
    String school;
    void print_birthyear()
    {
        System.out.println(2014-age);
    }
    void print_school ()
    {
        System.out.println(school);
    }
}
```

虽然 Student 类有一些属性（成员变量）和功能（成员方法）与 Person 类是相同的，但是在定义 Student 类时，还是需要重新定义这些相同的属性和功能。能否以 Person 类为基础，复制它已有的属性和功能，然后通过添加或修改相关属性和功能来创建 Student 类？通过继承便可以达到这样的效果。

4.2 类 的 继 承

4.2.1 继承的语法

继承的语法格式：
```
class 子类 extends 父类
{
}
```
extends 关键字表示在定义一个类的同时，使得该类继承另一个类。继承的类称为子类或派生类，被继承的类称为父类或基类，一旦子类继承了父类，那么子类已经拥有了从父类中继承的所有成员（非 private），即不需要在子类中重复定义。用继承改写 4.1 节的例子，程序如下：
```
class Person
{
    String name;
    int age;
    void print_birthyear()
    {
        System.out.println(2014-age);
    }
}

class Student extends Person
{
    String school;
    void print_school ()
    {
        System.out.println(school);
    }
}
```
虽然在定义 Student 类时，类体中只定义了成员变量 school 和成员方法 print_school，但是它从父类 Person 中继承了另外的两个成员变量 name、age 及成员方法 print_birthyear，这些继承而来的成员和自己定义的成员在使用时也是相同的。

4.2.2 成员变量的隐藏

在继承中子类重新定义一个与从父类那里继承来的成员变量完全相同的变量，称为成员变量的隐藏。成员变量的隐藏在实际编程中用得较少。如下例：
```
class TestA
{int n=10;
}
class TestB extends TestA
{int n=100;
 public static void main(String[ ] args)
```

```
{ TestB tb=new TestB();
    System.out.println(tb.n);
  }
}
```

　　子类 TestB 从父类 TestA 继承了成员变量 n，但在子类类体中又定义了成员变量 n，此时，子类拥有两个同名的成员变量 n。通过子类创建的对象引用该成员时，引用的是子类类体中定义的成员，从父类继承的成员被隐藏，运行结果如图 4.1 所示。

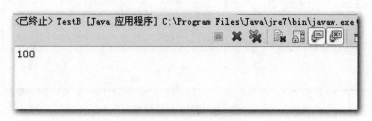

图 4.1　程序运行结果

4.2.3　成员方法的覆盖

　　子类可以重新定义与父类同名的方法，并且这两个方法的类型相同、方法中参数的个数相等，以及对应的参数类型相同，从而实现对父类方法的覆盖（重写）。

　　注意：如果子类要重写父类已有的方法，应保持与父类完全相同的方法，否则仅方法名相同，只是方法的重载而不是方法的覆盖。重载的方法是与父类无关的方法，是子类新添加的方法。

　　如下例：

```
class TestA
{
  void fun1(int i)
  {   System.out.println(i);
  }
  void fun2(int i)
  {   System.out.println(i+1);
  }
}
class TestB extends TestA
{
  void fun1(int i)
  {   System.out.println("*"+i+ "* ");
  }
  void fun2()
  { System.out.println("fun2() called");
  }
  public static void main(String[ ] args)
  {   TestB tb=new TestB();
      tb.fun1(10);
```

```
        tb.fun2(10);
        tb.fun2();
    }
}
```

子类中重写了从父类继承的成员方法 fun1，但并没有重写从父类继承的成员方法 fun2，只是重载。程序运行结果如图 4.2 所示。

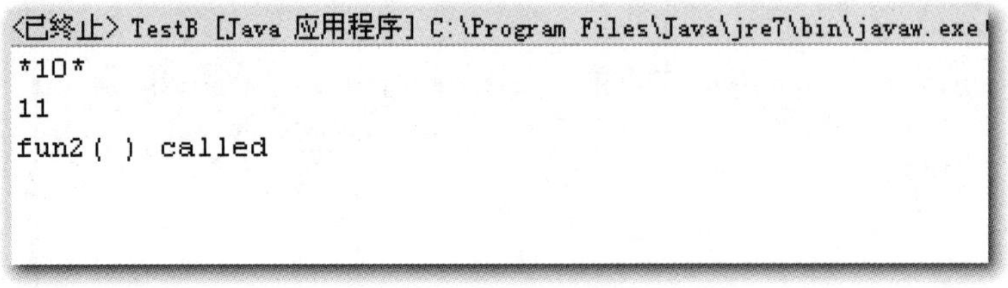

```
<已终止> TestB [Java 应用程序] C:\Program Files\Java\jre7\bin\javaw.exe
*10*
11
fun2( ) called
```

图 4.2　程序运行结果

4.3　继承中的构造方法

在前面的学习中，已经了解到子类继承了父类，实际上就拥有了父类的成员方法，但是在类中还有一种特殊的方法——构造方法，那么构造方法能否被继承？先来看一个关于继承的程序：

```java
class A
{
    A()
    {
        System.out.println("A() is called ");
    }
}
class B extends A
{
    B()
    {
        System.out.println("B() is called");
    }
    public static void main(String[ ] a)
    {
        B b1=new B();
    }
}
```

根据前一章学习的知识，从 new B()可知，程序需要调用类 B 的无参构造方法，因此，运行结果应该是：B() is called。

但是实际上该程序的运行结果却不是 B() is called，其运行结果如图 4.3 所示。

图 4.3　程序运行结果

程序中并没有 new A()这样的语句，但类 A 的构造方法却被调用，原因正是因为子类 B 继承了父类。

严格地说，构造方法不能被继承，因为构造方法名和类名相同，子类 B 的构造方法名一定是 B，不可能是 A。实际上，构造方法虽然不能被继承，子类的构造过程中需要调用而且必须调用父类的构造方法，它分为隐式调用父类构造方法和显式调用父类构造方法。

4.3.1　隐式调用父类构造方法

如果子类构造方法中没有显示调用父类构造方法，则系统默认调用父类无参构造方法，前面的例子正是这种情形。假如删除 A 的构造方法：

```java
class A
{
}
class B extends A
{
    B()
    {
        System.out.print("B() is called");
    }
    public static void main(String[ ] a)
    {
        B b1=new B();
    }
}
```

程序的运行结果仍然是相同的，因为此时类 A 中相当于有一个无参的构造方法：

```java
A()
{
}
```

但是，下面的程序就不能通过编译了，试想一下为什么？

```java
class A
{
    A(String str)
    { System.out.print("A() is called "+str);
    }
}
class B extends A
{
```

```
    B()
    {
        System.out.print("B() is called");
    }
    public static void main(String[ ] a)
    {
        B b1=new B();
    }
}
```

程序运行结果如图 4.4 所示。

图 4.4　程序运行结果

4.3.2　显式调用父类构造方法

子类可以在自己的构造方法中使用 super 语句调用父类的构造方法（必须写在子类构造方法第一行），语法格式如下：

```
super(参数 1,参数 2,…);
```

该语句表示调用父类的构造方法，由于构造方法也可以重载，所以具体调用哪一个构造方法取决于后面的参数。如下例：

```
class Student
{
    String name;
    int age;
    Student()
    {
        System.out.println("I am a Student");
    }

    Student(String name)
    {
        this.name=name;
    }

}
public class Monitor extends Student
{
    Monitor(int age)
```

```
        {
            super("li"); //调用父类的第二个构造方法
            this.age=age;
        }
        public static void main(String[ ] args)
        {
            Monitor s=new Monitor(20);
            System.out.println(s.name+","+s.age);
        }
    }
```

父类 Student 中定义了两个构造方法，一个方法无参，另一个方法有一个 String 类型的参数。在子类的构造方法中语句 super("li"); 是调用父类的第二个构造方法，该方法是给子类继承的成员变量 name 赋值。

程序运行结果如图 4.5 所示。

```
问题  @ Javadoc  声明  控制台 ⊠
<已终止> Monitor [Java 应用程序] C:\Program Files\Java\jre7\bin\javaw.exe
li,20
```

图 4.5   程序运行结果

4.3.3   super 的其他用法

前面已经学习了 this 关键字的语法，并且知道 this 关键字总是和当前类的实例相关，而 super 关键字总是和当前类的父类相关。在前面一节中，介绍了使用 super 语句在构造方法中显式调用父类构造方法，除了这种用法之外，super 关键字还有其他用法。表 4.1 列出了 this 关键字和 super 关键字的比较。

表 4.1   this 关键字与 super 关键字的比较

关键字	成员变量	成员方法	构造方法
this	this.成员变量	this.成员方法(参数,…)	this(参数,…)
	引用当前类的实例的成员变量	调用当前类的实例的成员方法	调用当前类的其他构造方法
super	super.成员变量	super.成员方法(参数,…)	super(参数,…)
	引用从父类继承的成员变量	调用从父类继承的成员方法	调用父类的构造方法

正如有时可以省略 this 关键字，有时却不能省略，super 关键字也是如此。在 4.2.2 节中，我们知道当子类中定义了和父类继承的成员变量同样名字的变量时，从父类继承的成员变量被隐藏，虽然被隐藏，但它依然是存在的。这时如果使用该隐藏的成员就必须使用"super.成员变量"，同样的如果子类重写父类继承的成员方法，此时调用父类继承的成员方法也必须使用"super.成员方法(参数,…)"。如下例：

```
class TestA
{
    String str;
    int t;
}
public class TestB extends TestA
{
    void f()
    {
        System.out.println(str+","+t);
        System.out.println(this.str+","+this.t);
        System.out.println(super.str+","+super.t);
    }
    public static void main(String args[ ])
    {
        TestB b=new TestB();
        b.f();
    }
}
```

此例中，f()方法三条语句的作用是相同的，或者说这种情况下引用成员既可以省略 this 关键字，也可以省略 super 关键字。程序的运行结果如图 4.6 所示。

图 4.6   程序运行结果

再看下面的例子：

```
class TestA
{
    String str="testa";
    int t;
}
public class TestB2 extends TestA
{
    String str="testb";
    void f()
    {
        System.out.println(str+","+t);
        System.out.println(this.str+","+this.t);
        System.out.println(super.str+","+super.t);

    }
```

```
    public static void main(String args[ ])
    {
        TestB2 b=new TestB2();
        b.f();
    }
}
```

程序运行结果如图 4.7 所示。

图 4.7　程序运行结果

4.4　继承中的权限

前一章讨论了成员访问权限的两种情形，即同一个类在同一个包中和在不同的包中成员的访问权限又是如何？这时要区分在是子类中还是在非子类中，具体情形见表 4.2。

表 4.2　不同包中的成员访问权限

权限	不同包中的子类	不同包中的非子类
private	不可以访问	不可以访问
默认	不可以访问	不可以访问
protected	可以访问	不可以访问
public	可以访问	可以访问

如下例：

```
//A.java 文件
package abc;
public class A
{
    protected String m;
    int n;
}


//B.java 文件
package def;
import abc.A;
public class B extends A
```

```
    {
        public static void main(String[ ] args)
        {
            B b1=new B();
            System.out.println(b1.m); //可以访问
            System.out.println(b1.n);// 不可以访问
        }
    }
```

程序运行结果如图 4.8 所示。

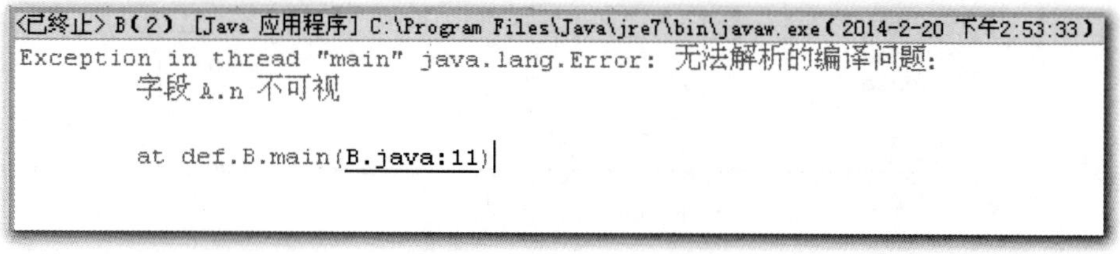

```
<已终止> B（2） [Java 应用程序] C:\Program Files\Java\jre7\bin\javaw.exe（ 2014-2-20 下午2:53:33）
Exception in thread "main" java.lang.Error: 无法解析的编译问题:
        字段 A.n 不可视

        at def.B.main(B.java:11)|
```

图 4.8　程序运行结果

4.5　final 关键字

继承可以很好地实现代码复用，但同时也带来了问题：代码的不安全性。一旦子类继承了父类，子类可以重写父类的方法，也可以隐藏父类的属性，而有时候对于一些类，我们不允许它被继承，这时可以使用关键字 final。

4.5.1　final 类

前面使用的 System 类就是不能被继承的，因为它的声明是 public final class System。对于一个类如果不允许被继承，在定义时使用以下格式：

```
public final class  类名
{
    //类体;
}
```

4.5.2　final 方法

final 除了可以修饰类，还可以用来修饰方法。它所修饰的方法，表明不能被子类所重写，在定义时使用以下格式：

```
访问权限 final 方法名(参数,…)
{
}
```

如下例：

```
class TestA
{   final void fun1(int i)
```

```
    {   System.out.println(i);
        }
    }
    class TestB extends TestA
    {   void fun1(int i)     //不能重写 fun1 方法
        { System.out.println("*"+i+ "* ");
        }
            public static void main(String[ ] args)
            {   TestB tb=new TestB();
                tb.fun1(10);
            }
    }
```

思考：final 修饰符所修饰的方法能否被子类重载?

4.5.3　final 成员变量与局部变量

　　final 可以修饰成员变量，若成员变量不是被 static 修饰的，则只能对成员变量赋值一次，并且不能缺省。这种对成员变量的赋值方式有两种：一是在定义变量时赋初始值，二是在每一个构造函数中进行赋值。

　　一个成员变量若被 static final 两个修饰符所限定时，它实际的含义就是常量。在程序中，通常一起使用 static 和 final 来指定一个常量。如 java.lang.Math 类中定义了 PI（表示圆周率），它就是常量，其定义形式为 public static final double PI。

　　需要注意的是：在定义 static final 成员变量时，若不给定初始值，则按默认值进行初始化（整型为 0，浮点型为 0.0，boolean 型为 false，引用型为 null）。

　　final 还可以修饰局部变量，且只能赋值一次。它的值在变量存在期间不会改变。

　　如下例：

```
    public final class Test
    {
        public static final int id1= 5;
        public final int id2;
        public Test()
        {
            id2 = ++ id1; // 在构造方法中对声明为 final 的变量 id2 赋值
        }
        public static void main(String[ ] args)
        {
            Test t = new Test();
            System.out.println(t.id2);
            final int m = 1;
            final int n;
            m= 2;
            //n= 3; //非法
        }
    }
```

4.6　继承中需要注意的问题

1. Java 仅支持单继承

如下例：

```
class Student extends Person
{
......
}
```

其中，类 Student 是类 Person 的直接子类，或者说类 Person 是类 Student 的直接父类，通常我们简称为子类、父类。

对于 Java 中的类，它只能有一个直接父类，不能有多个直接父类。并不是所有的面向对象语言都是单继承，有的语言也支持多继承。

2. 一个子类可以同时拥有多个父类

虽然 Java 仅支持单继承——一个子类只能有一个直接父类，但这并不影响一个子类可以同时拥有多个父类。这就是类的多层继承（注意不是多继承），这些类形成了一个继承链，如下例：

```
class Student extends Person
{
......
}
class Monitor extends Student
{
......
}
```

显然 Monitor 类的直接父类是 Student 类，但 Person 类也是 Monitor 类的父类。换句话说，Monitor 同时继承了 Student 类和 Person 类的所有成员。

3. Java 中所有的类都是直接或间接继承 java.lang.Object 类

如下列：

```
class Person
{
......
}
```

等同于：

```
class Person extends Object
{......}
```

第5章　抽象类、接口与内部类

5.1　抽　象　类

5.1.1　抽象方法

Java 提供了一种机制：抽象方法。这种方法和前面接触的方法不同，它只有方法的声明，没有方法体，通常用于抽象类或接口中，语法格式如下：

```
abstract  方法类型  方法名(形参类型  形参名,…);
```

5.1.2　抽象类

定义一个类时，如果其中包含抽象方法，那么这个类就是抽象类。在定义抽象类时要使用关键字 abstract，如下例：

```
abstract class Shape
{
    public abstract float getArea();
}
```

一个 abstract 类并不关心功能的具体行为，只关心它的子类是否具有这种功能，并且功能的具体行为由子类负责实现。对于 abstract 类，我们可以创建对象的引用，但不能使用 new 运算符创建该类的对象，如 "new Shape();" 语句是不能通过编译的。

一般情况下对象由其子类创建，如果一个类是 abstract 类的子类，它必须具体实现父类的所有 abstract 方法，所以不允许使用 final 修饰 abstract 方法。如下例：

```
class Circle extends Shape
{
    public float getArea()
    {
        ……
    }
}
```

此时我们可以用下面的语句创建对象：

```
Shape s=new Circle();
```

需要注意的是抽象方法在子类中必须被实现，否则子类仍然是 abstract 的。

5.1.3　抽象类对象在方法参数中的使用

如果一个方法的参数是抽象类类型的，那么在调用这个方法时可以使用这个抽象类的子类的对象引用，当然子类中必须实现抽象类的抽象方法，如下例：

```
abstract class A
{
    abstract void f1();
}
class B
{
    void f2(A a)
    {
        a.f1();
    }
}
class C extends A
{   void f1()
    {   System.out.println("hello");
    }
}
public class TestAbs
{
    public static void main(String[ ] args)
    {   B b1=new B();
        b1.f2(new C());
    }
}
```

在本例中，B 类中 f2 方法的参数类型是 A，在 TestAbs 类中调用该方法时使用"b1.f2(new C());"语句因为类 C 继承了类 A，它实现了抽象方法 f1，此时相当于把引用 new C()传值给形参 a。方法 f2 中语句"a.f1();"调用的是类 C 中的 f1 方法。

程序的运行结果如图 5.1 所示。

图 5.1　程序运行结果

5.2　接　　口

5.2.1　接口的引入

继承性是 Java 语言的一个特征，它能够很好地实现代码复用。但是，Java 中的继承是单继承，一个子类最多只能有一个直接父类。单继承使得程序的层次关系清晰、可读性强，实际上单继承使 Java 中类的层次结构成为树型结构，这种结构在处理一些复杂问题时可能无法表现出优势。而现实世界中多继承是大量存在的，有的面向对象语言也支持多继承（如 C++），多继承有优点，也有缺陷。为了弥补单继承的不足，使其在语言中达到多继承的效果，Java 提供了接口，利用接口可以间接地实现多继承。

有些类与类之间虽然有一些共同的行为特征，比如，定义圆和矩形这两个类，它们都有共同的动态行为，即求面积（尽管求面积的方法不同），但是用继承来表示这种共同的动态行为特征是不适合的，不能定义圆是矩形的子类或者矩形是圆的子类。正因为如此，接口应运而生。

5.2.2 接口的定义

接口的定义和类的定义是类似的，它由接口声明和接口体两部分组成，格式如下：

```
修饰符   interface  接口名
{
    接口体
}
```

如下例：

```
interface ComputeCircle
{
    double PI=3.14;// 前面省略 public static final
    double getArea(double r );//前面省略  public abstract
}
```

关键字 interface 前的修饰符是可选的，可以是 public 或默认（即不加修饰符），这一点和定义类时可用的修饰符是相同的。如果是 public，表明定义的接口是公共的，在任何地方都可以使用它；如果是默认，表明定义的接口只能在同一个包中被访问。

接口体中可以包含成员变量和方法。需要注意的是，接口中的变量实际是常量，在定义变量时即使前面省略修饰符，仍然默认为 public static final；接口中的方法都是抽象方法，不能有方法体，方法前面即使省略修饰符，仍然默认为 public abstract。

5.2.3 接口的实现

接口中定义的方法仅仅是抽象方法，这些方法的实现都是在具体的类中完成的，我们称这些具体的类实现了接口。

定义一个类的时候，在类的声明部分用关键字 implements 来声明这个类实现某个接口，如果实现多个接口，接口名之间用逗号隔开，格式如下：

```
class 类名  implements  接口 1，接口 2，…
{
    //实现接口中的所有抽象方法
}
```

如下例：

```
class Circle implements ComputeCircle
{
    public double getArea( double r )
```

```
        {
            return PI*r*r;
        }
    }
```

需要注意的是，一个类可以同时实现一个接口或多个接口，类体中必须实现这些接口中的所有抽象方法，即为这些方法提供方法体，否则这个类仍然是抽象类，并且需要加 abstract 关键字。另外，类在实现接口中的抽象方法时，必须确保方法名、参数和接口中的完全一致，如果实现的方法与抽象方法仅仅是方法名相同，参数不同，这仅仅是方法的重载，而不是方法的实现。

上例中，Circle 类中的 getArea 方法就是对接口 ComputeCircle 中的 getArea 方法的实现，它的形式与接口中的抽象方法是一致的。

但是下面的例子是不能通过编译的。

```
    class Circle implements ComputeCircle
    {
        double r;
        public Circle( double r)
        {
            this.r=r;
        }
        public double getArea()
        {
            return PI*r*r;
        }
    }
```

本例中，Circle 类中的 getArea 方法是无参的，而接口中的 getArea 方法是有参数的，所以实际上这只是一个 getArea 方法的重载，而且 Circle 类并没有实现 ComputeCircle 接口。如果用下面的写法来实现这个接口，是否可以实现？

```
    class Circle implements ComputeCircle
    {
        double getArea( double r )
        {
            return PI*r*r;
        }
    }
```

通过编译可知，这个 getArea 方法与之前的例子相比，只是权限不同，此处权限为默认，也就是说虽然实现了接口中的 getArea 方法，但是降低了访问权限（接口中方法是 public），所以同样会发生编译错误。换句话说，一个类（非抽象）实现了接口，则这个类中必须实现接口中所有的抽象方法，而且方法的权限必须是 public（不能省略）。

5.2.4　接口的使用

接口可以看作是一种特殊的类，它和类一样都是引用类型，并且编译后会生成一个独立的字节码文件，接口的使用和类既有相同的地方也有不同的地方，语句格式如下：

```
    接口名 接口变量;
```

如：ComputeCircle cc;。

其中，cc 是一个接口变量，表示的是引用，对应的存储空间是栈内存，这一点与用类创建对象是一样的。

不能使用 new 运算符在堆内存中分配实体空间，如下面的写法是错误的：

　　cc=new ComputeCircle();

但是对于实现了接口的类可以使用 new 运算符，所以下面的写法是合法的：

　　cc=new Circle();

此时，可以通过该接口变量调用被 Circle 类实现的 getArea 方法，也称为接口回调，如：

　　cc.getArea(4.5);

它调用的方法是 Circle 类中实现的 getArea 方法。

5.2.5　接口变量在方法参数中的使用

接口变量也可以在方法的参数中使用，在前面已定义的 ComputeCircle 接口和 Circle 类基础上，把上面的例子改写成以下形式：

```
class Test
{
    void f1(ComputeCircle cc)
    {
        double s;
        s=cc.getArea(4.5);
        System.out.println(s);
    }
    public static void main(String[ ] args)
    {
        Test ts=new Test();
        ts.f1(new Circle());
    }
}
```

其中，Test 类中 f1 方法的参数是接口类型，在调用这个方法时，它使用的实参实现了该接口的 Cirlce 类创建的对象的引用 new Circle()，此时 f1 方法中 cc.getArea(4.5);语句调用的是 Cirlce 类中实现的 getArea 方法。程序的运行结果如图 5.2 所示。

图 5.2　程序运行结果

5.2.6　接口与抽象类的异同

使用抽象类可以在一个类中定义一个或多个抽象方法，这些方法都是没有实现的，它们的实现是在这个类的子类中完成的。接口使抽象的概念向前迈进了一步，它可以产生一个完全抽象的类，所以本质上讲，它是一种特殊的抽象类。

虽然接口与抽象类有很多相同点，但是在具体含义上也有不同，抽象类更注重这个类描述的是什么及其本质，而接口更注重具有什么样的功能及它能充当的角色。在具体的软件设计中，选用接口和抽象类有时都能够解决相同的问题。但一般而言，当一个子类已经继承一个父类，如果还希望实现其他功能，可以通过接口来完成。表 5.1 对接口与抽象类进行了比较。

表 5.1　接口与抽象类比较

功能	接口	抽象类

语法	interface 接口名
	{
	　……
	}
		abstract 抽象类名
		{
		　……
		}

实例化	不能直接实例化	不能直接实例化
方法	接口中的方法全部是抽象方法	抽象类中的方法不一定全部是抽象方法
继承	一个类可以实现多个接口	一个子类只能有一个直接父类
成员权限	接口中的成员都是 public（即使省略）	抽象类中的成员不一定是 public

5.3　内　部　类

Java 中允许将一个类的定义置入另外一个类中，把里面定义的类称为内部类，外面的类称为外部类或外嵌类。内部类根据它定义所在的不同位置，可以分为多种情况。

5.3.1　成员内部类

内部类定义在外部类中成员方法的外面，这种内部类称为成员内部类，它的作用相当于外部类的一个成员。

如下例：

```
class Outside
{
    String str1="外部类";
    Inside ins=new Inside();
    private String getMessage()   {
      return str1;
    }
    class Inside
    {
        String str2="内部类";
        void getInfo() {
        System.out.println(getMessage()+" "+str2);
        }
    }
```

```
    }
    public class Test1
    {    public static void main(String[ ] args) {
            Outside os=new Outside();
            os.ins.getInfo();

        }
    }
```

内部类编译后的字节码文件如图 5.3 所示。

图 5.3 内部类编译后的字节码文件

程序运行结果如图 5.4 所示。

图 5.4 程序运行结果

由于成员内部类与外部类中的成员变量、成员方法都是外部类的成员，所以在成员内部类中可以直接访问外部类的其他成员，即使这些成员是 private。上例中，在内部类的成员方法——getInfo()方法中直接访问外部类的成员方法 getMessage()。

需要注意的是，类的访问权限只有 public 和默认两种，因此，是不能使用其他修饰符的，但是成员内部类和外部类中的成员是一个成员，所以它的前面可以使用 private、protected、public 等权限进行修饰，其含义和成员的权限相同。

定义类的时候前面是不能使用 static 关键字的，但是定义成员内部类时可以使用 static 关键字，此时它相当于一个静态成员，用法和外部类中的其他静态成员是相同的。

在外部类里面可以直接使用内部类，如果内部类是非 static，可以使用下面的方式：

    外部类名.内部类名 引用变量=外部类对象引用.new 内部类名(参数);

或

    外部类名.内部类名 引用变量=new 外部类名(参数).new 内部类名(参数);

其中，括号中的参数和括号前面类中构造方法的参数是一致的。

如下例：

```
class Outside
{
    String str1="外部类";
    Inside ins;
    private String getMessage()
    {
     return str1;
    }
    class Inside
    {
     String str2="内部类";
     void getInfo()
     {System.out.println(getMessage()+"    "+str2);
     }
    }
}
public class Test2
{ public static void main(String[ ] args)
 {
    Outside os=new Outside();
    Outside.Inside ois=os.new Inside();    //在 Test2 类中创建内部类对象 ois
    ois.getInfo();
    }
 }
```

程序运行结果如图 5.5 所示。

图 5.5　程序运行结果

在内部类中可以直接访问外部类的其他成员变量和成员方法，但是如果内部类中与外部类有同名的成员变量，可以使用以下语句来访问外部类中的同名成员：

外部类名.this.成员名

如下例：

```
class Outside
{
    String str="外部类成员";

    class Inside
```

```
    {
        String str="内部类成员";
        void f(String str)
        {
         System.out.println(str);              //局部变量
         System.out.println(this.str);         //内部类对象的成员变量
         System.out.println(Outside.this.str); //外部类对象的成员变量
        }
      }
    }
    public class Test3
    { public static void main(String[ ] args)
     {
            Outside os=new Outside();
            Outside.Inside ois=os.new Inside();
            ois.f("局部成员");
        }
    }
```

程序运行结果如图 5.6 所示。

图 5.6   程序运行结果

5.3.2 局部内部类

内部类定义在外部类中成员方法的里面，这种内部类称为局部内部类，它的作用相当于方法中的一个局部变量。

如下例：

```
    class Outside
    {
        String str="外部类成员";
        void g()
        {
            class Inside
            {
                void f()
                {
                    System.out.println("调用局部内部类对象的成员方法 f()");
                }
            }
```

```
            Inside is=new Inside();
            is.f();
        }
    }
public class Test4
{   public static void main(String[ ] args)
    {
            Outside os=new Outside();
            os.g();
    }
}
```

程序运行结果如图 5.7 所示。

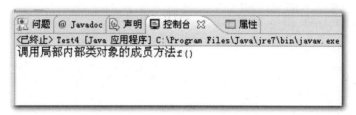

图 5.7　程序运行结果

在定义局部内部类需要注意，前面不能使用 public、private、protected 等修饰符，也不能用 static 关键字，但可以使用 final 修饰符，这一点和局部变量是相同的。

另外，局部内部类中可以访问其外部类的成员，如果局部内部类所在的方法是 static，那么局部内部类中可以访问其外部类的 static 成员。

局部内部类不能访问其所在方法的局部变量，但是如果局部变量前有 final 修饰符，则可以访问。

5.3.3　匿名内部类

匿名内部类也称匿名类，它是一种特殊的内部类，这种类的特点是没有类名，并且在定义的同时，就创建了该类的一个实例。匿名类通常基于继承或基于接口实现。

下例为基于继承的匿名类。

```
    class Test
    {
        void f()
        {
            System.out.println("Test:f()");
        }
    }

    public class Outside
    {
        public static void main(String[ ] args)
```

```
    {
    class Inside extends Test    //定义局部内部类
    {
        void f()
        {
                System.out.println("Inside:f()");
        }
    }
        new Inside().f(); //创建局部内部类对象，并调用 f 方法
    }
}
```

程序运行结果如图 5.8 所示。

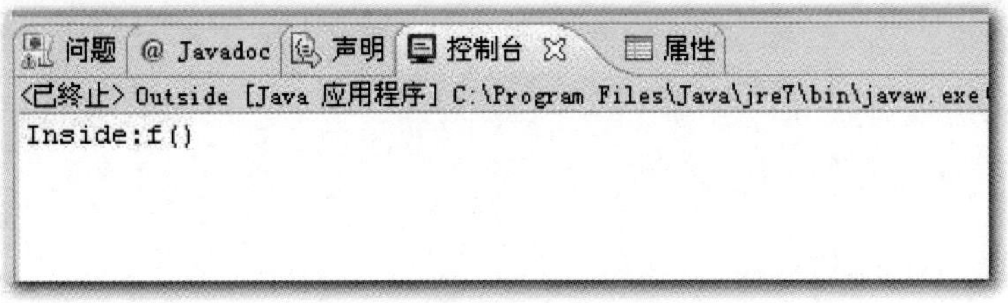

图 5.8　程序运行结果

使用匿名类将上列改写为：

```
class Test
{
    void f()
    {
        System.out.println("Test:f()");
    }
}

public class Outside2
{
    public static void main(String[ ] args)
    {
        Test ts=new Test()
        {
            void f()
            {
                    System.out.println("Inside:f()");
            }
        };
        ts.f();
    }
}
```

程序运行结果如图 5.9 所示。

图 5.9　程序运行结果

在改写的例子中，main 方法中使用匿名内部类，即不需要定义内部类 Inside。这种写法很简洁，需要特别注意：花括号后的分号。

下例为基于接口的匿名类。

```
interface Testable
{
 void f();
}

public class Outside3
{
 public static void main(String[ ] args)
 {
 class Inside implements Testable
 {
  public void f()
  {
  System.out.println("it's a test");
  }
 }

 Testable tt=new Inside();
 tt.f();
 }
}
```

程序运行结果如图 5.10 所示。

图 5.10　程序运行结果

我们使用匿名类将上例程序改写为：

```
interface Testable
{
    void f();
}
public class Outside4
{
    public static void main(String[ ] args)
    {
        Testable tt=new Testable()
        {
            public void f()
            {
                System.out.println("it's a test");
            }
        };
        tt.f();
    }
}
```

程序运行结果如图 5.11 所示。

图 5.11　程序运行结果

从上面的两个例子分析，容易得出匿名类的格式。基于继承的匿名类的一般格式为：

```
new  父类名(参数)
{
    重写父类中某个成员方法
};
```

其中，参数和父类中的某个构造方法一致。

基于接口的匿名类的一般格式为：

```
new  接口名(    )
{
    接口中所有抽象方法的实现
};
```

第6章 多 态

6.1 多态的引入

多态，顾名思义，多种形态。试想下这样一个场景，教师对教室里的所有学生发出了一个命令"回宿舍！"。显然，每一个学生接收到的都是一个同样的命令或消息，但是每一个学生产生的行为却是不同的，他们都是回各自的宿舍。在这个例子中教师不需要对每一个学生发出不同的消息，所有学生响应一个共同的消息。

在面向对象语言中，多态性是继封装性和继承性之后的第三个基本特征，它是指不同的对象接收同样的消息可以产生不同的行为。多态性可增强程序灵活性和可重用性，它主要分为编译时多态和运行时多态。

6.2 编译时多态

编译时多态发生在程序的编译阶段，它主要通过方法的重载来实现，在第 3 章中我们已经接触了方法的重载，方法的重载是指在类中可以定义多个方法，它们的方法名相同，但是方法的类型和参数（参数的个数，对应参数的类型）不同。在调用时，Java 将根据实参个数或实参类型选择最匹配的方法。

6.3 运行时多态

运行时多态发生在程序的运行阶段，它主要通过继承机制和上转型对象来实现。

6.3.1 上转型对象

可以使用一个类创建多个对象，这个类实际上就是这些对象的类型，且属于引用类型。通常可以用如下语法创建对象，如以类 Student 为例：

        Student s=new Student();
或
        Student s;
        s=new Student();

其中，Student s; 仅表示创建对象引用；new Student(); 表示创建对象实体，s=new Student(); 表示将对象引用指向对象实体。此后就可以用 s 引用其成员变量或调用成员方法。此处无论是创建对象引用，还是创建对象实体使用的都是同一个类 Student，s 的类型也是 Student。

在继承中，如果我们创建一个对象，它的引用是用父类创建的，它的对象实体是用子类创建的，我们把这个对象称为上转型对象。如下例：

```
class Student extends Person
{
......
}
class Monitor extends Student
{
......
}
```

如果创建对象使用下面的语句：

```
Student s;
s=new Monitor ();
```

或

```
Student s=new Monitor ();
```

此时，s 就是上转型对象，s=new Monitor(); 之所以是合法的，是因为 Java 允许将子类看成是特殊的父类。反之，我们不能将父类看成是特殊的子类，换句话说，下转型在 Java 中是不合法的。如下面的写法是错误的：

```
Monitor s=new Student ();
```

6.3.2　上转型对象调用的方法

上转型对象在调用方法时可能具有多种形态，它可以操作子类继承或重写的方法。但是，如果子类重写了父类的某个方法后，对象的上转型对象调用这个方法时，一定调用了这个重写的方法。如下例：

```
class M
{void computer(int a,int b)
  {   int c=a*b;
        System.out.print(c);      }
}
public class P extends M
{   public static void main(String args[ ])
    {    M m1=new P();
        m1.computer(10,10);      }
}
```

其中，m1 是上转型对象，它调用的 computer 方法是子类继承的方法。

程序运行结果如图 6.1 所示。

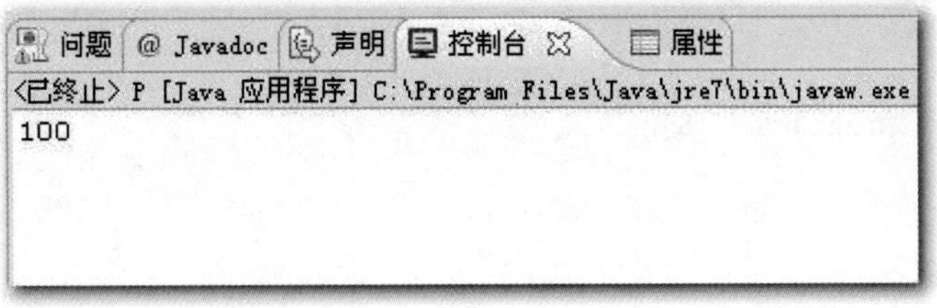

图 6.1　程序运行结果

将此类进一步改写为：

```
class M
{void computer(int a,int b)
  {   int c=a*b;
        System.out.print(c);        }
}
public class P extends M
{ void computer(int a,int b)
  { int c=a*b;
     System.out.print("*"+c+"*");        }
public static void main(String args[ ])
    {   M m1=new P();
        m1.computer(10,10);        }
}
```

此时，上转型对象 m1 它调用的 computer 方法是子类重写的方法，而不是从父类继承的方法。

程序运行结果如图 6.2 所示。

图 6.2   程序运行结果

学习了上转型对象，可知如果一个方法的形式参数定义的是父类对象，那么调用这个方法时，可以使用子类对象作为实际参数。如下例：

```
class TF
{
    void fun()
    {
        System.out.print("TF");
    }
}

class TS extends TF
{
    void fun()
    {
        System.out.print("TS");
    }
}
public class Test
{
    void g(TF tf)
```

```
        {
            tf.fun();
        }
    public static void main(String[ ] args)
        {
            Test te=new Test();
            TS ts=new TS();
            te.g(ts);
        }
    }
```
程序运行结果如图 6.3 所示。

图 6.3　程序运行结果

需要注意的是：上转型对象不能够调用子类新增的方法。如下例：
```
    class M
    {void computer(int a,int b)
     {    int c=a*b;
            System.out.print(c);        }
    }
    public class P extends M
    { void speak()
     {
        System.out.print("hello");        }
    public static void main(String args[ ])
     {    M m1=new P();
        m1.speak();    //这种调用是错误的，不能通过编译
        P p1=new P();
        p1.speak(); //这种调用是正确的
     }
    }
```
程序运行结果如图 6.4 所示。

图 6.4　程序运行结果

上转型对象 m1 调用子类新增的方法 speak 时发生错误，是因为上转型对象失去了一些功能。上转型对象也可以用强制类型转换成子类对象的引用。如上例的语句 m1.speak();改写成下面的形式就能通过编译：

  (P)m1.speak();

思考：上转型对象能否操作子类重载的方法?

6.3.3　上转型对象引用的成员

和调用方法不同，上转型对象引用的成员变量仍然是从父类继承的。如下例：

```
class M
{
    int n=10;
}
class P extends M
{    int n=100;
 public static void main(String args[ ])
    {
        M m1=new M();
        System.out.println(m1.n);
        M m2=new P();
        System.out.println(m2.n);
    }
}
```

此例中，m2 是上转型对象，它引用的成员是从父类继承的，虽然子类隐藏了父类继承的成员变量。

程序运行结果如图 6.5 所示。

图 6.5　程序运行结果

6.3.4　instanceof 运算符

instanceof 是 Java 特有的一个运算符，它主要用来判断在运行时某一个对象是否为某一个类或该类子类的一个实例。它将返回一个 boolean 类型的值，其格式为：

  对象引用　instanceof　类

如下例：

```
class TestA
{
}
```

```
public class TestB extends TestA
{    public static void main(String[ ] args)
    {
            TestA ta=null;
            TestB tb=null;
            System.out.println(ta instanceof TestA); //false
            System.out.println(tb instanceof TestB); //false
            ta=new TestA();
            tb=new TestB();
            System.out.println(ta instanceof TestA); //true
            System.out.println(ta instanceof TestB); //false
            System.out.println(tb instanceof TestA); //true
            System.out.println(tb instanceof TestB); //true
            ta=new TestB();
            System.out.println(ta instanceof TestA); //true
            System.out.println(ta instanceof TestB); //true
    }
}
```

程序运行结果如图 6.6 所示。

图 6.6　程序运行结果

第7章 语 言 包

前面的章节中，我们学习了类及类的基本特性。一个软件项目可能会包含成百上千的类，如果将它们全部放到同一个目录下，文件太、多太复杂，不容易辨识，这显然不是好的解决方案。如果在同一文件夹下有多个 Java 源文件，而在 Java 程序中又存在多个类，在不同的程序中，有可能会声明相同的类名，那么程序在编译之后产生的类文件就会发生冲突。为避免这样的冲突，Java 利用包（Package）的机制来管理每个 Java 程序编译后的类文件。

操作系统用目录来组织管理文件，Java 则利用包来组织相关的类，并控制其访问权限。在包内定义一个类后，包外的代码如果不引入该类，将无法访问该类。包是类的一种组织方式，是一组相关的类和接口的集合，包既是命名机制，又是可见度控制机制。同一包中的类在默认情况下可以互相访问，所以为了方便程序员的编程和管理，通常把需要在一起工作的类放在同一个包里。与目录下可以含有文件和子目录类似，包下可以含有类和子包，它们形成了一个层级结构，以便有效地组织和管理自己的代码。

利用面向对象技术开发一个系统时，通常需要设计许多类共同工作，Java 编译器要为每个类生成一个字节码文件，这样同名的类就会发生冲突。在 Java 中，包名与源文件所在的目录一一对应，即将相关的源代码文件保存在同一个目录中。包名就是目录名，如 com.chxy.javaTest 对应的目录名是 com\chxy\javaTest。另外，在 Java 程序中，创建一个 Public 修饰的类，就会创建一个与类名完全相同的源文件代码，即同名的包。包的意义主要体现在以下几个方面：

（1）位于同一包下的多个类之间具有一定的联系，方便项目的管理。

（2）每个类都隶属于一个包，不同的包可以含有同名的类，利于类的多版本维护。

（3）包便于开发者快速找到某一个类。例如，与输入/输出相关的类均位于 java.io 包下，与实用工具相关的类均位于 java.util 包下。

（4）包提供了某种级别的访问权限控制。

（5）包的概念体现了 Java 语言面向对象特性中的封装机制。

注意：

（1）包是一个相对路径，它与存放所有源文件的根目录有关。例如，本书前面各章节所编写的程序或实例均未指定包名。为避免二义性，一个 Java 项目用以存放所有源文件的根目录通常是固定的，该目录对应着默认包（Default Package）。

（2）标准的 Java 类库分布在多个包中，如 java.lang、java.net、java.util 等。这些标准的 Java 包具有的一个层次结构如同硬盘的目录嵌套一样。所有标准的 Java 包都处于 Java 和 Javax 层次中。

7.1 包的创建与声明

是否只要将源文件存放到默认包的某个目录下，源文件对应的类就被组织到了相应的包下了呢？答案是否定的。将某个类组织到某个包下是通过编写特定的代码实现的，这样的代码称为 package（打包）语句，这个过程通常也被称为创建包。可以通过 package 关键字来声明，一般格式如下：

　　package 包名;

如果要创建一个多层次的包，那么 package 后的标识符用"."隔开，格式如下：

　　package 包名 1.包名 2.包名 3;

例如：

　　package com.chxy.javaTes;

需要注意的是，包的名称通常采用小写字母，一般包名中应该包含以下信息：

（1）类的创建者或拥有者的信息。

（2）类所属的软件项目的信息。

（3）类在具体软件项目中所处的位置。

在 Eclipse 创建包的过程如图 7.1 所示。

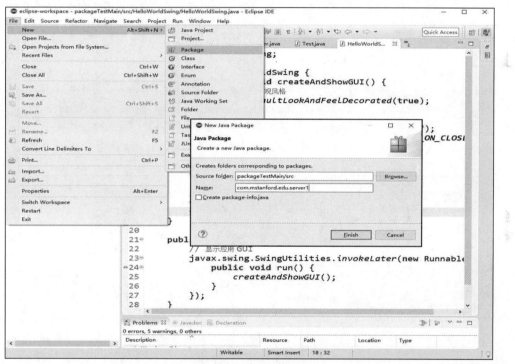

图 7.1　包的创建

引入包的最主要的目的是解决命名冲突问题，因此包名应该是唯一的。为了保证包名的唯一性，建议借用域名的反向排列形式作为包名。例如图 7.1 中创建的 com.mstanford.edu.server1 包就是一个合法的包名。

在学习、工作中，如果使用的是常见的 IDE 开发工具，在包中创建类时，新建的源代码文件将被保存在对应的目录下，源代码的第一行将自动加入声明包的语句，例如 package com.chxy.javaTest;。如果没有创建包，则 Java 使用默认包（default package），它对应项目源代码的根目求，没有包名。较新版本的 Eclipse 会在创建类时默认将项目名作为包名使用。

例 7-1　创建包。

```
package packageTest;
public class Test1 {
    public static void main(String[] args) {
        // TODO Auto-generated method stub
        System.out.println("this is the package test");
    }

}
```

将上述代码在 Eclipse 中运行（图 7.2），生成的包如图 7.3 所示。

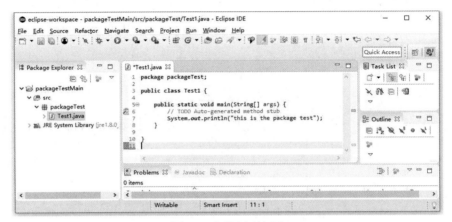

图 7.2　包的创建实例

图 7.3　包的目录形式

注意：

（1）一个源文件最多只有一条 package 语句，且必须放在源程的第一行，并以分号结尾。

（2）关键字 package 后的包名可以是多级包名，父包与子包间通过"."分隔。

7.2　导　入　包

将类组织为包的目的是更好地使用包中的类。默认情况下，一个类只能引用与它在一个包中的类。如果要引用某个或某些包中的类和接口，一般有两种方法：一种方法是直接在要引用的类和接口前给出它所属包的名称，另一种方法是在程序的开始部分给出引用语句（import 语句）。

1. 直接使用包

当在程序中引用的类和接口的次数较少时，直接使用包是比较适当的，在要引用的类和接口前给出其所在包的名称。例如：

```
mypackage.Circle myCircle = new mypackage .Circle0;
```

2. 使用 import 语句

在实际应用中，用户可以将自己的类组织成包结构。要想将一个类放入包中，就必须在源文件的开头定义类的代码之前，增加一条 import 语句。在 Java 源程序文件中，import 语句一般紧接着 package 语句（如果 package 语句存在），一旦某个包被 import 语句引入，该包中的类和接口可以被直接引用。

import 导入包的一般形式如下：

```
import 包名.*;              //使用通配符*导入包中的通用类和接口，不含子包
import 包名.类名;           //导入包中指定的类
import 父包名.子包名.*;      //导入父包内子包的通用类和接口
```

import 语句的位置在 package 语句之后，类定义之前，例如：

```
package mypack;
import mysrc.*;
class Demo{ ...... }
```

如果一个类访问了来自另一个包（除 java.lang 外，后续介绍）中的类，则首先必须通过 import 语句引入该类，如例 7-2 所示。

例 7-2 包的应用。

在 com.mstanford.edu.server 包中分别建立两个类：Student 类和 Teacher 类。实现包导入的过程和源代码如下：

（1）创建项目，并在项目的 src 下建立 com.mstanford.edu.server 包。

（2）在 com.mstanford.edu.server 包中分别创建 Student 类和 Teacher 类。代码如下：

1）Student 类：

```
package com.mstanford.edu.server;
public class Student {
    int age;
    public void print(){
        System.out.println("我是学生！");
    }
}
```

2）Teacher 类：

```
package com.mstanford.edu.server;
public class Teacher {
    int age;
    public void print(){
            System.out.println("我是老师！");
    }
}
```

3）在项目中再创建一个 com.mstanford.edu.test 包，在包中创建一个 Test 类，并导入 com.mstanford.edu.server 包中的 Teacher 类，如图 7.4 所示。代码如下：

```
package com.mstanford.edu.test;
import com.mstanford.edu.server.Teacher;        //必须要引入，否则程序会出错
class Test {
    public static void main(String [] args){
        Teacher teacher=new Teacher();
        teacher.print();
    }
}
```

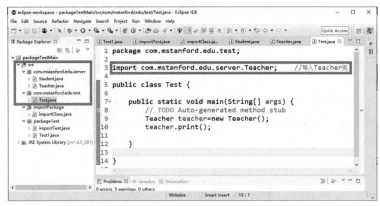

图 7.4　import 方法导入包中的指定类

如果引入的是整个包，可使用"*"替代包中所有的类，其声明的一般形式为：

```
import 包名称.*;            //*代表包中的类
```

例如：在 com.mstanford.edu.test 包中导入 com.mstanford.edu.server 包中的所有类，如图 7.5 和图 7.6 所示。

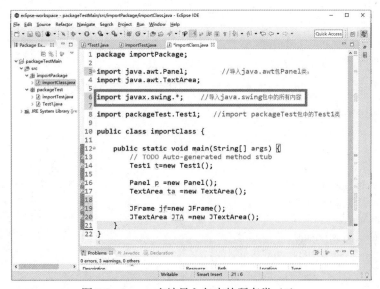

图 7.5　import 方法导入包中的所有类（1）

图 7.6　import 方法导入包中的所有类（2）

注意：

（1）如果一个包中的类需要被外部访问，那么这个包中的类一定要定义为 public class 类型。

（2）每个类必须要放在一个包中，一个包中可以有很多不同类型的类。

（3）如果一个包中的某个类的方法全部是 static 类型的，则可以使用静态导入方法，如 import static com.chxy.javaTest。

例如：

```
import static java.lang.Math.*;        //静态导入
class staticPackage {
    public static void main(String[] args) {
        // TODO Auto-generated method stub
        System.out.println(PI);
        System.out.println(random());
    }
}
```

运行结果：

    3.141592653589793
    0.3609345788847933

（4）java.lang 包是唯一在编译过程中自动导入的包，无需用 import 语句导入。

7.3　Java 常用包

作为 Java 语言的使用者可以感受到 Java 语言带来的优势（面向对象、多线程、高效易扩展等），而且它有很多已经实现的类库可供我们直接使用。这些类库都是以 jar 包的形式提供的，也可以将其称为 Java API，它实现了各种常用操作的方法，为程序员编写 Java 程序代码提供了便利。下面对 Java 8 中部分包的功能做简要的说明。

（1）java.lang 包：Java 的核心类库。它包含了运行 Java 程序必不可少的系统类、基本数据类型类、基本数学函数类、字符串处理类、线程类、异常处理类等。系统默认加载这个包。

（2）java.io 包：Java 语言的标准输入/输出类库。它提供了支持基于流的读、写操作类，如基本输入/输出流、文件输入/输出、过滤输入/输出流等。

（3）java.util 包：Java 的实用工具类库。在这个包中，Java 提供了一些实用的方法和数据结构。例如，Java 提供日期（Data）类、日历（Calendar）类来产生和获取日期及时间，提供随机数（Random）类产生各种类型的随机数，还提供了堆栈（Stack）、向量（Vector）、位集合（Bitset）以及哈希表（Hashtable）等类来表示相应的数据结构。

（4）java.util.zip 包：实现文件压缩功能。

（5）java.lang.reflect 包：提供用于反射对象的工具。

（6）java.awt.image 包：处理和操纵来自网上图片的 Java 工具类库。

（7）java.net 包：提供实现网络应用与开发的类。实现网络功能的类库有 Socket 类、ServerSocket 类。

（8）java.applet 包：提供了支持 Java.applet 所需的类和相应接口，如 Applet 类。

（9）java.corba 包和 java.corba.orb 包：这两个包将 CORBA 嵌入到 Java 环境中，使 Java 程序可以存取、调用 CORBA 对象，并与之共同工作。

（10）java.awt.datatransfer 包：处理数据传输的工具类，包括剪贴板、字符串发送器等。

（11）java.awt 包：包含构建图形用户界面（GUI）、图形界面组件和布局管理的类库。如 Checkbox 类、Container 类、LayoutManger 接口和 Event 类等。

（12）java.awt.event 包：GUI 事件处理包。

（13）java.sql 包：实现 JDBC 的类库。

（14）sun.tools.debug 包：是 Sun 公司提供给 Java 用户的调试工具包，它包含各种用于调试类和接口的工具。

（15）java.swing 包：提供了一组"轻量级"的组件。

例 7-3   java.swing 包的应用。

```java
import javax.swing.*;
public class HelloWorldSwing {
    private static void createAndShowGUI() {
        // 确保有一个漂亮的外观风格
        JFrame.setDefaultLookAndFeelDecorated(true);
        // 创建及设置窗口
        JFrame frame = new JFrame("HelloWorldSwing");
        frame.setDefaultCloseOperation(JFrame.EXIT_ON_CLOSE);
        // 添加 "Hello World" 标签
        JLabel label = new JLabel("Hello World");
        frame.getContentPane().add(label);

        // 显示窗口
        frame.pack();
        frame.setVisible(true);
    }
    public static void main(String[] args) {
        // 显示应用 GUI
        javax.swing.SwingUtilities.invokeLater(new Runnable() {
            public void run() {
                createAndShowGUI();
            }
        });
    }
}
```

运行结果如图 7.7 所示。

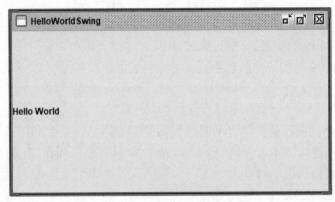

图 7.7　java.swing 包的应用

下面重点介绍 java.lang 包和 java.util 包中的部分内容，其他包将在后续章节的应用中分析。

7.4　java.lang　包

java.lang 包是 Java 语言的核心，它提供了 Java 中的基础类，包括基本的对象类、类、字符序列类、包类、数学类等和异常类、线程类等核心类与接口。

java.lang 包的主要类如图 7.8 所示。

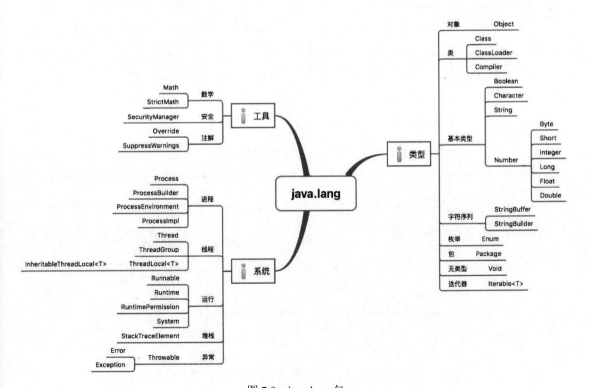

图 7.8　java.lang 包

7.5 Java 常见的 API 类

API（Application Programming Interface，应用程序编程接口）是一些预先定义的函数，也称为 Java 基础类库，分别在不同的包中。

7.5.1 包装类

Java 语言是一个面向对象的语言，但是 Java 中的基本数据类型却不是面向对象的。在实际开发过程中程序员经常将基本数据类型转换成对象，这样便于操作。比如，在集合的操作中，就需要将基本类型数据转化成对象。

在 Java 中使用基本类型声明的变量不被视为对象，但 Java 提供了与基本数据类型相应的类，这样便可以将基本数据类型当作对象使用，这种类称为包装类。java.lang 包对每个基本数据类型都提供了一个相应的包装类，它的名字与基本数据类型的名字相似，除了 int→Integer 和 char→Character 两个比较特殊之外，其他都是将基本数据类型的首字母改为大写字母即可，如：byte→Byte。表 7.1 列出了构造方法、常量和不同类型的包装类转换方法。

表 7.1　包装类转换方法

基本数据类型	包装类
byte	Byte
boolean	Boolean
short	Short
char	Character
int	Integer
long	Long
float	Float
double	Double

在包装类中，数值类型都直接继承于父类 Number 类，非数值类型 Character 和 Boolean 类直接继承于 Object 类，如图 7.9 所示。

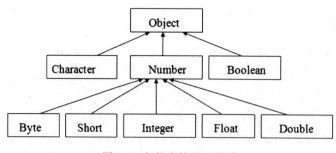

图 7.9　包装类的继承关系

　　查看 JDK 文档中可知，所有的包装类型都不存在无参构造器，所有包装类的实例都是不可变的。一旦创建对象后，它们的内部值就不能进行改变。

　　在 Java 面向对象程序设计中，把基本数据类型转换为包装类对象，这个过程也叫作装箱，反向的过程叫作拆箱。

　　如：

```
Integer i1 = new Integer(5);          //传入 int 类型参数的构造器，结果为 5
Integer i2 = new Integer("5");        //传入 String 类型参数的构造器，结果为 5
```

例 7-4　Integer 类常用方法的使用示例。

```
public class IntergToint {
    public static void main ( String args [ ]) {
    int a =69;
    //将十进制数转换为二进制数
    System.out.println( a +"的二进制是："+ Integer.toBinaryString ( a ));
    //将十进制数转换为八进制数
    System.out.println ( a +"的八进制是："+ Integer.toOctalString ( a ));
    //将十进制数转换为十六进制数
    System.out.println ( a +"的十六进制是："+ Integer.toHexString ( a ));

    //创建整型对象
    Integer bj = Integer.valueOf ("123");
    Integer bj1=new Integer (234);
    Integer bj2=new Integer ("234");
    int i = bj .intValue();
    //将对象转换为整型值
    System.out.println(" bj ="+ bj );
    System.out.println(" i ="+ i );
    System.out.println("bj1==bj2?"+bj1.equals(bj2));
    }
}
```

程序运行结果：

```
69 的二进制是：1000101
69 的八进制是：105
69 的十六进制是：45
bj =123
i =123
bj1==bj2?true
```

7.5.2　Math 类

　　Math 继承于 java.lang.Object 类。Math 类封装了常用的数学函数，包含用于执行基本数学运算的方法和两个常数，如初等指数、对数、平方根、三角函数方法、常数 E（自然对数的底）和 PI（圆周率）等，其常用方法见表 7.2。

表 7.2　Math 类的常用方法

类型	方法		说明
求最大值、最小值和绝对值的方法	整型	static int abs(int a)	返回 a 的绝对值
		static int max(int x,int y)	返回 x 和 y 中的最大值
		static int min(int x,int y)	返回 x 和 y 中的最小值
	长整型	static long abs(long a)	返回 a 的绝对值
		static long max(long x,long y)	返回 x 和 y 中的最大值
		static long min(long x,long y)	返回 x 和 y 中的最小值
	单精度浮点型	static float abs(float a)	返回 a 的绝对值
		static float max(float x,float y)	返回 x 和 y 中的最大值
		static float min(float x,float y)	返回 x 和 y 中的最小值
	双精度浮点型	static double abs(double a)	返回 a 的绝对值
		static double max(double x,double y)	返回 x 和 y 中的最大值
		static double min(double x,double y)	返回 x 和 y 中的最小值
取整方法		static double ceil(double a)	返回大于或等于 a 的最小整数
		static double floor(double a)	返回小于或等于 a 的最大整数
		static double rint(double a)	返回最接近 a 的整数值，如果有两个同样接近的整数，则结果取偶数
		static int round(float a)	将参数加上 1/2 后返回与参数最近的整数
		static long round(double a)	将参数加上 1/2 后返回与参数最近的整数，然后强制转换为长整型
三角函数方法		static double sin(double a)	返回角的三角正弦值，参数以弧度为单位
		static double cos(double a)	返回角的三角余弦值，参数以弧度为单位
		static double asin(double a)	返回一个值的反正弦值，参数域为[-1,1]，值域为[-PI/2,PI/2]
		static double acos(double a)	返回一个值的反余弦值，参数域为[-1,1]，值域为[0.0,PI]
		static double tan(double a)	返回角的三角正切值，参数以弧度为单位
		static double atan(double a)	返回一个值的反正切值，值域为[-PI/2,PI/2]
		static double toDegrees(double angrad)	将用弧度表示的角转换为近似相等的用角度表示的角
		staticdouble toRadians(double angdeg)	将用角度表示的角转换为近似相等的用弧度表示的角
指数方法		static double exp(double a)	返回 e 的 a 次幂
		static double pow(double a,double b)	返回以 a 为底数，以 b 为指数的幂值
		static double sqrt(double a)	返回 a 的平方根
		static double cbrt(double a)	返回 a 的立方根
		static double log(double a)	返回 a 的自然对数，即 ln a 的值
		static double log10(double a)	返回以 10 为底 a 的对数
常数		static double E	比任何其他值都更接近 e（即自然对数的底数）的 double 值
		static double PI	比任何其他值都更接近 pi（即圆的周长与直径之比）的 double 值

例 7-5　Math 常用方法的使用示例。

```
package mathPackage;
public class Test_Math {
    public static void main(String[] args) {
        System.out.println(Math.abs(-2.0)); // 绝对值
        System.out.println(Math.sqrt(64.0)); // 立方根
        System.out.println(Math.max(56, 78)); // 两者之间较大的值
        System.out.println(Math.min(56, 78)); // 两者之间较小的值
        System.out.println(Math.random()); // 随机数
        System.out.println(Math.pow(2, 10)); // 幂
        System.out.println(Math.ceil(18.36)); // 向上取整
        System.out.println(Math.floor(18.66)); // 向下取整
        System.out.println(Math.round(11.5)); // 四舍五入
        System.out.println(Math.round(-11.5)); // 四舍五入
    }
}
```

例 7-6　计算在-10.8 到 5.3 之间绝对值大于 6 或者小于 2.1 的整数有多少个。

```
public class math_jishu {
    public static void main(String[] args) {
        int num = 0; // 定义绝对值大于 6 或者小于 2.1 的整数变量
        // 遍历-10.8 到 5.9 之间的整数，进行统计
        // 这里要用到强制类型的转换（double 的精度大于 int，不会自动转换，只能用强制类型转换）
        // int i = (int)Math.ceil(-10.8)
        for (int i = (int) Math.ceil(-10.8); i < Math.ceil(5.9); i++) {
            if (Math.abs(i) > 6 || Math.abs(i) <= Math.floor(2.1)) {
                System.out.println(i);
                num++;
            }
        }
        System.out.println("绝对值大于 6 或者小于 2.1 的整数个数为:" + num);
    }
}
```

7.5.3　Random 类

Random 类是一个专门用来生成伪随机数的类，这个类提供了两个构造函数：一个使用默认的种子，另一个需要程序员显式地传入一个 long 型整数的种子。与 Math 类中的 random 方法生成的伪随机数不同的是，Math 类的 random 方法生成的伪随机数的取值范围是[0,1.0)，Random 类不仅可以生成浮点数的伪随机数，还可以生成整数类型的伪随机数，还可以指定伪随机数的范围。

Random 类中实现的随机算法是伪随机，也就是有规则的随机。在进行随机时，随机算法的起源数字称为种子数（seed），在种子数的基础上进行一定的变换，从而产生需要的随机数字。相同种子数的 Random 对象，相同次数生成的随机数字是完全相同的。

1. Random 类的常用方法

表 7.3 列出了 Random 类的常用方法及说明。

表 7.3　Random 类的常用方法

方法	说明
Random()	构造方法，直接创建一个 Random 类对象
Random(long seed)	重载构造方法，使用 seed 作为随机种子创建一个 Random 类对象
int nextInt()	从随机数生成器返回下一个整型值
long nextLong()	从随机数生成器返回下一个长整型值
float nextFloat()	从随机数生成器返回 0.0 到 1.0 之间的下一个浮点值
double nextDouble()	从随机数生成器返回 0.0 到 1.0 之间的下一个双精度值
double nextGaussian()	从随机数生成器返回下一个高斯分布的双精度值，中间值为 0.0，标准差为 1.0

2．Random 类的使用步骤

（1）导包：使用 import java.util.Random;语句，导入 Random 类包。

（2）创建对象：使用 Random r = new Random();语句。

（3）获取随机数：使用 int number = r.nextInt(10); 语句，该语句的含义为产生的数据在 0 到 10 之间，即取值范围是[0,10)。

说明：

（1）r.nextInt(10)括号里面的数字是可以变化的，如果是 100，那就是产生 0～100 之间的数据。

（2）若要想获得 1～100（含 100）之间的数据，可采用以下方法：

```
Random r = new Random();
int number = r.nextInt(100)+1;    //[0,99]加上 1 后变为[1,100]
```

例 7-7　Random 类常见方法的使用示例。

```
public class mathod_Random {
    public static void main(String[] args) {
        Random rand = new Random();
        System.out.println("rand.nextBoolean():" + rand.nextBoolean());
        // 生成 0.0～1.0 之间的伪随机 double 数
        System.out.println("rand.nextDouble():" + rand.nextDouble());
        // 生成 0.0～1.0 之间的伪随机 float 数
        System.out.println("rand.nextFloat():" + rand.nextFloat());
        // 生成一个处于 int 整数取值范围的伪随机数
        System.out.println("rand.nextInt():" + rand.nextInt());
        // 生成 0～20 之间的伪随机整数
        System.out.println("rand.nextInt(20):" + rand.nextInt(20));
        // 生成一个处于 long 整数取值范围的伪随机数
        System.out.println("rand.nextLong():" + rand.nextLong());
    }
}
```

例 7-8　利用 Random 类随机生成几个扑克牌。

```
package randomPackage;
import java.util.Random;
public class PaperCard_Random {
    public static void main(String[] args) {
        Random rnd = new Random();
```

```
        String[] str = {"红桃 1", "梅花 2", "方块 3", "黑桃 4", "红桃 5", "红桃 6", "黑桃 6", "方块 6",
    "梅花 6", "方块 8"};
            for (int i = 0; i < 5; i++) {
                int m = rnd.nextInt(6);
                System.out.println(str[m]);
            }
        }
    }
```

7.5.4 Date 类

Date 类（java.util 包中）用于表示日期和时间，最简单、最常用的构造方法是 Date()，它以当前的日期和时间初始化一个 Date 对象。目前官方不推荐使用 Date 类，因为它不利于程序国际化，而是推荐使用 Calendar 类（下一节中讲述），并使用 DateFormat 类做格式化处理。

1. Date 类的构造方法

表 7.4 列出了 Date 类的构造方法及说明。

表 7.4 Date 类的构造方法

构造方法	说明
Date()	使用系统当前的时间创建日期对象
Date(long date)	使用自 1970 年 1 月 1 日以后的指定毫秒数创建日期对象
Date(int year, int month, int date)	创建指定年、月、日的日期对象
Date(int year, int month, int date, int hrs, int min, int sec)	创建指定年、月、日、时、分、秒的日期对象

例 7-9 获取当前日期时间。

```
import java.util.Date;
public class DateDemo{
    public static void main(String[] args) {
        // 初始化 Date 对象
        Date date = new Date();
        // 使用 toString() 函数显示日期时间
        System.out.println(date.toString());
    }
}
```

2. Date 类的常用方法

表 7.5 列出了 Date 类的常用方法及说明。

表 7.5 Date 类的常用方法

常用方法	说明
boolean after(Date when)	如果当前日期对象在 when 指定的日期对象之后，返回 true，否则返回 false
boolean before(Date when)	如果当前日期对象在 when 指定的日期对象之前，返回 true，否则返回 false
void setTime(long time)	设置日期对象，以表示自 1970 年 1 月 1 日起的指定毫秒数
boolean equals(Object obj)	如果两个日期对象完全相同，返回 true，否则返回 false
String toString()	返回日期的格式化字符串，包括星期几

例 7-10　Date 类常用方法的使用示例。

```
public class DateDemo
{
    public static void main(String[] args)
    {
        Date date = new Date();   //获得当前的系统日期和时间
        System.out.println("今天的日期是：" + date);
        long time = date.getTime();   //获得毫秒数
        System.out.println("自 1970 年 1 月 1 日起以毫秒为单位的时间(GMT):" + time);
        //截取字符串中表示时间的部分
        String strDate = date.toString();
        String strTime = strDate.substring(11, (strDate.length() - 4));
        System.out.println(strTime);
        strTime = strTime.substring(0, 8);
        System.out.println(strTime);
    }
}
```

7.5.5　Calendar 类

Calendar 类是用来操作日期和时间的类，它可以以整数形式检索类似于年、月、日之类的信息。它是抽象类，无法实例化，要得到该类对象只能通过调用 getInstance 方法。Calendar 对象提供为特定语言或日历样式实现日期格式化所需的所有时间字段，还提供了很多操作日历字段的方法（YEAR、Months、day_OF_MNTH、HOUR）。

1. Calendar 类的常用方法

表 7.6 列出了 Calendar 类的常用方法及说明。

表 7.6　Calendar 类的常用方法

常用方法	说明
Calendar.getInstance()	返回默认地区和时区的 Calendar 对象，默认返回的是一个 GregorianCalendar 对象
int get(int fields)	返回调用对象中 fields 指定部分的值
void set(int fields, int value)	将 value 中指定的值设置到 fields 指定的部分
void add(int fields, int amount)	将 amount 值添加到 fields 指定的时间或日期部分
Date getTime()	返回与调用对象具有相同时间的 Date 对象
Object clone()	返回调用对象的副本
void clear()	清除当前对象中所有的时间组成部分
boolean after(Object obj)	如果调用对象时间在 obj 之后，返回 true
boolean before(Object obj)	如果调用对象时间在 obj 之前，返回 true
boolean equals(Object obj)	判断调用对象与 obj 是否相等

2. Calendar 类示例

例 7-11 Calendar 常用方法的使用示例。

```java
public class CalendarDemo{
    public static void main(String[] args) {
        //创建包含当前系统时间的 Calendar 对象
        Calendar cal = Calendar.getInstance(TimeZone.getTimeZone("GMT+08:00"));//获取东八区时间
        // Calendar cal = Calendar.getInstance();
        //输出 Calendar 对象各个组成部分的值
        System.out.print("当前系统时间：");
        System.out.print(cal.get(Calendar.YEAR) + "年");
        System.out.print((cal.get(Calendar.MONTH) + 1) + "月");
        System.out.print(cal.get(Calendar.DATE) + "日  ");
        System.out.print(cal.get(Calendar.HOUR) + ":");
        System.out.print(cal.get(Calendar.MINUTE) + ":");
        System.out.println(cal.get(Calendar.SECOND));
        //将当前时间添加 30 分钟，然后显示日期和时间
        cal.add(Calendar.MINUTE, 30);
        Date date = cal.getTime();
        System.out.println("将当前时间添加 30 分钟后的时间：" + date);
    }
}
```

例 7-12 利用 SimpleDateFormat 类格式化时间格式。

```java
import java.text.SimpleDateFormat;
import java.util.Calendar;
import java.util.Date;
public class Demo2 {
    public static void main(String[] args) {
        Date date1=new Date(System.currentTimeMillis());
        Calendar calendar=Calendar.getInstance();
        //获得系统时间
        //格式化时间格式
        SimpleDateFormat simp01=new SimpleDateFormat("yyyy-MM-dd hh:mm:ss");
        SimpleDateFormat simp02=new SimpleDateFormat("yyyy-MM-dd");
        System.out.println("原本的 date"+date1);
        System.out.println("初始化的 date 类型"+simp01.format(date1));
        System.out.println("初始化的 date 类型"+simp02.format(date1));
        System.out.println("Calendar 类获得的时间"+calendar.get(Calendar.YEAR)+":"+(int)
((calendar.get(Calendar.MONTH))+1)+":"+calendar.get(Calendar.DAY_OF_MONTH));
        //一般月份会少 1，所以月份需要加 1，每一个 get 方法获得的是字符串，所以需要强转为 int
    }
}
```

7.5.6 Date 类

Date 类用于表示日期的类，拥有多个构造函数，部分方法已经过时，不建议再使用该类

表示日期，但是其中有未过时的构造函数可以把毫秒值转成日期对象。

（1）public Date()：分配 Date 对象并初始化此对象，以表示分配它的时间（精确到毫秒）。

（2）public Date(long date)：分配 Date 对象并初始化此对象，以表示自从标准基准时间[称为"历元（epoch）"，即 1970 年 1 月 1 日 00:00:00 GMT] 以来的指定毫秒数。

1. Date 类的使用步骤

（1）创建一个当前时间的 Date 对象，语法格式如下：

```
Date d = new Date();              //创建一个代表系统当前日期的 Date 对象
```

（2）创建一个指定时间的 Date 对象：使用带参数的构造方法 Date(int year, int month, int day)可以构造指定日期的 Date 类对象，Date 类中年份的参数应该是实际需要代表的年份减去 1900 的值，月份的参数是实际需要代表的月份减去 1 以后的值。如下例：

```
Date d1 = new Date(2014-1900, 6-1, 12);   //创建一个代表 2014 年 6 月 12 号的 Date 对象（注意参
                                            数的设置）
```

（3）正确获得一个 Date 对象所包含的信息。

例如：

```
Date d2 = new Date(2014-1900, 6-1, 12);
int year = d2.getYear() + 1900;   //获得年份（年份要加上 1900，这样才是 d2 所代表的年份）
int month = d2.getMonth() + 1;    //获得月份（月份要加 1，这样才是 d2 所代表的月份）
int date = d2.getDate();          //获得日期
int hour = d2.getHours();         //获得小时，不设置默认为 0
int minute = d2.getMinutes();     //获得分钟
int second = d2.getSeconds();     //获得秒
int day = d2.getDay();            //获得星期（0 代表星期日、1 代表星期一、2 代表星期二，以此类推）
```

2. SimpleDateFormat 类

SimpleDateFormat 位于 java.text.SimpleDateFormat 包中，是一个不与语言环境有关的方式来格式化和解析日期的具体类。它允许程序进行格式化（日期→文本）、解析化（文本→日期）和规范化。

SimpleDateFormat 类允许以用户定义的日期—时间格式创建时间格式器。但是，仍然建议通过 DateFormat 中的 getTimeInstance、getDateInstance 或 getDateTimeInstance 来创建日期—时间格式器。每一个这样的类方法都能够返回一个以默认格式模式初始化的日期—时间格式器。可以根据需要使用 applyPattern 方法来修改格式模式。

例 7-13 Date 日期类的使用示例。

```
import java.text.SimpleDateFormat;
import java.util.ConcurrentModificationException;
import java.util.Date;
public class Test2 {
    public static void main(String[] args) throws Exception {
        Date date =new Date();
        //返回当前的时间 Mon Mar 11 20:30:06 CST 2019
        System.out.println(date);
        //SimpleDateFormat 主要用来进行 date 格式转换。
        SimpleDateFormat simpleDateFormat =new SimpleDateFormat("yyyy-MM-dd");
        String time="2018-09-03";
```

```java
        //把 String 类型转换成 date 类型
        Date date1 =(Date) simpleDateFormat.parse(time);
        System.out.println(date1);
        //把 date 类型转成 String
        String dateStr=simpleDateFormat.format(date1);
        System.out.println(dateStr);
    }
}
```

第8章　异常与异常处理机制

在实际工作中，我们可能会遇到各种不完美的情况。例如：编写的某个程序模块要求用户输入数据，而用户输入的不一定符合相关规范要求；在程序中若要打开某个文件，而这个文件可能不存在，或者文件格式不对；读取数据库中的数据时，数据库可能是空的；程序在运行时，内存或硬盘可能没有空间了等。软件在运行过程中经常遇到上面提到的这些问题。这些问题称之为异常，遇到这些异常时，如何才能让写出的程序自动做出对异常的处理，安全退出，而不至于程序崩溃？

Java 语言引入了异常，以异常类的形式对这些非正常情况进行封装，通过异常处理机制对程序运行时发生的各种问题进行处理。如下面的程序是一个除数为 0 的异常现象。

```java
public class Example24 {
    public static void main(String[] args) {
        int result = divide(4, 0);      // 调用 divide()方法
        System.out.println(result);
    }
    //下面的方法实现了两个整数相除
    public static int divide(int x, int y) {
        int result = x / y;             // 定义一个变量 result 记录两个数相除的结果
        return result;                  // 将结果返回
    }
}
```

程序运行结果如图 8.1 所示。

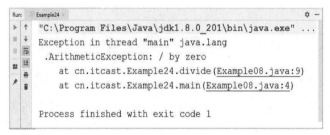

图 8.1　运行结果

从运行结果（图 8.1）可以看出，程序发生了算术异常（Arithmetic Exception），该异常是由于程序中第 3 行代码调用 divide()方法时传入了参数 0，运算时出现了被 0 除的情况。异常发生后，程序会立即结束，无法继续向下执行。

8.1 异　　常

Java 提供了强大的错误处理功能，它简化了代码的编写，使开发人员能够开发出可靠的应用程序。

8.1.1　异常的概念

Java 代码中的错误分为三大类：语法错误、运行时错误和逻辑错误。

（1）语法错误：在编译时就会被系统检查出来，存在语法错误的代码是无法被编译成.class 文件的。

（2）运行时错误：在运行时发生，错误原因可能是代码本身，如数组越界；也有可能是运行环境而引起的，如存盘时，磁盘空间不够或者网络通信时出现中断。

（3）逻辑错误：程序没有按照预期的逻辑顺序执行。

异常也就是指程序运行时发生错误，而异常处理就是对这些错误进行处理和控制。在运行时发生的这类错误称为异常（Exception，也称为例外），处理异常的过程称为异常处理。

1．两种处理异常的机制

（1）声明抛弃异常：当系统得到一个异常对象时，如果一个方法并不知道如何处理出现的异常，则可在声明方法时声明抛弃（throws）异常。

（2）捕获异常：在 Java 程序运行过程中，执行一个方法时，如果 JRE（Java 运行环境）得到一个异常对象，JRE 将在方法调用栈逐层回溯，寻找处理这一异常的代码。找到能够处理这种类型异常的方法后，系统停止执行当前的路径，并把异常对象提交给 JRE 进行处理，这一过程称为捕获（catch）异常，这是一种积极的异常处理机制。如果系统找不到可以捕获异常的方法，则将会终止运行，相应的 Java 程序也将退出。

2．Java 异常处理的特点

（1）Java 通过面向对象的方法进行异常处理，把各种不同的异常事件进行分类，体现了良好的层次性，提供了良好的接口。这种机制对于具有动态特性的复杂程序提供了强有力的控制方式。

（2）Java 的异常处理机制使得处理异常的代码和常规代码分开，大大减少了代码量，增加了程序的可读性。

（3）由于把异常事件当成对象处理，Java 利用类的层次性可以把多个具有相同父类的异常统一处理，也可以区分不同的异常分别处理，使用非常灵活。

8.1.2　异常的分类

Java 提供了大量的异常类，这些类都继承自 java.lang.Throwable 类。图 8.2 展示了 Throwable 类的继承体系。

图 8.2　异常类的层次结构

Throwable 有两个重要的子类：Error（错误）和 Exception（异常），二者都是 Java 异常处理的重要子类，各自都包含大量子类。异常和错误的区别是：异常能被程序本身处理，错误无法被处理。

Error 类称为错误类，它表示 Java 程序运行时产生的系统内部错误或资源耗尽的错误，这类错误比较严重，仅靠修改程序本身是不能恢复执行的。例如，使用 Java 命令去运行一个不存在的类就会出现 Error 错误。

Exception 类称为异常类，它表示程序本身可以处理的错误，在 Java 程序中进行的异常处理，都是针对 Exception 类及其子类的。在 Exception 类的众多子类中有一个特殊的子类——RuntimeException 类，RuntimeException 类及其子类用于表示运行时异常。Exception 类的其他子类都用于表示编译时异常。

（1）运行时异常：由程序错误导致的异常属于 RuntimeException，也就是运行时异常。这种异常又称为不受检异常，编译器并不会报错，当发生此类异常时会直接交由虚拟机接管，如空指针异常（NullPointerException）、数组下标越界异常（ArrayIndexOutOfBoundsException）、类型转换异常（ClassCastException）、算术异常（ArithmeticException）等。其产生比较频繁、处理麻烦，如果显式地声明或捕获将会对程序可读性和运行效率影响很大，因此由系统自动检测并将它们交给默认的异常处理程序（用户可不必对其处理）。

1）数组下标越界异常，如下列：

```java
public class Demo6 {
    public static void main(String[] args) {
        int[] array=new int[5];
        //访问的数组索引越界，属于运行时异常，编译器不会有异常提示，如图8.3所示
        System.out.println(array[6]);
    }
}
```

图 8.3　数组下标越界异常

2）空指针异常，如下列：

```java
public class test {
    public static void main(String[] args) {
        Object object = new Object();
        object = null;
        // object 对象被赋值 null（空），无法调用 hashCode 方法，所以为空指针异常，如图8.4所示
        System.out.println(object.hashCode());
    }
}
```

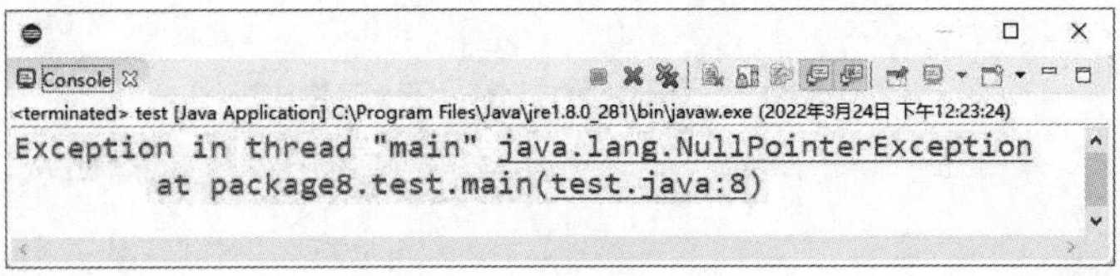

图 8.4　空指针异常

3）算术异常，如下例：

```java
public class test {
    public static void main(String[] args) {
        int a=6;
        int b=a/0;
        // 除数为零，属于运行时异常，编译器不会有异常提示，如图 8.5 所示
        System.out.println(b );
    }
}
```

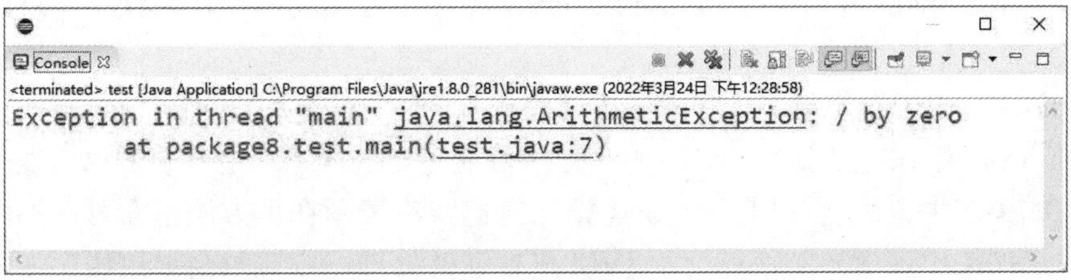

图 8.5　算术异常

这类异常通常是由编程错误导致的，所以在编写程序时，并不要求必须使用异常处理机制来处理这类异常，而经常需要通过增加逻辑处理，来避免这些异常。

（2）已检查异常：这类异常可能是由于外部原因引起的，所有不是 RuntimeException 的异常，统称为 Checked Exception（已检查异常或非运行时异常）。这类异常在程序中必须检查，如果不检查，程序就不能通过编译（图 8.6），例如：IOException、SQLException 等。

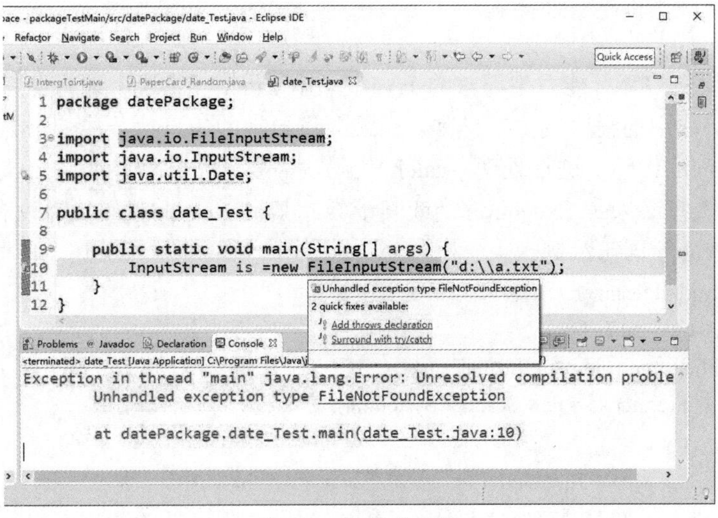

图 8.6　已检查异常

8.2　异常的处理机制

8.2.1　捕获异常

出现异常后，程序会立即终止。为了解决异常，Java 提供了对异常进行处理的方式——异常捕获。

1．Java 异常机制的关键字

（1）try：用于监听。将要被监听的代码（可能抛出异常的代码）放在 try 代码块之内，当 try 代码块内发生异常时，异常就被抛出。

（2）catch：用于捕获异常，catch 语句用来捕获 try 代码块中发生的异常。

（3）finally：用于回收在 try 代码块里打开的物理资源（如数据库连接、网络连接和磁盘文件）。只有 finally 代码块，执行完成之后，才会回来执行 try 或者 catch 块中的 return 语句或 throw 语句，如果 finally 中使用了 return 或 throw 等终止方法的语句，则就不会跳回执行，直接停止。

（4）throw：用于抛出异常。

（5）throws：用在方法签名中，声明该方法可能抛出的异常。主方法上也可以使用 throws 语句抛出。如果在主方法上使用了 throws 语句抛出，就表示在主方法里面可以不用强制性进行异常处理，如果出现了异常，就交给 JVM 进行默认处理，则此时会导致程序中断执行。

2．异常捕获常见的三种语句

（1）try-catch 语句，其格式如下：

```
try{
    //可能会发生异常的代码
}catch(异常类型 异常名(变量)){
    //针对异常进行处理的代码
}catch(异常类型 异常名(变量)){
    //针对异常进行处理的代码
}
```

在 try 代码块中编写可能发生异常的 Java 语句，catch 代码块中编写针对异常进行处理的代码。当 try 代码块中的程序发生了异常，系统会将异常的信息封装成一个异常对象，并将这个对象传递给 catch 代码块进行处理。catch 代码块需要一个参数指明它所能够接收的异常类型，这个参数的类型必须是 Exception 类或其子类。其中，catch 代码块可以有一个或多个。

例 8-1　try-catch 语句示例。

```
import java.util.Scanner;
public class try_catch {
    public static void main(String[] args) {
        Scanner sc = new Scanner(System.in);
        try {
            System.out.println(" 请输入您要进行除法的操作 ");
            int i = 5 / sc.nextInt();
```

```
				System.out.println(i);
			} catch (ArithmeticException e) {
				System.out.println(e.getMessage());
				e.printStackTrace();
				System.out.println(e.toString());
			}
		}


	}
```

程序运行如图 8.7 所示。

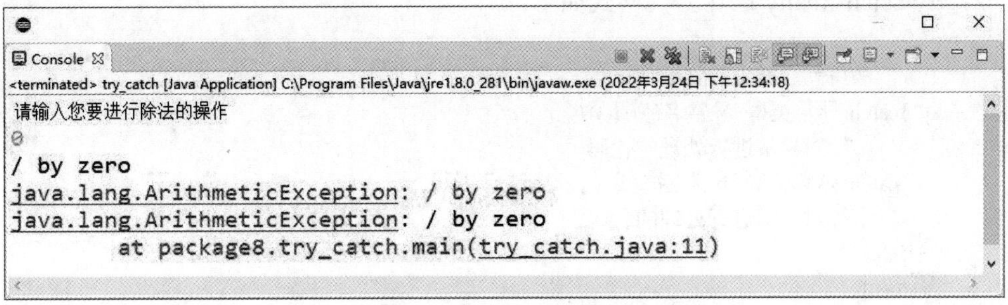

```
Console ⊠
<terminated> try_catch [Java Application] C:\Program Files\Java\jre1.8.0_281\bin\javaw.exe (2022年3月24日 下午12:34:18)
请输入您要进行除法的操作
0
/ by zero
java.lang.ArithmeticException: / by zero
java.lang.ArithmeticException: / by zero
        at package8.try_catch.main(try_catch.java:11)
```

图 8.7　try-catch 语句异常

例 8-2　多 catch 的 try-catch 语句示例。

```
public class try_catch {
	public static void main(String[] args) {
		Scanner sc = new Scanner(System.in);
		while (true) {
			try {
				System.out.println(" 请输入您要进行除法的操作 ");
				int i = 5 / sc.nextInt();
				System.out.println(i);
				// 循环结束
				break;
			} catch (ArithmeticException e) {
				System.out.println(" 除 0 异常，除数不能为 0 ，请重新输入 ");
				// 多个异常可以并列
			} catch (InputMismatchException | ClassCastException e) {
				System.out.println(" 不能输入字符，只能是数字 ");
				sc = new Scanner(System.in);
			}
		}
	}
}
```

程序运行结果如图 8.8 所示。

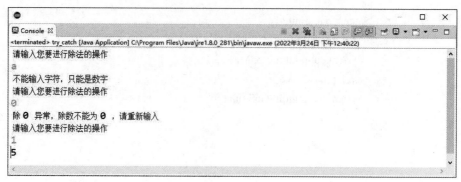

图 8.8 多 catch 的 try-catch 语句异常

（2）try-catch-finally 语句，其格式如下：

```
try{
        //可能会发生异常的代码
    }catch(异常类型 异常名(变量)){
        //针对异常进行处理的代码
    }catch(异常类型 异常名(变量)){
        //针对异常进行处理的代码
    }
    finally{
        //释放资源代码；
    }
```

在程序中，有时候会希望有些语句无论程序是否发生异常都要执行，这时就可以在 try-catch 语句后，加一个 finally 代码块。

例 8-3 try-catch-finally 语句示例。

```java
public class try_catch_finally {
    public static void main(String[] args) {
        // 定义了一个 try-catch-finally 语句用于捕获异常
        try {
            int result = divide(4, 0); // 调用 divide()方法
            System.out.println(result);
        } catch (Exception e) { //  对捕获到的异常进行处理
            System.out.println("捕获的异常信息为： " + e.getMessage());
            return; // 用于结束当前语句
        } finally {
            System.out.println("进入 finally 代码块");
        }
        System.out.println("程序继续向下执行…");
    }
    // 两个整数相除
    public static int divide(int x, int y) {
        int result = x / y; // 变量 result 记录两个数相除的结果
        return result; //  将结果返回
    }
}
```

程序运行结果如图 8.9 所示。

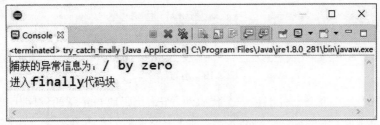

图 8.9　运行结果

上述代码中，在 catch 代码块中增加了一个 return 语句，用于结束当前方法，而 finally 代码块中的代码仍会执行，不受 return 语句影响。也就是说，不论程序是发生异常还是使用 return 语句结束，finally 代码块中的语句都会执行。因此，在程序设计时，通常会使用 finally 代码块处理必须做的事情，如释放系统资源。

当 try-catch 语句中执行了 System.exit(0)语句时，finally 代码块中的语句不会被执行。System.exit(0)表示退出当前的 Java 虚拟机，Java 虚拟机停止了，任何代码都不能再执行。

（3）try-finally 语句，其格式如下：

```
try{
        //可能会发生异常的代码
    } finally{
        //释放资源代码；
    }
```

例 8-4　try-finally 语句示例。

```
public class try_finally {
    public static void main(String[] args) {
        // 定义了一个 try-catch-finally 语句用于捕获异常
        try {
            int result = divide(4, 0); // 调用 divide()方法
            System.out.println(result);

        } finally {
            System.out.println("进入 finally 代码块");
        }
        System.out.println("程序继续向下执行…");
    }

    // 两个整数相除
    public static int divide(int x, int y) {
        int result = x / y; // 变量 result 记录两个数相除的结果
        return result; // 将结果返回
    }
}
```

程序运行结果如图 8.10 所示。

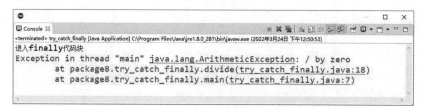

图 8.10   运行结果

try-catch-finally 的每个部分都是一个代码块，try 代码块是正常的程序代码，是可能出现异常的地方；catch 代码块用于捕获异常，它带有一个异常处理参数变量，JVM 通过该参数把被抛出的异常对象传递给 catch 代码块，其中的代码是异常处理代码；finally 语句块则是进行资源释放的代码，finally 里面的代码最终一定会执行（除了 JVM 退出）。

注意：

（1）catch 代码块不能独立于 try 代码存在，catch 代码块里面不能没有内容

（2）try 代码后不能既没有 catch 代码块也没 finally 代码块。在 try/catch 后面添加 finally 代码块并非强制性要求。

（3）try、catch、finally 代码块之间不能添加任何代码。

（4）如果程序可能存在多个异常，需要多个 catch 代码块进行捕获。

（5）异常如果是同级关系，catch 代码块谁前谁后没有关系。如果异常之间存在包含关系，被包含的一定要放在前面。

8.2.2   声明异常

当 CheckedException 发生时，不一定需要立刻处理它，可以再把异常"声明"（throws）除去。程序开发过程是团队协作的过程，会调用他人编写的方法，但并不知道调用的方法是否会发生异常。针对这种情况，Java 允许在方法的后面使用 throws 关键字对外声明该方法有可能发生的异常，这样调用者在调用方法时，就明确地知道该方法有异常，并且必须在程序中对异常进行处理，否则编译无法通过。

在方法中使用 try-catch-finally 语句是因为要用其来处理异常。但是某些情况下，当前方法并不需要处理发生的异常，而是向上传递给调用它的方法来处理。如果一个方法中可能产生某种异常，但是并不能确定如何处理这种异常，则应根据异常规范，在方法的首部声明该方法可能抛出的异常。

声明抛出异常是指一个方法不捕获异常，将可能出现的异常交给方法的调用者来处理。如果一个方法可能会出现异常，但没有能力处理这种异常，可以在方法声明处用 throws 关键字来声明抛出异常。

throws 关键字用在方法定义时声明该方法要抛出的异常类型，如果抛出的是 Exception 异常类型，则该方法被声明为抛出所有的异常，多个异常可使用逗号分隔；throws 关键字运用于方法声明之上，用于表示当前方法不处理异常，而是提醒该方法的调用者来处理异常。

1.   throws 的语法格式

```
修饰符 返回值类型 方法名(参数 1,参数 2,…) throws 异常类 1, 异常类 2,…{
    //方法体
}
```

例如：methodname throws Exception1,Exception2,…,ExceptionN{}

说明：

（1）throws 关键字需要写在方法声明的后面，throws 后面需要声明方法中发生异常的类型。

（2）通常使用 throws 关键字声明异常的方法，关键字本身不处理方法中产生的异常，而是由调用它的方法来处理这些异常。

例如：

```
public class Example {
    public static void main(String[] args) {
        int result = divide(4, 2);      //调用 divide()方法
        System.out.println(result);
    }
    //两个整数相除，并使用 throws 关键字声明抛出异常
    public static int divide(int x, int y) throws Exception {
        int result = x / y;             //变量 result 记录两个数相除的结果
        return result;                  //将结果返回
    }
}
```

程序运行结果如图 8.11 所示。

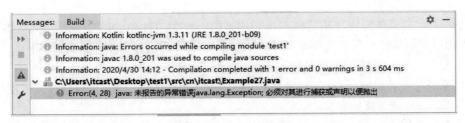

图 8.11　声明抛出异常

在上例中，调用 divide()方法时传入的第二个参数为 2，程序在运行时不会发生被 0 除的异常。但是，由于定义 divide()方法时声明了抛出异常，调用者在调用 divide()方法时就必须进行处理，否则就会发生编译错误。

例 8-5　声明抛出异常的示例。

```
import java.lang.Exception;
public class TestException {
    static void pop() throws NegativeArraySizeException {
        // 定义方法，并抛出 NegativeArraySizeException 异常
        int[] arr = new int[-3]; // 创建数组
    }
    public static void main(String[] args) { // 主方法
        try { // 利用 try 语句处理异常信息
            pop(); // 调用 pop()方法
        } catch (NegativeArraySizeException e) {
            System.out.println("pop()方法抛出的异常");// 输出异常信息
        }
    }
}
```

使用 throws 关键字将异常抛给调用者后，如果调用者不想处理该异常，可以继续向上抛出，但最终要有能够处理该异常的调用者。在例 8-5 中，pop 方法没有处理异常 NegativeArraySizeException，而是由 main 函数来处理。

2. throws 抛出异常的规则

（1）如果是不可查异常（Unchecked Exception），即 Error、Runtime Exception 或它们的子类，那么可以不使用 throws 关键字来声明要抛出的异常，编译仍能顺利通过，但在运行时会被系统抛出。

（2）必须声明方法中可抛出的任何可查异常，即如果一个方法可能出现可查异常，要么用 try-catch 语句捕获，要么用 throws 语句声明将它抛出，否则会导致编译错误。

（3）仅当抛出了异常时，该方法的调用者才必须处理或者重新抛出该异常。当方法的调用者无力处理该异常的时候，应该继续抛出。

（4）调用方法必须遵循任何可查异常的处理和声明规则。若覆盖一个方法，则不能声明与覆盖方法不同的异常。声明的任何异常必须是被覆盖方法所声明异常的同类或子类。

8.2.3 throw 关键字抛出异常

在声明了异常的方法中，如果出现异常，就可以使用 throw 抛出一个异常对象，即 throw 语句用于显示引发异常。

throw 关键字总是出现在函数体中，它用来抛出一个 Throwable 类型的异常。程序会在 throw 语句后立即终止，它后面的语句不会被执行，然后在包含它的所有 try 块中（可能在上层调用函数中）从里向外寻找含有与其匹配的 catch 子句的 try 块。

异常是异常类的实例对象，可以通过 throw 关键字抛出异常类的实例对象，其语法格式为：
    throw new 异常类名(参数);

如果抛出了检查异常，则还应该在方法头部声明方法可能抛出的异常类型。该方法的调用者也必须检查处理抛出的异常。

如果所有方法都层层上抛获取的异常，最终 JVM 会进行处理。处理方法也很简单，就是打印异常消息和堆栈信息。如果抛出的是 Error 或 Runtime Exception，则该方法的调用者可选择处理该异常。

例 8-6 throw 关键字抛出异常的示例。

```
public class TestException {
    public static void main(String[] args) {
        int a = 6;
        int b = 0;
        try {
            if (b == 0) throw new ArithmeticException(); // 通过 throw 关键字抛出异常
            System.out.println("a/b 的值是：" + a / b);
        }catch (ArithmeticException e) { // catch 语句捕捉异常
            System.out.println("程序出现异常，变量 b 不能为 0。");
        }
        System.out.println("程序正常结束。");
    }
}
```

运行结果如图 8.12 所示。

图 8.12 throw 关键字抛出异常

结果分析：在 try 监控区域，系统通过 if 语句进行判断，当除数为 0 的错误条件成立时引发 ArithmeticException 异常，创建 ArithmeticException 异常对象，并由 throw 关键字将异常抛给 Java 运行时系统，由系统寻找匹配的异常处理器 catch，并运行相应的异常处理代码，打印输出"程序出现异常，变量 b 不能为 0。"try-catch 语句结束，继续程序流程。

事实上，"除数为 0"的 ArithmeticException 是 RuntimException 的子类，而运行时异常将由运行时系统自动抛出，不需要使用 throw 关键字。

8.2.4 自定义异常

在程序中，可能会遇到 JDK 提供的任何标准异常类都无法充分描述清楚用户想要表达的问题，这种情况下可以创建自己的异常类，即自定义异常类。

自定义异常类只需从 Exception 类或者它的子类派生一个子类即可。自定义异常类如果继承 Exception 类，则为受检查异常，必须对其进行处理：如果不想处理，可以让自定义异常类继承 Runtime Exception（运行时异常）类。通常，自定义异常类应该包含两个构造器：一个是默认的构造器，另一个是带有详细信息的构造器。

例 8-7 自定义异常类的使用示例。

```java
/* 自定义一个非法年龄异常，它继承 Exception 类 */
public class IllegalAgeException extends Exception {
    //无参构造函数
public IllegalAgeException() {
    }
    //有参构造函数
    public IllegalAgeException(String message) {
        super(message);
    }
}
/*主程序*/
public class TestMyException {
    public static void main(String[] args) {
        Person p = new Person();
        try {
            p.setName("Lincoln ");
            p.setAge(-1);
```

```
            } catch (IllegalAgeException e) {
                e.printStackTrace();
                System.exit(-1);
            }
            System.out.println(p);
        }
    }
    class Person {
        private String name;
        private int age;
        public void setName(String name) {
            this.name = name;
        }
        public void setAge(int age) throws IllegalAgeException {
            if (age < 0) {
                throw new IllegalAgeException("人的年龄不应该为负数");
            }
            this.age = age;
        }
        public String toString() {
            return "name is " + name + " and age is" + age;
        }
    }
```

程序运行结果如图 8.13 所示。

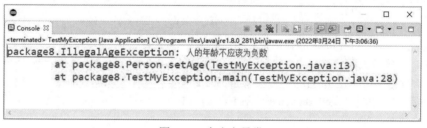

图 8.13　自定义异常

第 9 章　输入流与输出流

文件是程序开发中常用的数据存储方式。对于任何程序设计语言而言，输入/输出（Input/Output，简写为 I/O）系统都是核心的功能。程序运行需要数据，而数据的存储、获取多数都必须与外部系统通信，外部系统可能是文件、数据库、网络、IO 设备或其他程序等。在 Java 语言中，文件是一种常用的输入/输出数据集合。

9.1　输入/输出流的基本概念

9.1.1　流

数据的传输过程可以看作是数据的流动，按照流动的方向，以内存为基准，分为输入（Input）和输出（Output），即流向内存的输入流，流出内存的输出流。Java 中 I/O 操作主要是指使用 java.io 包下的内容，进行输入、输出操作。输入也叫作读取数据，输出也叫作写出数据。

输入是指让程序从外部系统获取数据（"读"操作，读取外部数据）。例如：将硬盘上的文件读取到程序；将网络上某个位置的内容读取到程序；将数据库系统中的数据读取到程序；将某些硬件系统数据读取到程序等。

输出指的是程序将数据输出到外部系统，从而可以操作外部系统（"写"操作，将数据输出到外部系统）。例如：将数据写到硬盘中；将数据写到数据库系统中；将数据写到硬件系统中。

在 Java 中，不同输入/输出设备（如键盘、内存显示器、网络等）之间的数据传输抽象表述为"流"。Java 中的"流"有两个方向，即输入流和输出流。Java 程序通过流的方式与输入输出设备进行数据传输，如图 9.1 所示。输入/输出流的划分是相对于程序而言的，并不是相对于数据源。Java 中的"流"都位于 java.io 包中，称为输入/输出流（I/O 流）。

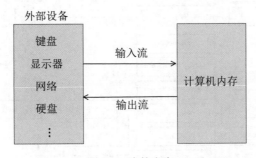

图 9.1　流的方向

9.1.2　Java 的输入/输出类体系

I/O 流有很多种，根据操作数据的不同，可以分为字节流和字符流，在处理文本文档的时候，字符流比字节流快；按照数据传输方向的不同，又可分为输入流和输出流，输入/输出流的分类如图 9.2 所示。程序从输入流中读取数据，向输出流中写入数据。在 Java 的 I/O 包中，字节流的输入/输出流分别用 java.io.InputStream 和 java.io.OutputStream 表示，字符流的输入/输出流分别用 java.io.Reader 和 java.io.Writer 表示。

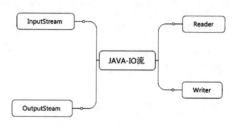

图 9.2　输入/输出流的分类

字节流以字节为单位，是读取数据的流，可以操作所有文件，如：文本、图片、视频、音频等。

字符流以字符为单位，是读取数据的流，只能对字符进行操作，如：文本文档等。

InputStream 和 OutputStream 这两个类虽然提供了一系列和读写数据有关的方法，但是这两个类是抽象类，不能被实例化。因此，针对不同的功能，InputStream 和 OutputStream 提供了不同的子类，这些子类形成了一个体系结构。字节流体系如图 9.3 所示，字符流体系如图 9.4 所示。

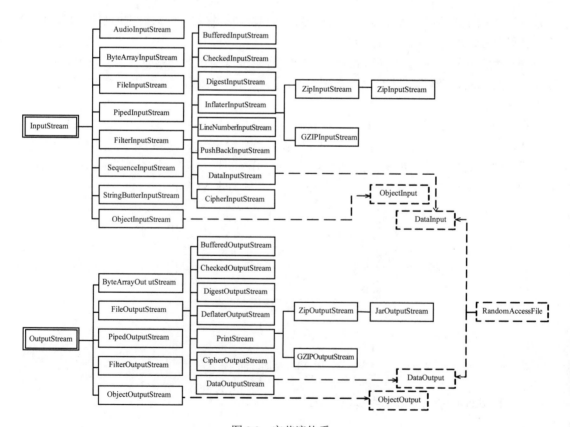

图 9.3　字节流体系

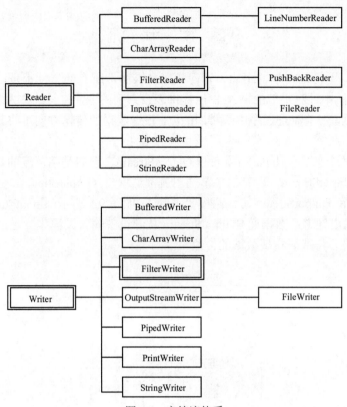

图 9.4　字符流体系

Java 提供了多种多样的 I/O 流，在程序中可以根据不同的功能及性能要求选择合适的 I/O 流。Java 中所有与输入/输出相关的接口和类都封装在 java.io 包中。java.io 包中提供了 4 个抽象类和 4 个基础类，见表 9.1 和表 9.2。

表 9.1　抽象类

抽象类	名称	功能
InputStream	字节输入流	处理字节流
OutputStream	字节输出流	
Reader	字符输入流	处理字符流
Writer	字符输出流	

表 9.2　基础类

基础类名称	功能
FilterInputStream	处理过滤流
FilterOutputStream	
InflaterInputStream	处理压缩流
InflaterOutputStream	

InputStream、OutputStream 和 Reader、Writer 类是所有 I/O 流类的抽象父类。

9.2　字　节　流

在计算机中，无论是文本、图片、音视频等多媒体，所有的文件都是以二进制（字节）形式存在的。I/O 流中针对字节的输入/输出提供了一系列的流，将其统称为字节流，它可以传输任意的文件数据。字节流是程序中最常用的流，根据数据的传输方向可将其分为字节输入流和字节输出流。

JDK 提供了两个抽象类 InputStream 和 OutputStream，它们是字节流的父类，所有的字节输入流都继承自 InputStream，所有的字节输出流都继承自 OutputStream。为了方便理解，可以把 InputStream 和 OutputStream 比作两根"水管"，如图 9.5 所示。InputStream 是输入管道，OutputStream 是输出管道；数据通过 InputStream 从源设备输入到程序，通过 OutputStream 从程序输出到目标设备，从而实现数据的传输。

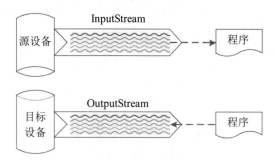

图 9.5　字节流示意图

注意：在操作流的时候，程序开发者要时刻明确，无论使用什么样的流对象，底层传输的始终为二进制数据。

9.2.1　字节输入流

InputStream（字节输入流）是一个抽象类，表示字节输入流的所有类的父类，其结构如图 9.6 所示。如果想要使用必须继承该类实现对应的抽象方法，必须始终提供返回输入的下一个字节的方法。

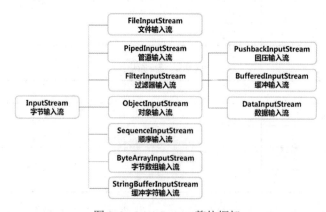

图 9.6　InputStream 整体框架

InputStream 类的定义语句：

public abstract class InputStream implements Closeable

因为该类并不是一个具体的执行类，它有自己的子类来具体地执行流的操作。表 9.3 列出了字节输入流的常用方法。

表 9.3　InputStream 流的常用方法

方法	功能描述
int read()	从输入流读取一个 8 位的字节，把它转换为 0～255 之间的整数并返回
int read(byte[] b)	从输入流读取若干字节，将其保存到参数 b 指定的字节数组中
int read(byte[] b,int off,int len)	从输入流读取若干字节，把它们保存到参数 b 指定的字节数组中；off 参数指定字节数组开始保存数据的起始下标；len 参数表示读取的字节长度
void close()	关闭此输入流，并释放与该流相关的系统资源
void flush()	刷新此输出流，并强制写出所有缓冲的输出字节

9.2.2　字节输出流

OutputStream 抽象类是所有字节输出流类的父类，其结构如图 9.7 所示。输出流接受输出字节并将它们发送到某个接收器中。同样该抽象类需要一个子类来继承实现，并且提供至少一种写入一个字节输出的方法。表 9.4 列出了字节输出流的常用方法。

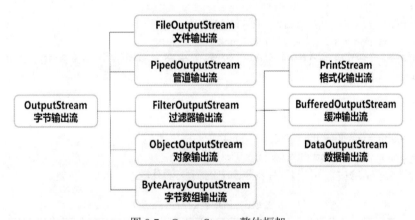

图 9.7　OutputStream 整体框架

表 9.4　字节输出流的常用方法

方法	功能描述
void write(int b)	向输出流写入一个字节
void write(byte[] b)	向输出流一次性写入参数 b 指定的字节数组
int read(byte[] b,int off,int len)	向输出流一次性写入参数 b 指定长度和位置的字节数组
void flush()	将输出流缓冲区数据强制写入目标设备
void close()	关闭此输出流，并释放与该流相关的系统资源

9.3 文件操作——File 类

Java 文件类（File 类）以抽象的方式表示文件名和目录路径名，该类主要用于文件和目录的创建、文件的查找和文件的删除等。

File 对象代表磁盘中实际存在的文件和目录。File 类提供了 4 个构造方法用于创建 File 实例，通过以下构造方法可以创建一个 File 对象。

（1）通过给定的父抽象路径名和子路径名字符串创建一个新的 File 实例，语法格式如下：

　　　File(File parent, String child);

如下例：

　　　File first = new File(third , " TEST1.mp4");
　　　System.out.println(first); // D:/malajava/ TEST1.mp4

（2）通过将给定路径名字符串转换成抽象路径名来创建一个新的 File 实例，语法格式如下：

　　　File(String pathname);

如下例：

　　　File second = new File("D:/ java/TEST1.mp4");
　　　System.out.println(second); // D:/ java/ TEST1.mp4

（3）根据 parent 路径名的字符串和 child 路径名的字符串创建一个新的 File 实例，语法格式如下：

　　　File(String parent, String child)

如下例：

　　　File third = new File("D:/ java" , " TEST1.mp4");
　　　System.out.println(); // D:/ java/ TEST1.mp4

（4）通过将给定的 file: URI 转换成一个抽象路径名来创建一个新的 File 实例，语法格式如下：

　　　File(URI uri);

如下例：

　　　File fourth = new File(third , " TEST1.mp4");
　　　System.out.println(fourth); // D:/ java/ TEST1.mp4

File 对象创建成功后，可以使用表 9.5 中的方法操作文件。

表 9.5　File 类的常用方法

方法	功能描述
public String getName()	返回文件路径名表示的文件或目录的名称
public String getParent()	返回文件路径名的父路径名的路径名字符串，如果此路径名没有指定父目录，则返回 null
public File getParentFile()	返回文件路径名的父路径名的抽象路径名，如果此路径名没有指定父目录，则返回 null
public String getPath()	将此文件路径名转换为一个路径名字符串
public String getAbsolutePath()	返回文件路径名的绝对路径名字符串
public boolean exists()	判断文件或目录是否存在

续表

方法	功能描述
public boolean isDirectory()	判断文件路径名表示的文件是否是一个目录
public boolean isFile()	判断文件路径名表示的文件是否是一个标准文件
public long lastModified()	返回文件路径名表示的文件最后一次被修改的时间
public long length()	返回文件路径名表示的文件的长度
public boolean createNewFile() throws IOException	当且仅当不存在具有文件路径名指定的文件时，原地创建文件路径名指定的一个新的空文件
public boolean delete()	删除文件路径名表示的文件或目录
public String[] list()	返回文件路径名所表示的目录中的文件和目录的名称所组成的字符串数组
public String[] list(FilenameFilter filter)	返回由包含在目录中的文件和目录的名称所组成的字符串数组，这一目录是通过满足指定过滤器的抽象路径名来表示的
public boolean mkdir()	创建文件路径名指定的目录
public boolean mkdirs()	创建文件路径名指定的目录，包括创建必需但不存在的父目录
public boolean renameTo(File dest)	重新命名文件路径名表示的文件
public boolean setReadOnly()	标记文件路径名指定的文件或目录，以便只对其进行读操作
public boolean setLastModified(long time)	设置文件或目录的最后一次修改时间
public static File createTempFile(String prefix, String suffix, File directory) throws IOException	在指定目录中创建一个新的空文件，使用给定的前缀和后缀字符串生成其名称
public static File createTempFile(String prefix, String suffix) throws IOException	在默认临时文件目录中创建一个空文件，使用给定前缀和后缀生成其名称
public int compareTo(File pathname)	按字母顺序比较两个抽象路径名
public int compareTo(Object o)	按字母顺序比较抽象路径名与给定对象
public boolean equals(Object obj)	判断文件路径名与给定对象是否相等
public String toString()	返回文件路径名的路径名字符串

9.3.1　创建文件

　　File 类中也提供了用于创建新文件的方法，当用户拥有对指定目录的写权限时，可以通过 createNewFile 方法在该目录中创建文件。

　　例 9-1　创建文件。

```
import java.io.File;
public class test{
    public static void main(String[] args) throws Exception{
        File file = new File("E:\\test.txt");
        if(file.exists()){
            System.out.printf("test.txt 文件存在");
```

```
        }else{
            file.createNewFile();
        }
    }
}
```

例 9-2 创建文件夹和文件。

```java
import java.io.File;
public class DirList {
    public static void main(String args[]) {
        String dirname = "/java";
        File f1 = new File(dirname);
        if (f1.isDirectory()) {
            System.out.println("Directory of " + dirname);
            String s[] = f1.list();
            for (int i = 0; i < s.length; i++) {
                File f = new File(dirname + "/" + s[i]);
                if (f.isDirectory()) {
                    System.out.println(s[i] + " is a directory");
                } else {
                    System.out.println(s[i] + " is a file");
                }
            }
        } else {
            System.out.println(dirname + " is not a directory");
        }
    }
}
```

因为 File 实例仅仅是一个文件或目录的抽象路径表示形式，因此这里创建的新文件都是空文件（0 字节），如果需要向文件中写入内容，则需要通过文件输出流输出内容，在后续章节讲解。

注意：

（1）通过 createNewFile()方法创建的新文件未必是文本文件(.txt)，它可以是任意类型的文件。文件中究竟存储的是什么内容，取决于通过文件输出流向文件中输出的内容。

（2）为了避免对文件进行重复创建，可以使用 exists()方法对要创建的文件进行判断，判断其是否存在，如果不存在，则创建。

9.3.2 创建目录

File 类中提供了用于创建新目录的方法 public boolean mkdir()，在使用该方法创建目录时，必须保证新目录的父目录是存在的，并且当前操作系统用户对该目录拥有写权限，也需要保证新创建的目录是不存在的。

例 9-3 创建目录。

```java
import java.io.File;
public class test{
```

```java
public static void main(String[] args) throws Exception{
    File dir = new File( "D:/power" ); // 创建一个 File 实例表示目标目录的路径
    File parent = dir.getParentFile(); // 获取被创建目标目录的父路径
    // 如果父路径存在，且当前操作系统用户拥有对该目录的写权限
    if( parent.exists() && parent.carWrite() ) {
        boolean x = dir.mkdir();// 在 D 盘根目录下创建 power 目录
        System.out.println( x ? "创建成功" : "创建失败" );
    }
}
}
```

9.3.3　文件管理

File 类提供了多个方法对文件/目录进行管理，如获取文件属性、获取目录信息、删除文件目录等。下面以例题形式对文件/目录的管理进行分析。

1. 获取文件属性

文件属性一般指文件的特性和描述性信息，如文件名称、文件长度、是否可读、是否可写、修改间等。

例 9-4　获取文件属性。

```java
import java.io.File;
public class test{
    public static void main(String[] args) throws Exception{
        File file = new File("E:\\test.txt");
        file.createNewFile();
        System.out.printf("文件的名称：%s\n",file.getName());
        System.out.printf("文件的路径：%s\n",file.getPath());
        System.out.printf("文件的修改时间：%d\n",file.lastModified());
        System.out.printf("文件的长度：%d\n",file.length());
        if(file.canRead()){
            System.out.printf("文件可读\n");
        }else{
            System.out.printf("文件不可读\n");
        }
    }
}
```

2. 修改文件属性

文件属性可以进行获取，也可以进行修改。

例 9-5　修改文件属性为只读。

```java
import java.io.File;
public class test{
    public static void main(String[] args) throws Exception{
        File file = new File("E:\\class.txt");
        file.createNewFile();
        System.out.printf("修改之前的修改时间：%s\n",file.lastModified());
```

```
        file.setLastModified(100);
        System.out.printf("修改之前的修改时间：%s\n",file.lastModified());
        System.out.printf("修改之前的文件是否可写：%s\n",file.canWrite());
        file.setReadOnly();
        System.out.printf("修改之后的文件是否可写：%s\n",file.canWrite());
    }
}
```

3. 获取目录信息

获取目录信息主要是指获取目录下的文件和子目录信息，可以使用 list 方法实现，其语法格式如下：

```
        File 对象名.list();              //该方法返回的是一个字符串数组。
```

除了使用 list()方法获取目录下所有的文件/目录外，还可以使用 listFiles()方法获取目录中的所有文件。如果要判断指定的对象是目录还是文件，可以使用 isDirectory()或 isFile()方法。其中，isDirectory()方法用来判断指定的文件对象是否为目录，isFile()方法用来判断指定的文件对象是否为文件，语法格式如下：

```
        File 对象名.isDirectory();
        File 对象名.isFile();
```

例 9-6 获取文件目录，判断它是文件还是目录。

```
        import java.io.File;
        public class test{
            public static void main(String[] args) throws Exception{
                String dirname="E:\\test";
                File file = new File(dirname);
                String s[]=file.list();
                //遍历指定目录中的内容
                for(int i=0;i<s.length;i++){
                    File f=new File(dirname+"/"+s[i]);
                    if(f.isFile()){
                        System.out.printf("%s is file\n",s[i]);
                    }else{
                        System.out.printf("%s is directory\n",s[i]);
                    }
                }
            }
        }
```

4. 删除目录

删除目录的语法格式如下：

```
        File 对象名.delete();
```

delete()方法会返回一个布尔类型的值。当返回值为 True 时表示删除成功，返回值为 False 时表示删除失败。

例 9-7 删除文件。

```
        import java.io.File;
        public class test{
```

```
public static void main(String[] args) throws Exception{
    File file = new File("E:\\test.txt");
    if(file.delete()){
        System.out.printf("删除文件成功");
    }else{
        System.out.printf("删除文件失败");
    }
}
}
```

9.4　FileInputStream 类

计算机中的数据基本保存在硬盘的文件中，操作文件中的数据是一种很常见的操作，最常见的就是从文件中读取数据，或将数据写入文件，即文件的读写，针对文件的读写，Java专门提供 FileInputStream 和 FileOutputStream 文件读写类。FileInputStream 是 InputStream 的子类，它是操作文件的字节输入流，专门用于读取文件中的数据。由于字节流用于处理 8 位二进制，从文件读取数据是重复的操作，因此需要通过循环语句来实现数据的持续读取。

FileInputStream 类的对象可以用关键字 new 来创建。FileInputStream 有多种构造方法可用来创建对象，常用的有以下两个：

（1）使用字符串类型的文件名来创建一个输入流对象来读取文件，语句格式如下：

```
FileInputStream(String name)   //参数传入文件的路径
```

例：

```
InputStream f = new FileInputStream("D:/java/hello");
```

（2）使用一个文件对象来创建一个输入流对象来读取文件，语句格式如下：

```
FileInputStream(File file)   //参数传入一个 File 类型的对象
```

例：

```
File f = new File("D:/java/hello");
InputStream in = new FileInputStream(f);
```

FileInputStream 通过字节的方式读取文件，它可以读取所有类型的文件，如图像、视频、文本文件等。FileInputStream 有如下常用读取数据的方法。

9.4.1　read()方法

read()方法从文件的第一个字节开始读取。read()方法每执行一次，就会读取一个字节，并返回该字节的 ASCII 码，如果读出的数据是空的，即读取的地方是没有数据的，则返回-1，如下列代码：

```
import java.io.FileInputStream;
import java.io.IOException;
public class FileInputStream_Read {
    public static void main(String[] args) {
        FileInputStream fis = null;
        try {
```

```
            fis = new FileInputStream("ReadTest.txt");
            // 开始读
            int readData;
            while ((readData = fis.read()) != -1) {
                    System.out.println((char) readData);
            }
        } catch (IOException e) {
            e.printStackTrace();
        } finally {
            // 流是空的时候不能关闭，否则会空指针异常
            if (fis != null) {
                try {
                        fis.close();
                } catch (IOException e) {
                        e.printStackTrace();
                }
            }
        }
    }
}
```

下面通过一个案例来实现字节流对文件数据的读取。在实现案例之前，首先在 Java 项目的根目录下创建一个文本文件 test.txt，在文件中输入内容 FileInputStream Test 并保存；然后使用字节输入流对象来读取 test.txt 文本文件。

例 9-8 利用 FileInputStream 读取文件中的数据。

```
import java.io.FileInputStream;
import java.io.IOException;
public class FileInputStream_test {
    public static void main(String[] args) throws IOException {
        // 创建一个文件字节输入流
        FileInputStream in = new FileInputStream("test.txt");
        int b = 0; // 定义一个 int 类型的变量 b，记住读取的每一个字节
        while (true) {
            b = in.read(); // 变量 b 记住读取的每一个字节
            if (b == -1) { // 如果读取的字节为-1，跳出 while 循环
                break;
            }
            System.out.println(b); // 如果读取的字节不是-1，将 b 写出
        }
        in.close();
    }
}
```

程序运行结果如图 9.8 所示。

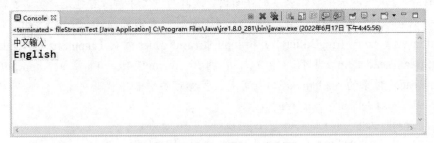

图 9.8 读取文件数据

结果分析：从运行结果可以看出，控制台输出的结果为一组无规则的数字。由于计算机中的数据都是以二进制（字节）的形式存在的，在 test.txt 文件中的 FileInputStream Test 每个字符都占一个字节，因此，最终结果显示的就是文件 test.txt 中内容的字节所对应的十进制数。

若想将文件中的内容以二进制方式输出，请参考下面的例题。

例 9-9 利用 InputStreamReader 将 FileInputStream 读入的内容以二进制方式显示。

```java
import java.io.*;
public class fileStreamTest {
    public static void main(String[] args) throws IOException {
        File f = new File("fileSteamTest.txt");
        InputStreamReader reader = new InputStreamReader(fip, "UTF-8");
        // 构建 InputStreamReader 对象，编码与写入相同
        StringBuffer sb = new StringBuffer();
        while (reader.ready()) {
            sb.append((char) reader.read());    // 转成 char 型，并将其加到 StringBuffer 对象中
        }
        System.out.println(sb.toString());
        reader.close();        // 关闭读取流
        fip.close();           // 关闭输入流，释放系统资源
    }
}
```

程序运行结果如图 9.9 所示。

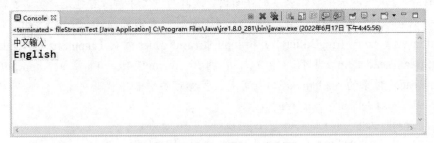

图 9.9 fileStreamTest 运行结果

9.4.2 read(byte b[])方法

read(byte b[])方法与 read()方法不一样，该方法将字节一个一个地存放在 byte 数组中，直

到数组被填满或读完，然后返回读到字节的数量，如果一个字节都没有读到，则返回-1。如下列代码：

```java
import java.io.FileInputStream;
import java.io.IOException;
public class FileInputStream_Read {
    public static void main(String[] args) {
        FileInputStream fis = null;
        int readCount;
        try {
            fis = new FileInputStream("ReadTest.txt");
            //定义一个 byte 类型的数组用于存储读取数据
            byte[] b = new byte[8192];
            while ((readCount = fis.read(b)) != -1) {
                System.out.print(new String(b, 0, readCount));
            }
        } catch (IOException e) {
            e.printStackTrace();
        } finally {
            if (fis != null) {
                try {
                    fis.close();
                } catch (IOException e) {
                    e.printStackTrace();
                }
            }
        }
    }
}
```

　　注意：FileInputStream 读中文内容时可能会出现乱码，那是因为一个中文对应两个字节存储（负数），也就是说，读取对应中文的字节数应该是偶数，而英文对应一个字节存储。FileInputStream 每次读取一个数组长度的字节时，读取的中文字节数可能是奇数，也就是只读到中文的一半字节，这样就出现乱码。为了解决该问题，我们可以构造一个 StringBuffer 对象（StringBuffer str = new StringBuffer();）和 InputStreamReader 对象（InputStreamReader reader = new InputStreamReader(fip, "UTF-8"); ），并调用 StringBuffer 对象的 append() 方法和 InputStreamReader 对象的 reader.ready() 来完成。具体可参考如下代码：

```java
public class FileInputStream_Readbyte {
    public static void main(String[] args) throws IOException {
        FileInputStream fip = new FileInputStream("ReadTest.txt");
        InputStreamReader reader = null;
        try {
            reader = new InputStreamReader(fip, "UTF-8");
            StringBuffer str = new StringBuffer();
```

```
            while (reader.ready()) {
                str.append((char) reader.read()); // 转成 char 型，并将其加到 StringBuffer 对象中
            }
            System.out.println(str.toString());
        } catch (IOException e) {
            e.printStackTrace();
        } finally {
            if (fip != null) {
                try {
                    fip.close();
                } catch (IOException e) {
                    e.printStackTrace();
                }
            }
        }
    }
}
```

9.5　FileOutputStream 类

FileOutputStream 是 OutputStream 的子类，它是操作文件的字节输出流，专门用于把数据写入文件。

文件输出流是用于将数据写入到文件中。FileOutputStream 有如下四个构造方法用来创建 FileOutputStream 对象。

（1）创建一个向指定 File 对象表示的文件中写入数据的文件输出流，语法格式如下：

```
public FileOutputStream(File file);
```

例：

```
File f = new File("C:/java/hello");
OutputStream fOut = new FileOutputStream(f);
```

（2）创建一个向指定 File 对象表示的文件中写入数据的文件输出流。如果第二个参数为 true，则将字节写入文件末尾处，而不是写入文件开始处。语法格式如下：

```
public FileOutputStream(File file,boolean append);
```

（3）创建一个向具有指定名称的文件中写入数据的输出文件流，语法格式如下：

```
public FileOutputStream(String name);
```

例：

```
OutputStream f = new FileOutputStream("C:/java/hello")
```

（4）创建一个向具有指定 name 的文件中写入数据的输出文件流。如果第二个参数为 true，则将字节写入文件末尾处，而不是写入文件开始处。语法格式如下：

```
public FileOutputStream(String name,boolean append);
```

FileOutputStream 通过字节的方式将数据写到文件中，适合所有类型的文件。Java 也提供了 FileWriter 类，专门写入文本文件。

9.5.1　FileOutputStream 类的常用方法

1．void write(int b)方法
语法格式：
　　public void write(int b);
功能：向文件中一次性写入一个字节数组的数据。

2．void write(byte[] b)方法
语法格式：
　　public void write(byte[] b);
功能：将 b.length 个字节从指定 byte 数组写入此文件输出流中。

3．void write(byte[] b,int off,int len)方法
语法格式：
　　public void write(byte[] b,int off,int len);
功能：指定 byte 数组中从偏移量 off 开始的 len 个字节写入此文件输出流。

9.5.2　FileOutputStream 类常用方法的应用

例 9-10　将字符串/字节数组的内容写入到文件中。

```java
import java.io.FileOutputStream;
import java.io.IOException;
public class FileOutputStream_Test {
    public static void main(String[] args) {
        FileOutputStream fos = null;
        String string = "FileOutputStream_Test 学习欢迎您！";
        try {
            // true 表示内容会追加到文件末尾，false 表示重写整个文件内容
            fos = new FileOutputStream("FileOutputStream_Test.txt", true);
            //该方法是直接将一个字节数组写入文件中，而 write(int n)方法是写入一个字节
            fos.write(string.getBytes());
        } catch (Exception e) {
            e.printStackTrace();
        } finally {
            try {
                if (fos != null) {
                    fos.close();
                }
            } catch (IOException e) {
                e.printStackTrace();
            }
        }
    }
}
```

程序运行结果如图 9.10 所示。

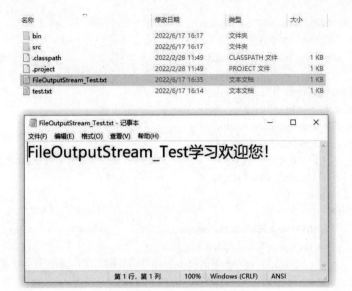

图 9.10　例 9-10 运行结果

以上代码由于是二进制写入，结果可能存在乱码，可以参考以下代码来解决乱码问题。例 9-11 主要是构建 OutputStreamWriter 对象，参数可以指定编码（UTF-8）。Windows 操作系统默认的编码是 GBK。

例 9-11　解决乱码问题。

```java
import java.io.*;
public class fileStreamTest2 {
    public static void main(String[] args) throws IOException {
        File f = new File("a.txt");
        // 构建 FileOutputStream 对象，文件不存在将自动创建
        FileOutputStream fop = new FileOutputStream(f);
        // 构建 OutputStreamWriter 对象，参数可以指定编码，默认为操作系统的默认编码，
Windows 上是 GBK
        OutputStreamWriter writer = new OutputStreamWriter(fop, "UTF-8");
        writer.append("中文输入");
        // 写入到缓冲区
        writer.append("\r\n");        // 换行

        writer.append("English");
        // 刷新缓存区，写入到文件，如果下面已经没有写入的内容，直接关闭也会写入
        writer.close();// 关闭写入流，同时会把缓冲区的内容写入文件
        fop.close();// 关闭输出流，释放系统资源
    }
}
```

例 9-12　利用文件流实现文件复制功能。

```java
import java.io.FileInputStream;
import java.io.FileOutputStream;
import java.io.IOException;
public class TestFileCopy {
```

```
public static void main(String[] args) {
    //将 teatA.txt 内容拷贝到 TestB.txt
    copyFile("testA.txt", "TestB.txt");
}
//将 src 源文件的内容复制到 dec 目标文件
static void copyFile(String src, String dec) {
    FileInputStream fis = null;
    FileOutputStream fos = null;
    //为了提高效率，设置缓存数组，读取的字节数据会暂时存放到该字节数组中
    byte[] buffer = new byte[1024];
    int temp = 0;
    try {
        fis = new FileInputStream(src);
        fos = new FileOutputStream(dec);
        //边读边写，temp 指的是本次读取的真实长度，temp 等于-1 时表示读取结束
        while ((temp = fis.read(buffer)) != -1) {
            /*将缓存数组中的数据写入文件中，注意：写入的是读取的真实长度，如果
使用 fos.write(buffer)方法，那么写入的长度将会是 1024，即缓存数组的长度*/
            fos.write(buffer, 0, temp);
        }
    } catch (Exception e) {
        e.printStackTrace();
    } finally {
        //两个流需要分别关闭
        try {
            if (fos != null) {
                fos.close();
            }
        } catch (IOException e) {
            e.printStackTrace();
        }
        try {
            if (fis != null) {
                fis.close();
            }
        } catch (IOException e) {
            e.printStackTrace();
        }
    }
}
```

9.6　字　符　流

　　JDK 提供了字节流和字符流两种流，但是字节流在操作字符时不能很好地处理 Unicode 字符。而在 Java 中，字符使用 2 字节的 Unicode 编码表示，用字节流处理这类文件时可能会

有中文导致的乱码。所以，在处理文本时 Java 可以使用文件字符流，它以字符为单位进行操作，可避免乱码问题。字符流，即在字节流的基础上加上编码，从而形成数据流。同字节流一样，字符流也有两个抽象的顶级父类，分别是 Reader 和 Writer。其中，Reader 是字符输入流，用于从某个源设备读取字符；Writer 是字符输出流，用于向某个目标设备写入字符。

9.6.1　Reader 类

在 Java 中，所有的字符输入流都继承了 Reader 类，Reader 是读取字符流的抽象类，其子类必须实现的唯一方法是 read(char [],int,int)和 close()。Reader 继承关系如图 9.11 所示，常用方法见表 9.6。

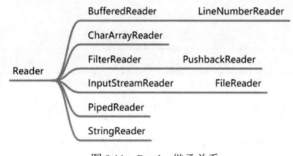

图 9.11　Reader 继承关系

表 9.6　Reader 的常用方法

方法	功能说明
int read()	读取单个字符，返回一个整数值。如果输入流结束，则返回-1
int read(char[] cbuf)	将字符读入数组，返回实际读入的字符数
abstract int read(char[] cbuf, int off, int len)	将字符读入数组的某一部分
int read(CharBuff)	将字符读入指定的字符缓冲区
long skip(long n)	跳过字符，并返回实际跳过的字符数
abstract void close()	关闭该流，并释放与之关联的所有资源

Reader 抽象类构造方法如下：

（1）protected Reader()方法。

功能：创建一个新的字符流 reader，其重要部分将同步给自身的 reader。

（2）protected Reader(Object lock)方法。

功能：创建一个新的字符流 reader，其重要部分将同步给定的对象。其中，参数 lock 表示要同步的对象。

9.6.2　Writer 类

在 Java 中，所有的字符输出流都继承了 Writer 类。Writer 类是写入字符流的抽象类，用于写入字符流的抽象类，其子类必须实现的唯一方法是 write(char [],int,int)、flush()和 close()。Writer 类继承关系如图 9.12 所示，常用方法见表 9.7。

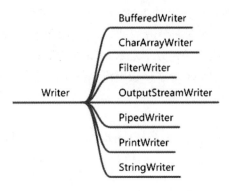

图 9.12　Writer 类继承关系

表 9.7　Writer 类的常用方法

方法	功能说明
void write(char[] cbuf)	写入字符数组
abstract void write(char[] cbuf, int off, int len)	写入字符数组的某一部分
void write(int c)	写入单个字符
void write(String str)	写入字符串
void write(String str, int off, int len)	写入字符串的某一部分
Writer append(char c)	将指定字符添加到此 writer
Writer append(CharSequence csq)	将指定字符序列添加到此 writer
Writer append(CharSequence csq, int start, int end)	将指定字符序列的子序列添加到此 writer.Appendable 中
abstract void close()	关闭此流，但要先刷新它
abstract void flush()	刷新该流的缓冲

Writer 抽象类构造方法如下：

（1）protected Writer()方法。

功能：创建一个新的字符流 writer，其关键部分将同步 writer 自身。

（2）protected Writer(Object lock)方法。

功能：创建一个新的字符流 writer，其关键部分将同步给定的对象。其中，参数 lock 表示要同步的对象。

由于 Reader 和 Write 类所提供的方法是以这两类所派生出的子类来创建对象，再利用它们来进行读写操作，因此这些方法通常是继承给子类使用，而不是用在父类本身。

9.6.3　FileReader 类和 FileWriter 类

虽然 Reader 类和 Writer 类可用来处理字符串的读取和写入的操作，但由于它们均是抽象类，所以并不能直接使用这两个类，而是使用它们的子类来创建对象，再利用对象来处理读写操作。

1. FileReader 类

在程序开发中，经常需要对文本文件的内容进行读取，如果想从文件中直接读取字符便可以使用字符输入流 FileReader，通过此流可以从关联的文件中读取一个或一组字符。

　　FileReader 是文件字符输入流类，它继承自 InputStreamReader 类，而 InputStreamReader 类又继承自 Reader 类，因此 Reader 类与 InputStreamReader 类所提供的方法均可供 FileReader 类所创建的对象使用。在使用 FileReader 类读取文件时，必须先调用 FileReader 类构造方法创建 FileReader 类的对象，再利用它来调用 read()方法。

　　FileReader 类的构造方法如下：

　　　　public FileReader(String name)　　//根据文件名创建一个可读取的输入流对象。

　　功能：根据文件名创建一个可读取的输入流对象。

　　例 9-13　利用 FileReader 类读取 D:\java 文件夹下的 test.txt。

```
import java.io.*;
public class FileReader{
    public static void main(String[] args) throws IOException{
        char[] c=new char[500];
        try(FileReader fr=new FileReader("D:/java/test.txt");){
            int num=fr.read(c);
            String str=new String(c,0,num);
            System.out.println("读取的字符个数为："+num+"，其内容如下：");
            System.out.println(str);
        }
    }
}
```

　　例 9-14　使用 FileReader 类读取文件中的字符。

```
import java.io.*;
public class FileReader 2{
        public static void main(String[] args) throws Exception {
                // 创建一个 FileReader 对象用来读取文件中的字符
                FileReader reader = new FileReader("reader.txt");
                int ch;                    // 定义一个变量用于记录读取的字符
                while ((ch = reader.read()) != -1) {       // 循环判断是否读取到文件的末尾
                        System.out.println((char) ch); // 不是字符流末尾就转为字符打印
                }
                reader.close(); // 关闭文件读取流，释放资源
        }
}
```

　　说明：上述代码中，第 5 行代码创建一个 FileReader 类对象与文件关联，第 7~9 行代码通过 while 循环每次从文件中读取一个字符并输出，这样便实现了 FileReader 读文件字符的操作。需要注意的是，字符输入流的 read()方法返回的是 int 类型的值，如果想获得字符就需要进行强制类型转换，如程序中第 8 行代码就是将变量 ch 转为 char 类型再输出。

　　2. FileWriter 类

　　FileWriter 类继承自 OutputStreamWriter 类，而 OutputStreamWriter 类又继承自 Writer 类，因此 Writer 类与 OutputStreamWriter 类所提供的方法均可供 FileWriter 类所创建的对象使用。

　　要使用 FileWriter 类将数据写入文件时，必须先调用 FileWriter()构造方法创建 FileWriter 类对象，再利用它来调用 write()方法。

FileWriter 类的构造方法如下：

public FileWriter（String filename）

功能：根据所给文件名创建一个可供写入字符数据的输出流对象，原先的文件会被覆盖。

例如：

public FileWriter(String filename, boolean a)

例 9-15 利用 FileWriter 类将字符数组与字符串写到文件里。

```java
import java.io.*;
public class FileWriter{
    public static void main(String[] args) throws IOException{
        FileWriter fw=new FileWriter("d:\\java\\test.txt");
        char[] c={'H','e','l','l','o','\r','\n'};
        String str="欢迎使用 Java！ ";
        fw.write(c);
        fw.write(str);
        fw.close();
    }
}
```

例 9-16 使用 FileWriter 类将字符写入文件。

```java
import java.io.*;
public class FileWriter2{
    public static void main(String[] args) throws Exception {
        // 创建一个 FileWriter 对象用于向文件中写入数据
        FileWriter writer = new FileWriter("writer.txt");
        String str = "这是 Java 学习内容";
        writer.write(str);   // 将字符数据写入文本文件
        writer.write("\r\n");  // 将输出语句换行
        writer.close(); // 关闭写入流，释放资源
    }
}
```

例 9-17 使用 FileReader 类和 FileWriter 类实现文件复制操作。

```java
import java.io.FileNotFoundException;
import java.io.FileReader;
import java.io.FileWriter;
import java.io.IOException;
public class TestFileCopy2 {
    public static void main(String[] args) {
        // 写法和使用 stream 基本一样，只不过，FileReader 类和 FileWriter 类读取的是字符
        FileReader fr = null;
        FileWriter fw = null;
        int len = 0;
        try {
            fr = new FileReader("a.txt");
            fw = new FileWriter("b.txt");
            //为了提高效率，创建缓冲字符数组
            char[] buffer = new char[1024];
```

```
                //边读边写
                while ((len = fr.read(buffer)) != -1) {
                        fw.write(buffer, 0, len);
                }
        } catch (FileNotFoundException e) {
                e.printStackTrace();
        } catch (IOException e) {
                e.printStackTrace();
        } finally {
                try {
                        if (fw != null) {
                                fw.close();
                        }
                } catch (IOException e) {
                        e.printStackTrace();
                }
                try {
                        if (fr != null) {
                                fr.close();
                        }
                } catch (IOException e) {
                        e.printStackTrace();
                }
        }
    }
}
```

说明：FileWriter 类在写文件时遇到中文可能会出现乱码，建议在读写中文时尽量用 FileOutpuStream 类，或手动修改文本文件的编码方式。

9.6.4　字符缓冲流

BufferedReader 类和 BufferedWriter 类创建的对象称作字符缓冲输入、输出流。BufferedReader 类和 BufferedWriter 类增加了缓存机制，创建的流比字符流具有更强的读写能力，效率更高，如 BufferedReader 流可以按行读取内容。

1．BufferedReader 类

BufferedReader 称为字符缓冲输入流，继承自 Reader 类，BufferedReader 类是用来读取缓冲区里的数据，从而实现字符、数组和行的高效读取。它可以指定缓冲区大小，也可以使用默认大小。 对于大多数用途，默认值足够大。

（1）构造方法：

1）BufferedReader(Reader in)方法。

功能：创建一个使用默认大小输入缓冲区的缓冲字符输入流。

2）BufferedReader(Reader in, int sz)方法。

功能：创建一个使用指定大小输入缓冲区的缓冲字符输入流。

（2）常用方法：

语法格式：

```
String readLine()        //按行读取文本，一次读取一个文本行
```

例 9-18　生成字符缓冲流对象，并读取文本程序段。

```
BufferedReader reader = new BufferedReader(new InputStreamReader(new FileInputStream("test.txt")));
    String str;
      while ((str = reader.readLine()) != null) {        //一次性读取一行，循环读取
            System.out.println(str);
        }
    //关闭流
    reader.close();
```

使用 BufferedReader 类来读取缓冲区中的数据之前，必须先创建 FileReader 类对象，再以该对象为参数来创建 BufferedReader 类的对象，然后才可以利用此对象来读取缓冲区中的数据。

例 9-19　利用 BufferedReader 读取数据。

```
import java.io.*;
public class App10_7{
    public static void main(String[] args) throws IOException{
        String thisLine;
        int count=0;
        try{
            FileReader fr=new FileReader("D:/java/test.txt");
            BufferedReader bfr=new BufferedReader(fr);
            while ((thisLine=bfr.readLine())!=null) {        //调用 readLine()方法，一次读一行
                count++;
                System.out.println(thisLine);
            }
            System.out.println("共读取了"+count+"行");
        }
        catch (IOException ioe){
            System.out.println("错误! "+ioe);
        }
    }
}
```

2．BufferedWriter 类

BufferedWriter 称为字符缓冲输出流，继承自 Writer 类，将文本写入字符输出流，缓冲各个字符，从而提供单个字符、数组和字符串的高效写入。使用 BufferedWriter 类将数据写入缓冲区的过程与使用 BufferedReader 类从缓冲区里读出数据的过程相似。首先必须先创建 FileWriter 类对象，再以该对象为参数来创建 BufferedWriter 类的对象，然后就可以利用此对象来将数据写入缓冲区中。所不同的是，缓冲区内的数据最后必须要用 flush()方法将缓冲区清空，也就是将缓冲区中的数据全部写到文件内。

BufferedWriter 类有两个构造方法：

（1）BufferedWriter(Writer out)方法。

功能：创建一个使用默认大小输出缓冲区的缓冲字符输出流。

（2）BufferedWriter(Writer out, int sz)方法。

功能：创建一个使用给定大小输出缓冲区的新缓冲字符输出流。

BufferedWriter 类的常用方法见表 9.8。

表 9.8　BufferedWriter 类的常用方法

方法	描述
void close()	关闭流
void flush()	将缓冲区中的数据写到文件中
void newLine()	写入一行行分隔符
void write(char[] cbuf, int off, int len)	将 cbuf 数组按指定格式写入到输出缓冲区（off 表示数组下标，len 表示写入字符数）
void write(int c)	将单一字符写入缓冲区
void write(String s, int off, int len)	写入一个字符串的一部分

例 9-20　利用 BufferedWriter 类写入数据。

```java
public static void main(String[] args) throws Exception {
    //创建一个字符缓冲输出流对象
    BufferedWriter bw = new BufferedWriter(new FileWriter("bw.txt")) ;
    //写入数据
    bw.write("hello");
    bw.write("world");
    //刷新流
    bw.flush();
    //关闭资源
    bw.close();
}
```

例 9-21　利用 BufferedReader 类和 BufferedWriter 类实现文件的复制。

```java
import java.io.*;
public class BufferedReaderAndBufferedWriterCopy {
    public static void main(String []args){
        BufferedReader br = null;
        BufferedWriter bw = null;
        FileReader fr = null;
        FileWriter fw = null;
        try {
            fr = new FileReader("d:\\a.txt");
            fw = new FileWriter("d:\\z.txt");
            br = new BufferedReader(fr);
            bw = new BufferedWriter(fw);
            String s = "";
```

```
                  while((s=br.readLine())!=null){
                      //System.out.println(s);
                      bw.write(s+"\r\n");
                  }
              } catch (Exception e) {
                  e.printStackTrace();
              }finally {
                  try {
                      br.close();
                      bw.close();
                      fr.close();
                      fw.close();
                  } catch (IOException e) {
                      e.printStackTrace();
                  }
              }
          }
      }
```

例 9-22　利用 BufferedReader 类和 BufferedWriter 类创建缓冲区输入流对象 in 和缓冲区输出流对象 out 实现文件的复制。

```
public class BufferedReaderAndBufferedWriterCopy2{
    public static void main(String[] args) throws IOException{
        String str=new String();
        try{
            //创建缓冲区输入流对象 in 和缓冲区输出流对象 out
            BufferedReader in=new BufferedReader(new FileReader("d:/java/test.txt"));
            BufferedWriter out=new BufferedWriter(new FileWriter("d:/java/test1.txt"));
            while ((str=in.readLine())!=null){
            System.out.println(str);        //读取的内容在屏幕上输出
            out.write(str);                 //利用 write()方法写入数据,不写入换行符
            out.newLine();                  //每写入一行数据后都写入一个回车换行符
            }
          out.flush();
          }
        catch (IOException ioe)
        {
            System.out.println("错误! "+ioe);
        }
    }
}
```

9.6.5　字符转换流

字符流中和编码解码问题相关的两个类：InputStreamReader 类和 OutputStreamWriter 类。InputStreamReader 类是从字节流到字符流的桥梁，功能为读取字节，它使用指定的字符

集将其解码为字符。InputStreamReader 使用的字符集可以由名称指定，也可以被明确指定，或者可以接受平台的默认字符集。

OutputStreamWriter 是从字符流到字节流的桥梁，使用自定的字符集将写入的字符编码为字节。它使用的字符集可以由名称指定，也可以被明确指定，或者可以接受平台的默认字符集。

InputStreamReader 与 OutputStreamWriter 的字符转换过程如图 9.13 所示。

图 9.13　字符转换流示意图

1．InputStreamReader 类

InputStreamReader 类是 Reader 的子类，它可以将一个字节输入流转换成字符输入流，方便系统直接读取字符。InputStreamReader 类是字节流通向字符流的桥梁，它使用指定的 charset 读取字节并将其解码为字符。它使用的字符集可以由名称指定或显式给定，或者可以接受平台默认的字符集。每次调用 InputStreamReader 类中的一个 read()方法都会导致从底层输入流读取一个或多个字节。要实现从字节到字符的有效转换，可以提前从底层流读取更多的字节，使其超过满足当前读取操作所需的字节。为了达到最高效率，可要考虑在 BufferedReader 类内包装 InputStreamReader 类。例如：

　　　　BufferedReader in = newBufferedReader(new InputStreamReader(System.in));

（1）构造方法：

1）InputStreamReader(InputStream in)方法。

功能：创建一个使用默认字符集的 InputStreamReader。

2）InputStreamReader(InputStream in, Charset cs)方法。

功能：创建使用给定字符集的 InputStreamReader。

3）InputStreamReader(InputStream in, CharsetDecoder dec)方法。

功能：创建使用给定字符集解码器的 InputStreamReader。

4）InputStreamReader(InputStream in, String charsetName)方法。

功能：创建使用指定字符集的 InputStreamReader。

（2）常用方法：

1）void close()方法。

功能：关闭该流并释放与之关联的所有资源。

2）String getEncoding()方法。

功能：返回此流使用的字符编码的名称。

3）int read()方法。

功能：读取单个字符。

4）int read(char[] cbuf, int offset, int length)方法。

功能：将字符读入数组中的某一部分。

5）boolean ready()方法。

功能：判断此流是否已经准备好用于读取。

例 9-23 InputStreamReader 类构造方法示例。

```
//使用默认编码
InputStreamReader reader = new InputStreamReader(new FileInputStream("test.txt"));
int len;
while ((len = reader.read()) != -1) {
    System.out.print((char) len);
}
reader.close();
//指定编码
InputStreamReader reader = new InputStreamReader(new FileInputStream("test.txt"),"utf-8");
int len;
while ((len = reader.read()) != -1) {
    System.out.print((char) len);
}
reader.close();
```

2．OutputStreamWriter 类

（1）构造方法：

1）public OutputStreamWriter(OutputStream out)方法。

功能：使用默认的编码格式构造一个字符转换输出流对象。

2）public OutputStreamWriter(OutputStream out, Charset cs)方法。

功能：使用指定编码格式构造一个字符转换输出流对象。

（2）常用方法：

1）public void write(int c) throws IOException 方法。

功能：写入单个字符。其中，参数 c 表示指定要写入字符的 int。

2）public void write(String str) throws IOException 方法。

功能：写入字符串。其中，参数 str 表示要写入的字符串

3）public abstract void flush() throws IOException 方法。

功能：刷新该流的缓冲。

4）public abstract void close() thro ract void close() throws IOException 方法。

功能：关闭此流，但要先刷新它。

下面通过一个案例来学习如何将字节流转为字符流，为了提高读写效率，通过 BufferedReader 类和 BufferedWriter 类实现转换工作。

例 9-24 通过 BufferedReader 和 BufferedWriter 将字节流转为字符流。

```
import java.io.*;
public class Example18 {
    public static void main(String[] args) throws Exception {
        // 创建字节输入流
        FileInputStream in = new FileInputStream("src.txt");
        // 将字节流输入转换成字符输入流
        InputStreamReader isr = new InputStreamReader(in);
        // 赋予字符流对象缓冲区
        BufferedReader br = new BufferedReader(isr);
        FileOutputStream out = new FileOutputStream("des.txt");
```

```
        // 将字节输出流转换成字符输出流
        OutputStreamWriter osw = new OutputStreamWriter(out);
        // 赋予字符输出流对象缓冲区
        BufferedWriter bw = new BufferedWriter(osw);
        String line;
        while ((line = br.readLine()) != null) { // 判断是否读到文件末尾
            bw.write(line); // 输出读取到的文件
        }
        br.close();
        bw.close();
    }
}
```

例 9-25　使用转换流将字节流转换成字符流。

```
import java.io.BufferedReader;
import java.io.BufferedWriter;
import java.io.IOException;
import java.io.InputStreamReader;
import java.io.OutputStreamWriter;
public class TestConvertStream {
    public static void main(String[] args) {
        // 创建字符输入和输出流，使用转换流将字节流转换成字符流
        BufferedReader br = null;
        BufferedWriter bw = null;
        try {
            br = new BufferedReader(new InputStreamReader(System.in));
            bw = new BufferedWriter(new OutputStreamWriter(System.out));
            // 使用 BufferedReader 类的 readLine()方法读取键盘输入的数据
            String str = br.readLine();
            // 一直读取，直到用户输入了 exit 为止
            while (!"exit".equals(str)) {
                // 使用 BufferedWriter 类的 write(String str)方法写数据到控制台
                bw.write(str);
                bw.newLine();        // 写一行后换行
                bw.flush();          // 刷新
                str = br.readLine(); // 读取下一行
            }
        } catch (IOException e) {
            e.printStackTrace();
        } finally {
            // 关闭字符输入和输出流
            if (br != null) {
                try {
                    br.close();
                } catch (IOException e) {
                    e.printStackTrace();
                }
```

```
                }
            if (bw != null) {
                try {
                    bw.close();
                } catch (IOException e) {
                    e.printStackTrace();
                }
            }
        }
    }
}
```

第10章 Swing 及事件处理

到目前为止，我们编写的所有程序都是基于控制台的。Java 作为一门流行的编程语言，它也支持图形用户界面功能（Graphical User Interface，GUI）。也就是应用程序提供给用户操作的图形界面，包括窗口、菜单、工具栏及其他多种图形界面元素，如文本框、按键、对话框等，它使应用程序显得更加友好。

Java 实现 GUI 编程主要由两个包中的类库完成，分别是 java.awt 和 javax.swing，简称为 AWT 和 Swing。AWT 包中的组件功能有限、使用繁琐，Swing 是对 AWT 功能的扩展，可以满足 GUI 编程的所有需求。本章主要介绍 Swing 中基本组件的使用。

10.1 Swing 简 介

Swing 是在 AWT 基础上发展而来的轻量级组件。javax.swing 包中包含了一系列 Swing 组件，使用这些组件时，需要导入包。图 10.1 显示了 javax.swing 包中主要组件类的体系结构图，其中带阴影的方框中显示的是 Swing 组件，不带阴影的方框中显示的是 AWT 组件，字体加粗的组件是常用组件。

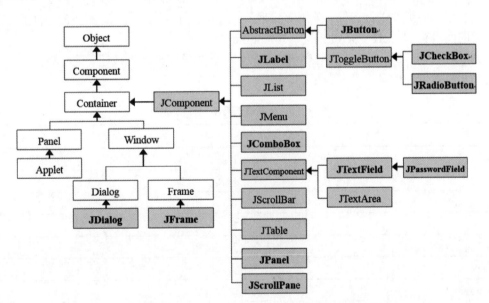

图 10.1　javax.swing 包中主要组件类的体系结构图

图 10.2 展示了常用组件的显示样例。Swing 中的组件类可以简单地分为 3 个部分：

（1）组件类：用来创建用户图形界面，如 JLabel、JButton 等。

（2）容器类：用来包含其他组件，如 JFrame、JPanel、JDialog 等。

（3）辅助类：用来支持 GUI 组件，如字体操作、颜色操作等。

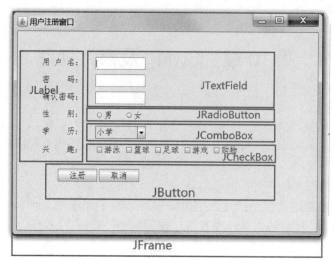

图 10.2 Swing 常用组件显示样例

10.1.1 Swing 常用组件

按组件的功能不同，可以将 Swing 组件分为顶层容器、中间容器、基本组件。

（1）顶层容器：顶层容器一般是容器类组件，每个组件可以单独显示，不需要依赖其他组件，而其他组件需要依赖顶层容器存在。如 JFrame、JDialog 就是顶层容器。

（2）中间容器：中间容器是基本组件的载体，不能独立显示，必须放在顶层容器中。其作用是对容器中的组件进行布局、分组等管理，中间容器可以嵌套使用。常用的中间容器为面板，常用的面板有 JPanel、JScrollPane、JMenuBar 等。

（3）基本组件：基本组件是用户能实际操作、看到的组件，如按钮、文本框、列表等。常用的基本组件见表 10.1。

表 10.1 常用的基本组件

组件	名称
JLabel	标签
JButton	按钮
JRadioButton	单选按钮
JCheckBox	复选框
JToggleButton	开关按钮
JTextField	文本框
JPasswordField	密码框
JTextArea	文本区域
JComboBox	下拉列表框
JList	列表
JProgressBar	进度条
JSlider	滑块

10.1.2　创建 GUI 程序的流程

GUI 程序是以窗体的形式存在的，它相当于一个最外层的容器。如果窗体的内容比较复杂，则需要创建一个或多个面板。面板相当于窗体中第二层容器，所有基本组件都放到相应的面板中。创建 GUI 程序大致可以分为四个步骤：创建窗体→创建组件→把组件加到容器中→显示窗体。

10.2　常用控件

窗体是 Swing 中其他控件的载体，创建窗体是 GUI 编程的第一步。常用的窗体有 JFrame 和 JDialog 两类。

10.2.1　JFrame 窗体

JFrame 类用来创建 Frame 类窗体。该类窗体具有最大化、最小化和关闭按钮，默认可以用鼠标进行拖动改变大小、位置等。该类的构造方式如下：

（1）JFrame()：创建一个初始时不可见的窗体。

（2）JFrame(String title)：构造一个初始时不可见的新窗体，指定窗体的标题为 title。

JFrame 类中有很多常用的窗体属性，可以调用相应方法进行设置。JFrame 类的常用方法见表 10.2。

表 10.2　JFrame 类的常用方法

方法	功能
void setTitle(String title)	设置窗体标题为 title
void setSize(int width,int height)	设置窗体大小
void setBackgorund(Color red)	设置窗体背景颜色
void setLocation(int x,int y)	设置组件的显示位置
void setVisible(boolean b)	显示（true）或隐藏（false）组件
Container getcontentPane()	获得窗体的内容面板，当要向窗体中添加组件或设置布局时，使用该方法
void setResizable(boolean resizable)	设置窗体是否可以由用户调整大小
void setLocationRelativeTo()	设置窗口的位置，null 为中间显示

例 10-1　创建 JFrame 窗体。

```
package ch10;
import javax.swing.*;
public class JFrameDemo {
    public static void main(String[] args){
        JFrame frame = new JFrame("Hello World");// 创建对象，设置标题
        frame.setLocationRelativeTo(null);//设置显示位置
        frame.setSize(450, 400);//设置大小
```

```
        frame.setDefaultCloseOperation(WindowConstants.DISPOSE_ON_CLOSE);//设置关闭方式，
    关闭时退出该窗体
        frame.setVisible(true);//设置 JFrame 为可见
    }
}
```

程序运行结果如图 10.3 所示。需要说明的是，单击窗体上的"关闭"按钮关闭窗体时，应用程序并没有结束，只是隐藏了窗体。因此需要使用 setDefaultCloseOperation()方法设置窗体的关闭模式，该方法的参数是 int 常量，主要有三个取值：

（1）WindowConstants.DISPOSE_ON_CLOSE：关闭时退出该窗体。

（2）WindowConstants.EXIT_ON_CLOSE：关闭时退出应用程序。

（3）WindowConstants.DO_NOTHING_ON_CLOSE：关闭时不做任何处理。

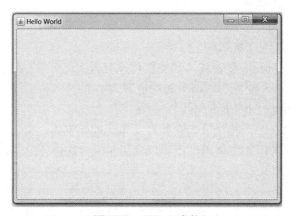

图 10.3   JFrame 窗体

10.2.2 JDialog 对话框窗体

JDialog 称为对话框窗体，是从一个窗体中弹出的另外一个窗体，第一个窗体一般被称为父窗体，弹出来的窗体称为对话框窗体。

创建 JDialog 时需要使用 JDialog 类来实现。该类的构造方法为：JDialog(JFrame frame, String title)，指定父窗体为 frame，设置窗体的标题为 title。

创建 JDialog 类的对象之后，需要为对象指定父窗体，一般是将其依附在窗体 JFrame 中。

例 10-2   创建 JDialoge 窗体。

```
    package ch10;
    import javax.swing.*;
    public class JDialogDemo {
        public static void main(String[] args){
            JFrame frame = new JFrame("Hello World");    //创建对象，设置标题
            JDialog dialog = new JDialog(frame, "对话框窗体");
            frame.setVisible(false);          //设置 JFrame 不可见
            dialog.setSize(400, 400);        //设置大小
            dialog.setLocationRelativeTo(null);
            dialog.setDefaultCloseOperation(WindowConstants.DISPOSE_ON_CLOSE);
            frame.setDefaultCloseOperation(WindowConstants.EXIT_ON_CLOSE);
```

```
            dialog.setVisible(true);   //设置 JDialog 可见
        }
    }
```

程序运行结果如图 10.4 所示。

图 10.4 JDialog 对话框

10.2.3 面板

在 GUI 编程中，不建议在窗体中直接添加基本组件，而是先将基本组件添加到面板 JPanel 上，再将 JPanel 添加到窗体上。JPanel 是中间容器，它不能单独存在，必须依赖于 JFrame。一个 JFrame 窗体可以包含多个 JPanel，每个 JPanel 可以添加多个组件，再与布局管理器配合，便可以设计复杂的界面。

常用的面板有 JPanel 和 JScrollPane。JScrollPane 是包含滚动条的面板，详细内容可以参考 JDK 官方文档，这里就不再单独介绍。

JPanel 默认的布局管理器是 FlowLayout（流布局），即将添加到面板中的组件按照从左到右、从上到下的排列方式连续排放，随着窗体大小的变化，组件的排列样式也随之发生变化。JPanel 面板一般由类 JPanel 创建，该类常用的构造方法如下：

（1）JPanel()：创建一个 JPanel 对象，默认使用 FlowLayout 布局。

（2）JPanel(LayoutManager layout)：使用指定布局 layout 创建 JPanel 对象。

JPanel 类的常用方法有：

（1）Component add(Component comp)：添加组件。

（2）void setBackground(Color bg)：设置面板的背景色。

例 10-3 创建 JPanel 面板。

```
    package ch10;
    import java.awt.*;
    import javax.swing.*;
    public class JPanelDemo {
        public static void main(String[] args){
            JFrame frame = new JFrame("JPanel 面板测试窗口");    // 创建对象，设置标题
            Container container =frame.getContentPane();      //获取窗体的内容面板
            JPanel panel = new JPanel();      //创建面板
```

```
container.add(panel);            //添加面板到窗体
panel.setBackground(Color.white);  //设置面板背景色为白色，默认为灰色
JLabel label = new JLabel("我显示在面板上！");  //定义一个标签
panel.add(label);      //将标签添加到面板上，默认靠上居中显示
frame.setLocationRelativeTo(null);  //设置显示位置
frame.setVisible(true);          //设置为可见
frame.setSize(400, 300);         //设置大小
frame.setResizable(false);       //设置窗体大小不可变
frame.setDefaultCloseOperation(WindowConstants.EXIT_ON_CLOSE);    //设置关闭方式
    }
}
```
程序运行结果如图 10.5 所示。

图 10.5   JPanel 面板示例

10.2.4   常用的基本控件

1. 标签（JLabel）

标签一般用来显示文本信息和图标信息，这些信息用来进行提示或者说明，用户不能对其进行修改。JLabel 无法生成任何类型的事件，仅能对标签上的文本进行操作。

该类常用的构造方法如下：

（1）JLabel()：创建一个空的标签，没有图标和文本显示。

（2）Jlabel(Icon icon)：创建一个带有图标（icon）的标签。

（3）JLabel(String text)：创建带有文本信息（text）的标签。

该类常用的方法有：

（1）void setText(String text)：设置标签上的文本。

（2）String getText()：获得标签上的文本。

2. 文本框（JTextField）

文本框用来接收用户输入的单行文本，不运行换行操作。如果需要输入多行文本，可以由 JTextArea 组件实现。

文本框由 JTextField 类实现，该类的构造方法如下：

（1）JTextField()：创建一个空文本框，此时文本框的宽度默认为边框宽度。

（2）JTextField(String text)：创建一个文本框，文本框中使用 text 填充。

（3）JTextField(int columns)：创建文本框，文本框最多 columns 列。

（4）JTextField(String text,int columns)：创建一个既指定初始化文本信息，又指定列数的文本框。

注意：JTextField(int columns)方法在使用流式布局时才有效果。

该类的常用方法有：

（1）void setText(String text)：设置文本框的文本。

（2）String getText()：获取文本框的文本。

（3）void setFont(Font t)：设置文本框显示文本的字体。

（4）void setHorizontalAlignment(int alignment)：设置文本框内容的水平对齐方式，参数 alignment 可以的取值是 JTextField.LEFT、JTextField.CENTER、JTextField.RIGHT。

3. 密码框（JPasswordField）

密码框是文本框的一种特殊的形式，它一般用来隐藏用户的隐私信息，如登录密码、银行密码等。这类信息不能直接展示在界面上，常用其他字符来代替输入的字符，并显示在文本框中。

密码框由 JPasswordField 类实现，该类的构造方法如下：

（1）JPasswordField()：构造空的密码框。

（2）JPasswordField(String text)：构造一个利用指定文本初始化的密码框。

该类的常用方法有：

（1）char getEchoChar()：返回要用于回显的字符。

（2）void setEchoChar(char c)：设置此密码框的回显字符，默认字符为圆点。

（3）char[] getPassword()：返回此文本框中所包含的文本。

4. 按钮（JButton）

按钮是 GUI 编程中应用最广泛的组件，单击按钮后触发完成提交、确认、删除等特定操作。由 JButton 类来创建按钮对象，该类的构造方法如下：

（1）JButton()：创建不带文本和图标的按钮。

（2）JButton(String text)：创建按钮，按钮上显示文本（text）内容。

（3）JButton(Icon icon)：创建按钮，按钮上显示图标（icon）内容。

（4）JButton(String text, Icon icon)：创建按钮，按钮上显示 icon 和 text。

该类的常用方法见表 10.3。

表 10.3　JButton 类的常用方法

方法	作用
addActionListener(ActionListener listener)	为按钮组件注册 ActionListener 监听
void setIcon(Icon icon)	设置按钮的默认图标
void setText(String text)	设置按钮的文本
void setVerticalAlignment(int alig)	设置图标和文本的垂直对齐方式
void setHorizontalAlignment(int alig)	设置图标和文本的水平对齐方式
void setEnable(boolean flag)	启用或禁用按钮
void setToolTipText(String text)	设置按钮的悬停提示信息

5. 单选按钮（JRadioButton）

在做单项选择时，只能在给定的多个选项中选择其中的一项，而不能同时选中多个选项。这情况一般使用单选按钮来实现。在 Swing 中单选按钮由类 JRadioButton 类实现。常用的构造方法如下：

（1）JRadioButton()：创建一个空的单选按钮。

（2）JRadioButton(String text)：创建一个单选按钮，其内容为 text。

JRadioButton 通常都在一个按钮组中，按钮组由 ButtonGroup 创建。在添加按钮组之后，在按钮组中的单选按钮只能有一个被选中，其他的按钮均处在未选中状态。ButtonGroup 常用的方法如下：

（1）void add(AbstractButton btn)：添加按钮到按钮组中。

（2）void remove(AbstractButton btn)：删除按钮组中指定的按钮。

（3）int getButtonCount()：返回按钮组中按钮的个数。

（4）Enumeration getElements()：返回一个 Enumeration 对象，通过该对象，系统可以遍历按钮组中的所有按钮对象。

6. 复选按钮（JCheckBox）

与单选按钮相对的组件是复选按钮，它可以在给定的选项中选择多个选项。复选按钮由 JCheckBox 类来实现。该类的构造方法如下：

（1）JCheckBox()：创建一个空的复选框。

（2）JCheckBox(String text)：创建复选框，指定文本为 text。

（3）JCheckBox(String text,boolean selected)：创建一个指定文本为 text 和选择状态为 selected 的复选框。

一般也将复选按钮放在一个按钮组中，其使用方式和单选按钮类似。

7. 下拉列表（JComboBox）

下拉列表是将多个选择折叠在一起，在最前面只展示设定的一个或者被选中的一个选项。在下拉列表的右边有个三角按钮，按下按钮后，会弹出该下拉列表中的所有选项。用户可以在下拉列表中选择需要的选项。

下拉列表由类 JComboBox 来实现。该类常用的构造方法如下：

（1）JComboBox()：创建一个空的下拉列表。

（2）JComboBox(Object[] items)：创建一个下拉列表，列表中的内容为数组中元素。

JComboBox 类中常用的方法见表 10.4。

表 10.4　JComboBox 类的常用方法

方法	作用
void addItem(Object anObject)	将指定的对象作为选项添加到下拉列表框中
void insertItemAt(Object anObject,int index)	在下拉列表框中的指定索引处插入对象项
void removeItem(Object anObject)	在下拉列表框中删除指定的对象项
void removeItemAt(int anIndex)	在下拉列表框中删除指定位置的对象项
void removeAllItems()	从下拉列表框中删除所有项
int getItemCount()	返回下拉列表框中的项数

方法	作用
Object getItemAt(int index)	获取指定索引的列表项，索引从 0 开始
int getSelectedIndex()	获取当前选择的索引
Object getSelectedItem()	获取当前选择的项

10.2.5　用户注册页面设计案例

前面介绍了各种常用基本组件的构造方法及常用方法，下面通过实例进一步熟悉这些组件的应用。

例 10-4　用户注册页面。

```java
package ch10;
import javax.swing.*;
import java.awt.*;

public class UserRegisterDemo extends JFrame {
    private JPanel pnlMain;    //容器
    private JLabel lblUserName, lblUserPwd, lblConfirmPwd, lblSex, lblEducation, lblInteresting;
    //标签控件
    private JTextField txtUserName;    //输入用户名的文本框控件
    private JPasswordField pwdUserPwd,pwdConfirmPwd;    //输入密码和确认密码的密码框控件
    private ButtonGroup butGroup;    //定义按钮组控件
    private JRadioButton rdoButtFemale, rdoButtMale;    //定义表示性别的单选按钮
    private JComboBox cmoEducation;    //定义表示学历的下拉列表
    private JCheckBox[] chkInteresting;    //定义表示爱好的复选框数组
    private JButton btnResister;    //注册和退出按钮控件
    private JButton btnCancle;    //取消按钮控件

    public UserRegisterDemo() {
        //实例化容器和各种控件
        pnlMain = new JPanel();    //创建面板，默认使用流式布局
        lblUserName = new JLabel("用户名：");    //创建标签显示用户名信息
        txtUserName = new JTextField(10);    //创建文本框用来接收用户输入信息，设定列数为10

        lblUserPwd = new JLabel("密码：");
        pwdUserPwd = new JPasswordField(10);
        lblConfirmPwd = new JLabel("确认密码：");
        pwdConfirmPwd = new JPasswordField(10);

        lblSex = new JLabel("性别");
        butGroup = new ButtonGroup();
        rdoButtFemale = new JRadioButton("女");
        rdoButtMale = new JRadioButton("男");
```

```
        lblEducation = new JLabel("学历");
        String[] eduList = {"小学", "中学", "大学", "中专", "大专", "本科", "研究生"};
        cmoEducation = new JComboBox(eduList);    //设置下拉列表的内容为字符串数组的内容

        btnResister = new JButton("注册");
        btnCancle = new JButton("取消");
        init();
    }
    /*该方法对窗口做初始化操作*/
    private void init() {
        //设置窗口的各个属性
        this.setDefaultCloseOperation(JFrame.EXIT_ON_CLOSE);
        this.setTitle("用户注册窗口");
        this.setSize(500, 320);    //指定窗体大小
        this.setLocationRelativeTo(null);    //窗体居中显示
        //将所有组件按出现顺序添加到容器上
        pnlMain.add(lblUserName);
        pnlMain.add(txtUserName);
        pnlMain.add(lblUserPwd);
        pnlMain.add(pwdUserPwd);
        pnlMain.add(lblConfirmPwd);
        pnlMain.add(pwdConfirmPwd);

        pnlMain.add(lblSex);
        butGroup.add(rdoButtMale);    //将单选按钮添加到按钮组中
        butGroup.add(rdoButtFemale);
        pnlMain.add(rdoButtMale);    //将单选按钮添加到面板中，而不是添加按钮组
        pnlMain.add(rdoButtFemale);

        pnlMain.add(lblEducation);
        pnlMain.add(cmoEducation);

        //为了减少代码冗余，将复选框的初始化和添加一起完成
        lblInteresting = new JLabel("兴趣");
        pnlMain.add(lblInteresting);
        String[] interestList = {"游泳","篮球","足球","游戏","购物"};
        chkInteresting = new JCheckBox[interestList.length];
        for(int i = 0; i < interestList.length; i++) {
            chkInteresting[i] = new JCheckBox(interestList[i]);
            pnlMain.add(chkInteresting[i]);
        }

        pnlMain.add(btnResister);
        pnlMain.add(btnCancle);
        //将容器添加到窗口上
        this.add(pnlMain);
```

```
            this.setVisible(true);
        }
    public static void main(String[] args) {
            new UserRegisterDemo();
        }
    }
```

程序运行结果如图 10.6 所示。

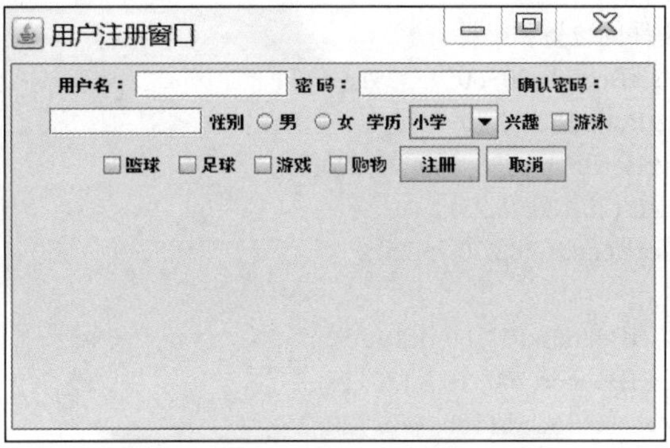

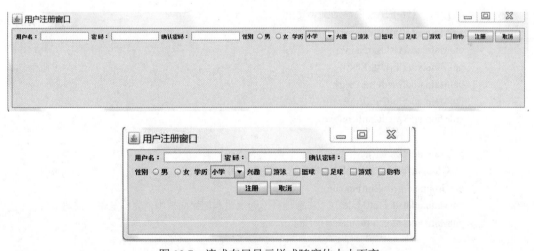

图 10.6　用户注册窗口

从图 10.6 中可以看出，如果按照代码中设定的窗体大小显示，程序的运行效果并不理想，所有控件显示得有些杂乱。这是因为程序中 JPanel 设定使用的布局管理器是流式布局，控件按从上到下、从左到右的顺序显示，如果当前显示已经到达窗体边缘，就自动换到下一行显示。如果拖动鼠标改变窗口大小，控件的位置会随之改变，如图 10.7 所示。

图 10.7　流式布局显示样式随窗体大小而变

如果想要实现图 10.2 的显示效果，一种方法是使用坐标定位法，即面板不使用任何布局管理器，而是调用控件的 setBound(int x,int y,int width,int height)方法来指定控件的精确位置。其中，x，y 分别表示控件左上角的坐标；width，height 表示控件的大小。这时示例 10-4 代码中的 init()方法应该修改成例 10-5 的形式。注意，这时语句 pnlMain = new JPanel();要改为 pnlMain = new JPanel(null);，表示面板不使用任何布局管理器。

例 10-5 使用坐标定位 init()方法布局用户注册窗口。

```java
private void init() {
    //设置窗口的各个属性
    this.setDefaultCloseOperation(JFrame.EXIT_ON_CLOSE);
    this.setTitle("用户注册窗口");
    this.setSize(500, 320);    //指定窗体大小
    this.setLocationRelativeTo(null);    //窗体居中显示

    /*设置各个控件的位置和坐标 */
    lblUserName.setBounds(20, 60, 75, 25);
    lblUserPwd.setBounds(20, 100, 75, 25);
    lblConfirmPwd.setBounds(20, 140, 75, 25);
    lblSex.setBounds(20,180,75,25);
    lblEducation.setBounds(20,220,75,25);

    txtUserName.setBounds(100, 60, 120, 25);
    pwdUserPwd.setBounds(100, 100, 120, 25);
    pwdConfirmPwd.setBounds(100, 140, 120, 25);
    rdoButtMale.setBounds(100,180,50,25);
    rdoButtFemale.setBounds(180,180,50,25);
    cmoEducation.setBounds(100,220,75,25);

    btnResister.setBounds(50, 300, 75, 25);
    btnCancle.setBounds(150, 300, 75, 25);

    //将所有组件按出现顺序加到容器上
    pnlMain.add(lblUserName);
    pnlMain.add(txtUserName);
    pnlMain.add(lblUserPwd);
    pnlMain.add(pwdUserPwd);
    pnlMain.add(lblConfirmPwd);
    pnlMain.add(pwdConfirmPwd);

    pnlMain.add(lblSex);
    butGroup.add(rdoButtMale); //将单选按钮添加到按钮组中
    butGroup.add(rdoButtFemale);
    pnlMain.add(rdoButtMale);    //注意是将单选按钮添加到面板中，而不是添加按钮组
    pnlMain.add(rdoButtFemale);

    pnlMain.add(lblEducation);
    pnlMain.add(cmoEducation);

    //为了减少代码冗余，将复选框的初始化和添加一起完成
    lblInteresting = new JLabel("兴趣");
    lblInteresting.setBounds(20,260,75,25);
    pnlMain.add(lblInteresting);
```

```
String[] interestList = {"游泳","篮球","足球","游戏","购物"};
chkInteresting = new JCheckBox[interestList.length];
for(int i = 0; i < interestList.length; i++) {
    chkInteresting[i] = new JCheckBox(interestList[i]);
    chkInteresting[i].setBounds(100+i*70,260,70,25);
    pnlMain.add(chkInteresting[i]);
}

pnlMain.add(btnResister);
pnlMain.add(btnCancle);

//将容器添加到窗口上
this.add(pnlMain);
this.setVisible(true);
}
```

10.3　布局管理器

从示例 10-5 中可以看出，使用坐标定位法在一个比较复杂的界面上定位每一个控件的坐标是一件非常繁琐的工作，要不断调试才能确定合适的位置，而且界面大小发生变化时，控件的绝对位置并不会随之发生改变。如果想要用户界面上的组件可以按照不同的方式进行排列，就需要用到布局管理器。

布局管理器的类由 java.awt 包来提供，是一组实现了 java.awt.LayoutManager 接口的类，由这些类实现自动定位组件。一般是设置容器为某种布局管理器，这样放在容器中的组件就按照相应的规则排列。设置布局的方法是：先生成某种布局的实例，然后通过调用组件的 setLayout(LayoutManagermgr())方法设置布局管理器。

常用的布局管理器有流式布局（FlowLayout）、边界布局（BorderLayout）和网格布局（GridLayout）。

10.3.1　流式布局

流式布局是将组件按照从左至右、从上往下的顺序按照组件的最佳位置进行布局。布局效果如例 10-4 所示。流式布局是组件 JPanel 的默认布局管理器，它使用类 FlowLayout 来实现。该类常用的构造方式如下：

（1）FlowLayout()：创建一个流式布局管理器，使用默认布局设置方式。

（2）FlowLayout(int align)：创建一个流式布局管理器，设置组件的对齐方式。

（3）FlowLayout(int align, int hgap,int vgap)：创建一个布局管理器，同时设置对齐方式、横向间隔、纵向间隔。

流式布局中的默认设置是中间对齐和 5 个像素的间隔，该间隔包括横向间隔和纵向间隔。组件的对齐方式一般有三种方式：FlowLayout.LEFT（左对齐）、FlowLayout.RIGHT（右对齐）和 FlowLayout.CENTER（中间对齐）。

10.3.2 边界布局

边界布局也是 Swing 中常用的布局方式，是 Window、JFrame 和 JDialog 的默认布局管理器。边界布局管理将整个窗体分为 5 个部分，分别是上、下、左、右、中间，有些地方会使用东、西、南、北、中来进行表示。

在使用边界布局时，分割的 5 个部分不一定都会有控件填充。如果没有控件，则中间部分就会扩展到没有控件的区域。每一个区域只能有一个控件，如果同时添加多个控件，则会发生组件的覆盖，从而只能展示最后一个控件。

边界布局使用 BorderLayout 类实现，该类的构造方式如下：

（1）BorderLayout()：创建边界布局管理器，控件之前没有间隔。

（2）BorderLayout (int hgap,int vgap)：创建边界布局管理器。hgap 表示控件之间的横向间隔；vgap 表示控件之间的纵向间隔。

例 10-6 边界布局。

```java
package ch10;
import javax.swing.*;
import java.awt.*;
public class JBorderLayoutDemo {
    public static void main(String[] args){
        JFrame frame = new JFrame("边界布局测试窗口");  //创建对象，设置标题
        JPanel panel = new JPanel();   //定义面板
        BorderLayout border = new BorderLayout(10,10);   //创建边界布局各部分的间隔
        JButton btn1 = new JButton("东");
        JButton btn2 = new JButton("西");
        JButton btn3 = new JButton("南");
        JButton btn4 = new JButton("北");
        JButton btn5 = new JButton("中");
        panel.setLayout(border);   //设置面板的布局管理器为边界布局管理器
        panel.add(btn1, border.EAST);   //添加组件到面板
        panel.add(btn2, border.WEST);
        panel.add(btn3, border.SOUTH);
        panel.add(btn4, border.NORTH);
        panel.add(btn5, border.CENTER);
        frame.add(panel);
        frame.setLocationRelativeTo(null);   //设置显示位置
        frame.setVisible(true);   //设置为可见
        frame.setSize(300, 200);   //设置大小
        frame.setDefaultCloseOperation(WindowConstants.EXIT_ON_CLOSE);   //设置关闭方式
    }
}
```

程序运行结果如图 10.8 所示。

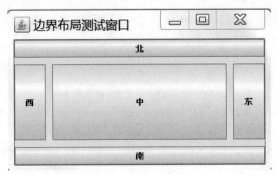

图 10.8　边界布局

10.3.3　网格布局

网格布局方式将整个窗体分割为一定的行数和列数组成的网格，每个网格中可以填充一个控件，这些控件的大小和位置将平分这个窗体。这种方式忽略组件的最佳大小，而是根据提供的行数和列数对整个窗体进行平分。所有网格的宽度和高度都是一样的。

网格布局是使用 GridLayout 类来实现。该类的构造方式如下：

（1）GridLayout(int rows,int cols)：创建一个 rows 行 cols 列的网格布局，控件之间没有间隔。

（2）GridLayout(int rows,int cols,int hgap,int vgap)：创建一个 rows 行 cols 列的网格布局，控件之间的横向间隔为 hgap，纵向间隔为 vgap。

例 10-7　网格布局。

```java
package ch10;

import javax.swing.*;
import java.awt.*;

public class JGridLayoutDemo {
    public static void main(String[] args){
        JFrame frame = new JFrame("网格布局测试窗口");        //创建对象，设置标题
        GridLayout gridLayout = new GridLayout(3,4, 10, 10);    //创建网格布局
        JPanel panel = new JPanel();
        panel.setLayout(gridLayout);        //设置面板为网格布局
        panel.add( new JButton("鼠"));        //添加组件到面板
        panel.add(new JButton("牛"));
        panel.add(new JButton("虎"));
        panel.add(new JButton("兔"));
        panel.add(new JButton("龙"));
        panel.add(new JButton("蛇"));
        panel.add( new JButton("马"));
        panel.add(new JButton("羊"));
        panel.add( new JButton("猴"));
        panel.add(new JButton("鸡"));
```

```
panel.add(new JButton("狗"));
panel.add( new JButton("猪"));
frame.add(panel);

frame.setLocationRelativeTo(null);    //设置显示位置
frame.setVisible(true);        //设置为可见
frame.setSize(300, 200);       //设置大小
frame.setDefaultCloseOperation(WindowConstants.EXIT_ON_CLOSE);    //设置关闭方式
    }
}
```

程序运行效果如图 10.9 所示。

图 10.9　网格布局

10.4　事件处理

通过前面的学习，我们已经可以完成一个简单的界面设计了，但是这些界面没有添加任何功能，完全是静态的界面，如果要实现具体的功能，必须要用到事件处理。

10.4.1　事件处理机制

Swing 控件中的事件处理专门用于响应用户的操作，例如，响应用户的单击鼠标、按下键盘等操作。Swing 事件处理涉及三种对象：

（1）事件源（Event Source）：事件发生的场所，通常就是产生事件的控件，例如窗口、按钮、菜单等。

（2）事件对象（Event）：用户对控件的一次操作称为一个事件，以类的形式出现。例如，单击按钮或按下按键时，就会生成相应的鼠标事件或按键事件对象。

（3）监听器（Listener）：负责监听事件源上发生的事件，并对各种事件做出相应处理的对象（对象中包含事件处理器）。

同一个事件源可以产生多个事件，如对于按钮控件来说，可以产生单击事件、右击事件、双击事件等。

事件处理流程如图 10.10 所示。

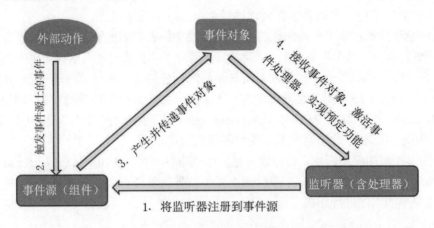

图 10.10　事件处理流程

事件源是一个控件，只有当用户进行一些操作时，如按下鼠标或者释放键盘等，才会触发相应的事件，如果事件源注册了监听器，则触发的相应事件将会被处理。比如，QQ 好友列表中的每个图标就是一些控件，这些控件上都已经注册了鼠标监听器，当我们双击某个 QQ 好友的图标时，"双击"就是一个外部动作，这个动作会产生一个鼠标事件对象，监听器监听到这个动作后，就会自动调用事件处理器中的方法，执行事先设定好的任务，即打开聊天窗口。

1. 主要事件类型

（1）窗体事件（WindowEvent）：对窗体进行操作时，例如窗体的打开、关闭、激活、停用等，这些动作都属于窗体事件。Java 中提供了一个 WindowEvent 类用于表示窗体事件，窗体事件对应的监听器是 WindowListener 接口。

（2）鼠标事件（MouseEvent）：用户会经常使用鼠标来进行选择、切换界面等操作，这些操作被定义为鼠标事件，其中包括鼠标按下、鼠标松开、鼠标单击等。Java 中提供了一个 MouseEvent 类用于表示鼠标事件。几乎所有的组件都可以产生鼠标事件，鼠标事件对应的监听器是 MouseListener 接口，调用 addMouseListener()方法将监听器绑定到事件源对象。

（3）键盘事件（KeyEvent）：键盘操作也是常用的交互方式，例如按键被按下、释放等，这些操作被定义为键盘事件。Java 中提供了一个 KeyEvent 类表示键盘事件。键盘事件对应的监听器是 KeyListener 接口，调用 addKeyListener()方法将监听器绑定到事件源对象。

（4）动作事件（ActionEvent）：动作事件与前面三种事件有所不同，它不代表某类事件，只是表示一个动作发生了。例如，在关闭一个窗体时，可以通过键盘关闭，也可以通过鼠标关闭，无论以哪种方式关闭都可以产生一个动作事件。因此，动作事件是应用最广泛的事件。在 Java 中，动作事件用 ActionEvent 类表示，它对应的监听器是 ActionListener 接口。该监听接口的实现类必须重写 actionPerformed()方法，当 ActionEvent 事件发生时就会调用此方法进行事件处理。

actionPerformed()方法原型是 public void actionPerformed(ActionEvent e)，当 actionEvent 事件发生时由系统自动调用，在实际编程中，可以把事件发生时需要做的业务逻辑写在这个方法中。

2. 事件处理步骤

按照事件处理流程，可以将事件处理过程总结为以下几个步骤。

（1）创建事件源：除了一些常见的按钮、键盘等控件可以作为事件源外，包括 JFrame 窗口在内的顶级容器也可以作为事件源。当完成应用程序的界面设计后，事件源也就创建完成了。

（2）自定义事件监听器：根据要监听的事件源创建指定类型的监听器进行事件处理，该监听器是一个特殊的 Java 类，必须实现某一 Listener 接口（根据控件触发的动作进行区分，如 WindowListener 用于监听窗口事件，ActionListener 用于监听动作事件）。定义监听器通常有三种方式：使用内部类、使用适配器和使用匿名内部类。

（3）为事件源注册监听器：根据事件源发生的事件类型，使用 addXxxListener()方法为指定事件源添加特定类型的监听器。当事件源上发生监听的事件后，就会触发绑定的事件监听器，然后由监听器中的方法进行相应处理。

10.4.2 使用内部类实现事件处理

在一个类内部定义另一个类，这称为类的嵌套定义，内部类可以访问外部类的所有成员和方法。使用内部类进行事件处理，比使用外部类单独定义监听器的代码要简单许多。示例 10-8 展示了通过内部类实现鼠标事件处理的方法，该程序实现通过鼠标单击文本框清除文本框内容的功能。

例 10-8　使用内部类实现鼠标事件处理。

```
package ch10;
import java.awt.Window;
import java.awt.event.MouseEvent;
import java.awt.event.MouseListener;
import java.awt.event.WindowEvent;
import java.awt.event.WindowListener;

import javax.swing.JFrame;
import javax.swing.JLabel;
import javax.swing.JPanel;
import javax.swing.JTextField;
import javax.swing.WindowConstants;
/* 用内部类实现事件处理 */
public class EventByInnerClass {
    private JFrame frame;
    private    JPanel panel;
    private    JLabel jlName;
    private    JTextField jtName;

    public EventByInnerClass() {
        frame = new JFrame("鼠标事件处理！ ");   //建立新窗体
        panel= new JPanel();
        jlName = new JLabel("姓名");
```

```
            jtName = new JTextField("王小二");
            init();
        }
    //初始化窗体样式
    private    void init() {
            frame.setSize(400, 300);        //设置窗体的宽和高
            frame.setLocation(300, 200);    //设置窗体的出现的位置
            panel.add(jlName);
            panel.add(jtName);
            frame.getContentPane().add(panel);
            TextUserNam_MouseListener ml = new TextUserNam_MouseListener();    //实例化一个监听器
            jtName.addMouseListener(ml);    //为文本框控件注册监听器
            frame.setDefaultCloseOperation(WindowConstants.EXIT_ON_CLOSE);
            frame.setVisible(true);    //设置窗体可见
        }
    public static void main(String[] args) {
            new EventByInnerClass();
        }
    //创建内部类，自定义鼠标监听器，实现 MouseListener 接口，而且要重写该接口中的所有方法
    class    TextUserNam_MouseListener implements MouseListener{

            @Override
            public void mouseClicked(MouseEvent e) {
                jtName.setText(""); //重置文本框内容为空
            }
            @Override
            public void mousePressed(MouseEvent e) {
                // TODO Auto-generated method stub
            }
            @Override
            public void mouseReleased(MouseEvent e) {
                // TODO Auto-generated method stub
            }
            @Override
            public void mouseEntered(MouseEvent e) {
                // TODO Auto-generated method stub
            }
            @Override
            public void mouseExited(MouseEvent e) {
                // TODO Auto-generated method stub
            }
        }
    }
```

程序运行结果如图 10.11 所示。

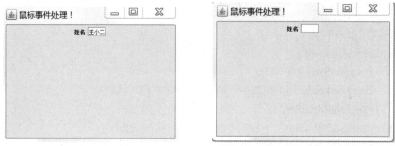

图 10.11　鼠标事件处理前后效果

通过分析可以得知，这里的事件源是文本框，发生的事件是鼠标事件，用户要在文本框上注册鼠标事件监听器，这个监听器要实现的任务就是清空文本框中的内容。因此，要自定义监听器类 extUserNam_MouseListener ，这个监听器要实现 MouseListener 接口，而且要覆盖鼠标事件中的所有方法。从代码中可以看出，鼠标事件有五个方法：

（1）void mouseClicked(MouseEvent e)：单击鼠标时调用的方法。

（2）void mousePressed(MouseEvent e)：鼠标键被按下时（不松开）调用的方法。

（3）void mouseReleased(MouseEvent e)：释放鼠标按键时调用的方法。

（4）void mouseEntered(MouseEvent e)：鼠标指向控件时调用的方法。

（5）void mouseExited(MouseEvent e)：鼠标离开控件时调用的方法。

本例中，只需要重写 mouseClicked() 方法即可，但是其他四个方法也不能删除。因此，用内部类进行事件处理时，还是存在一定程度的代码冗余。为了解决这个问题可以使用适配器来实现事件处理。

10.4.3　使用适配器实现事件处理

适配器是自定义监听器和各种监听器接口之间的一个桥梁，它是实现了监听器接口的类，覆盖了接口中的所有方法。用户在定义自定义监听器的时候不是直接实现监听器的接口，而定义一个适配器的子类，这样只需要重写需要用到的方法，从而达到简化代码的目的。不同的监听器对应不同的适配器：MouseLinstener 对应 MouseAdapter，WindowListener 对应 WindowAdapter，KeyListener 对应 KeyAdapter。

如果用适配器的方式来实现例 10-8 的功能，只需要将内部类改写为以下形式即可，其他代码不需要做任何修改。对照例 10-8 的代码，我们会发现代码简单了很多。

```
//创建内部类，自定义鼠标监听器，继承 MouseAdapter，只要重写 mouseClicked()方法
    class   TextUserNam_MouseListener extends MouseAdapter{
public void mouseClicked(MouseEvent e) {
                jtName.setText(""); //重置文本框内容为空
        }
    }
```

10.4.4　使用匿名内部类实现事件处理

匿名内部类是内部类的一种特殊形式，使用匿名内部类，可以使代码进一步简化。例 10-9

展示了使用匿名内部类改写例 10-8 后的内容。

　　例 10-9　使用匿名内部类实现事件处理。

```java
package ch10;
import java.awt.event.MouseAdapter;
import java.awt.event.MouseEvent;
import javax.swing.JFrame;
import javax.swing.JLabel;
import javax.swing.JPanel;
import javax.swing.JTextField;
import javax.swing.WindowConstants;
/* 用匿名内部类实现事件处理 */
public class EventByAnonymous {
    private JFrame frame;
    private  JPanel panel;
    private  JLabel jlName;
    private  JTextField jtName;

    public EventByAnonymous() {
        frame = new JFrame("鼠标事件处理！");   //建立新窗体
        panel= new JPanel();
        jlName = new JLabel("姓名");
        jtName = new JTextField("王小二");
        init();
    }
    //初始化窗体样式
    private    void init() {
        frame.setSize(400, 300);   //设置窗体的宽和高
        frame.setLocation(300, 200);   //设置窗体的出现的位置
        panel.add(jlName);
        panel.add(jtName);
        frame.getContentPane().add(panel);
        //为文本框控件注册监听器,使用匿名内部类
        jtName.addMouseListener(new MouseAdapter() {
            public void mouseClicked(MouseEvent e) {
                jtName.setText("");   //重置文本框内容为空
            }
        });
        frame.setDefaultCloseOperation(WindowConstants.EXIT_ON_CLOSE);
        frame.setVisible(true);   //设置窗体可见
    }
    public static void main(String[] args) {
        new EventByAnonymous();
    }
}
```

10.5 综 合 案 例

例 10-10 实现了用户登录界面的功能,如果用户输入用户名是 admin,密码是 1234,那么登录成功,否则显示用户名或密码错误;单击"取消"按钮退出应用程序。本案例中,进行的是动作事件处理。

程序运行结果如图 10.12 所示,登录成功和失败界面分别如图 10.13、图 10.14 所示。

图 10.12 用户登录程序初始界面

图 10.13 成功登录界面

图 10.14 登录失败界面

例 10-10 用户登录应用程序。

```java
package ch10;
import java.awt.Color;
import java.awt.FlowLayout;
import java.awt.Font;
import java.awt.event.ActionEvent;
import java.awt.event.ActionListener;
import javax.swing.JButton;
import javax.swing.JFrame;
import javax.swing.JLabel;
import javax.swing.JOptionPane;
import javax.swing.JPasswordField;
import javax.swing.JTextField;
public class UserLoginDemo {
    private JFrame jf;
    private JLabel lName;
    private JLabel lPassword;
    private JTextField txt_name;
    private JPasswordField txt_password;
    private JButton btn_yes;
```

```java
private JButton btn_no ;
public UserLoginDemo() {
    jf = new JFrame("用户登录");
    lName = new JLabel("用户名：");
    lPassword = new JLabel("密    码：");
    txt_name = new JTextField(14);
    txt_password = new JPasswordField(14);
    btn_yes = new JButton("确定");
    btn_no = new JButton("取消");
    init();
    checkLogin();
}
// 设置窗体内容，并显示
private void init() {
    Font font = new Font("隶书", Font.PLAIN, 20);
    jf.setSize(300, 170);
    jf.setLayout(new FlowLayout(FlowLayout.CENTER, 10, 10));
    jf.setResizable(false);
    lName.setFont(font);
    lPassword.setFont(font);
    txt_name.setFont(font);
    txt_password.setFont(font);
    txt_password.setEchoChar('*');
    btn_yes.setFont(font);
    // btn_yes.setEnabled(false);
    btn_no.setFont(font);
    jf.add(lName);
    jf.add(txt_name);
    jf.add(lPassword);
    jf.add(txt_password);
    jf.add(btn_yes);
    jf.add(btn_no);
    jf.setLocationRelativeTo(null);// 将窗口显示在屏幕中间，参数为相对父窗口组件，null 表示屏幕
    jf.setVisible(true);
    jf.setDefaultCloseOperation(JFrame.EXIT_ON_CLOSE);
}

// 登录验证
private void checkLogin() {
    //为确定按钮添加监听，使用匿名内部类
    btn_yes.addActionListener(new ActionListener() {// 处理动作事件
        @Override
        public void actionPerformed(ActionEvent e) {//重写 actionPerformed()方法
            String name = txt_name.getText().trim();
            String pass = new String(txt_password.getPassword()).trim();
            System.out.println(name);
```

```
        System.out.println(pass);
        if(!(name.equals("")) && !(pass.equals(""))) {//注意不能用 null
            if(name.toLowerCase().equals("admin") && pass.toLowerCase().equals("1234")) {
                JOptionPane.showMessageDialog(jf, "登录成功！");
                System.out.println("登录成功！");
            }else {
                System.out.println("用户名或密码错误！请确认后重输入");
                txt_name.setText("");
                txt_password.setText("");
                txt_name.setFocusable(true);
                JOptionPane.showMessageDialog(jf, "用户名或密码错误！");
            }
        }
        else {
            System.out.println("用户名和密码不能为空");
            JOptionPane.showMessageDialog(jf, "用户名或密码不能为空！");
        }
    }});
//为取消按钮添加监听
btn_no.addActionListener(new ActionListener() {
    @Override
    public void actionPerformed(ActionEvent e) {
        jf.dispose();    //关闭容器并释放资源
    }
});
    }
    public static void main(String[] args) {
        new UserLoginDemo();
    }
}
```

第 11 章 多 线 程

11.1 进程与线程

在计算机操作系统中每一个运行的程序被称作一个进程，而每个进程包含多个独立的指令序列，每个指令序列都完成特定的功能，被称为线程。线程也称作轻量级进程，就像进程一样，线程在程序中是独立的、并发的执行路径，每个线程有它自己的堆栈、自己的程序计数器和自己的局部变量。与分隔的进程相比，进程中的线程之间的隔离程度要小。它们共享内存、文件句柄和其他每个进程应有的状态。进程可以支持多个线程，它们看似同时执行，但互相之间并不同步。一个进程中的多个线程共享相同的内存地址空间，这就意味着它们可以访问相同的变量和对象，而且它们从同一堆中分配对象。

多线程是指一个程序能并发完成不同的功能，正是由于这种并发性，使得用户能够在同一台计算机上同时浏览图片、通话等。并发执行指一组在逻辑上互相独立的程序或程序段在执行过程中，其执行时间在客观上互相重叠，即一个程序段的执行尚未结束，另一个程序段的执行已经开始。

线程和进程的区别在于每个进程都有独立的代码和数据空间（进程上下文），进程间的切换会有较大的开销；线程可以看成轻量级的进程，同一类线程共享代码和数据空间，每个线程有独立的运行栈和程序计数器（PC），线程切换的开销小。

11.2 线程的实现方式

在 Java 中，如果要想实现多线程的程序，那么就必须依靠一个线程的主体类（就好比主类的概念一样，表示的是一个线程的主类），这个类通过继承 Thread 类或实现 Runnable 接口来完成定义。线程所有完成的功能是通过方法 run() 来完成的，方法 run() 称为线程体。当一个线程被建立并启动后，程序运行时自动调用 run() 方法，通过 run() 方法才能使建立线程的目的得以实现。

1. 继承 Thread 类方式

java.lang.Thread 是一个负责线程操作的类，任何的类只需要继承了 Thread 类就可以成为一个线程的主类。既然是主类则必须有它的使用方法，而线程启动的主方法是覆写 Thread 类中的 run() 方法。

使用继承 Thread 类方式实现多线程的步骤：

（1）创建一个类，该类是 extends Thread 类，并且重写父类的 run() 方法。代码如下：

```
public class MyThread extends Thread {
    public void run() {
        //线程体
```

```
        }
    }
```

（2）在 main()方法中创建线程对象，代码如下：

```
MyThread t=new MyThread();
```

（3）在 main()方法中通过线程对象调用 start()方法启动线程，代码如下：

```
t.start();
```

（4）启动 start()之后，自动运行 run()方法里面的代码。当 run()方法里面的代码全部运行时，该线程就结束了。

例 11-1　使用继承 Thread 类方式实现多线程。

```java
public class Demo11_01 {
    public static void main(String args[]) {
        TestThread thread = new TestThread();
        thread.start();
        for(int i=0; i<10; i++) {
            System.out.print("Main:--" + i+"");
            switch (i) {
            case 2: System.out.println();
                break;
            case 4: System.out.println();
                break;
            case 6: System.out.println();
                break;
            case 8: System.out.println();
                break;
            }
        }
    }
}
class TestThread extends Thread {
    public void run() {
        for(int i=0; i<10; i++) {
            System.out.print("Test:" + i+"");
            switch (i) {
            case 2: System.out.println();
                break;
            case 4: System.out.println();
                break;
            case 6: System.out.println();
                break;
            case 8: System.out.println();
                break;
            }
        }
    }
}
```

程序运行结果如图 11.1 所示。

```
Main:--0 Test:0 Main:--1 Test:1 Main:--2 Test:2

Main:--3 Test:3 Main:--4
Test:4
Main:--5 Main:--6
Test:5 Test:6
Main:--7 Test:7 Main:--8
Test:8
Main:--9 Test:9
```

图 11.1   程序运行结果

2. 实现 Runnable 接口方式

使用 Thread 类的确是可以方便地进行多线程的实现，但是这种方式最大的缺点就是单继承的问题。为此，在 Java 中也可以利用 Runnable 接口来实现多线程。如果要想启动多线程，需依靠 Thread 类的 start()方法完成。之前继承 Thread 类的时候可以将此方法直接继承过来使用，但现在实现的是 Runable 接口，没有这个方法可以继承了。为了解决这个问题，还是需要依靠 Thread 类完成。在 Thread 类中定义了一个构造方法 public Thread(Runnable target)，用于接收 Runnable 接口对象。使用实现 Runnable 接口方式实现多线程的步骤：

（1）定义一个类，实现 Runnable 接口，并且实现 run()方法，代码如下：

```
public class MyRunnable implements Runnable{
    public void run() {
        //方法体
    }
}
```

（2）为该类创建一个对象，代码如下：

```
MyRunnable r=new MyRunnable();
```

（3）把该对象传递给线程对象，代码如下：

```
Thread t=new Thread(r);
```

（4）通过 start()启动线程，代码如下：

```
t.start();
```

（5）启动线程后，会自动运行 run()方法里面的代码。当 run()方法里面的代码全部运行时，该线程就结束了。

例 11-2   使用 Runnable 接口实现多线程。

```
public class Demo11_02 {
    public static void main(String args[]) {
        TestRunnable r = new TestRunnable();
        Thread t1 = new Thread(r);
        Thread t2 = new Thread(r);
        t1.start();
        t2.start();
    }
}
class TestRunnable implements Runnable {
    public void run() {
```

```
        for(int i=0; i<10; i++) {
            System.out.print("No."+ i+"");
            if(i==4)
                System.out.println();
        }
    }
}
```

程序运行结果如图 11.2 所示。

```
No.0 No.0 No.1 No.1 No.2 No.2 No.3 No.4 No.3
No.4
No.5 No.5 No.6 No.6 No.7 No.7 No.8 No.8 No.9 No.9
```

图 11.2　程序运行结果

11.3　线程的常用方法

有时在实现多线程的过程中，要满足一些特定要求，如线程的睡眠（暂时停止一段时间执行）和线程等待（让其他线程执行一个时间段后再执行）等，多线程的常用方法见表 11.1。

表 11.1　多线程的常用方法

常用方法	主要功能
sleep(long millis)	在指定的毫秒数内让当前正在执行的线程休眠（暂停执行），此操作受到系统计时器和调度程序精度和准确性的影响
setPriority(int newPriority)	设置线程的优先级。线程的优先级最高为 10，优先级最低为 1，默认的优先级为 5
getPriority()	获取线程的优先级
join()	线程合并，将当前线程与该线程合并，即等待该线程结束，再恢复当前线程的运行。让一个线程 b 加入到另一个线程 a 的尾部，在 a 执行完毕之前，b 线程不能工作
yield()	让出 CPU（中央处理器），当前线程进入就绪队列等待调度
wait()	当前线程进入对象的等待池（wait pool）
notify()	唤醒等待池中的一个等待线程
notifyAll()	唤醒等待池中的所有等待线程
interrupt()	中断线程

1. sleep()方法

sleep()方法的语法格式为：public static void sleep(long millis) throws InterruptedException;其中，设置的休眠单位是毫秒。线程的休眠指的是让程序的执行速度变慢一些。

例 11-3　sleep()方法的使用示例。

```
class MyThread implements Runnable {
    @Override
    public void run() {
```

```
for (inti = 0;i< 5;i++) {
    try {
            Thread.sleep(100);
        } catch (InterruptedException e) {
            e.printStackTrace();
            }
            System.out.print(Thread.currentThread().getName() + ",i = " + i+"");
    if (i==1) {
        System.out.println();
    }
    if (i==3) {
        System.out.println();
    }
        }
    }
}
public class Demo11_03 {
    public static void main(String[] args) throws Exception {
        MyThread mt = new MyThread();
        new Thread(mt, "线程 1").start();
        new Thread(mt, "线程 2").start();
        new Thread(mt, "线程 3").start();
        new Thread(mt, "线程 4").start();
        new Thread(mt, "线程 5").start();
    }
}
```

程序运行结果如图 11.3 所示。

```
线程1,i = 0 线程3,i = 0 线程4,i = 0 线程2,i = 0 线程5,i = 0 线程1,i = 1
线程5,i = 1 线程2,i = 1
线程4,i = 1

线程3,i = 1
线程1,i = 2 线程2,i = 2 线程4,i = 2 线程3,i = 2 线程5,i = 2 线程1,i = 3
线程2,i = 3
线程4,i = 3
线程5,i = 3
线程3,i = 3
线程1,i = 4 线程2,i = 4 线程4,i = 4 线程5,i = 4 线程3,i = 4
```

图 11.3　程序运行结果

从图 11.3 可知，程序休眠了之后，程序的运行速度变慢了。

2. join()方法

在一个线程中启动另外一个线程的 join()方法，当前线程将会挂起。而执行被启动的线程，直到被启动的线程执行完毕后，当前线程才开始执行。

例 11-4　join()方法的使用示例。

```
class JoinThread extends Thread {
    public JoinThread(String name) {
        super(name);
```

```
            }
        public void run() {
            for (inti = 0;i< 5;i++) {
                try {
                        Thread.sleep(100);
                } catch (InterruptedException e) {
                        e.printStackTrace();
                }
                System.out.print(Thread.currentThread().getName() + ",i = " + i+"");
            }
            System.out.println();
        }
    }
    public class Demo11_04 {
    public static void main(String[] args) throws Exception {
            for(inti=1;i<=5;i++){
                JoinThread t1=new JoinThread("线程"+i);
                t1.start();
                try {
                    t1.join();
                } catch (InterruptedException e) {}
            }
        }
    }
```

程序运行结果如图 11.4 所示。

```
线程1,i = 0 线程1,i = 1 线程1,i = 2 线程1,i = 3 线程1,i = 4
线程2,i = 0 线程2,i = 1 线程2,i = 2 线程2,i = 3 线程2,i = 4
线程3,i = 0 线程3,i = 1 线程3,i = 2 线程3,i = 3 线程3,i = 4
线程4,i = 0 线程4,i = 1 线程4,i = 2 线程4,i = 3 线程4,i = 4
线程5,i = 0 线程5,i = 1 线程5,i = 2 线程5,i = 3 线程5,i = 4
```

图 11.4　程序运行结果

3．yield()方法

yield()方法是让当前运行线程回到可运行状态，以允许具有相同优先级的其他线程获得运行机会。yield()方法不会导致线程转到等待、睡眠、阻塞状态。在大多数情况下，yield()方法将导致线程从运行状态转到可运行状态，但有可能没有效果。

例 11-5　yield()方法的使用示例。

```
    public class Demo11_05 {
        public static void main(String[] args) {
            YieldThread t1 = new YieldThread("t1");
            YieldThread t2 = new YieldThread("t2");
            t1.start(); t2.start();
        }
    }
    class YieldThread extendsThread {
        YieldThread(String s){super(s);}
```

```
public void run(){
    for(int i =1;i<=10;i++){
        System.out.print(getName()+": "+i+"");
        if(i%2==0){
            yield();
            System.out.println();
        }
    }
}
```

程序运行结果如图 11.5 所示。

```
t1: 1 t2: 1 t1: 2 t2: 2

t1: 3 t2: 3 t1: 4
t2: 4
t1: 5 t2: 5 t2: 6
t1: 6
t2: 7 t2: 8 t1: 7 t1: 8
t1: 9 t1: 10

t2: 9 t2: 10
```

图 11.5　程序运行结果

11.4　线程的优先级

从理论上讲，线程的优先级越高，越有可能先执行。操作线程优先级的方法见表 11.2。

表 11.2　线程优先级的方法

方法	主要功能
public final void setPriority(int newPriority)	设置线程的优先级
public final int getPriority()	取得线程的优先级

设置和取得优先级的时候都利用了一个 int 型数据进行操作，它有三种取值，见表 11.3。

表 11.3　线程优先级的静态量

字段	主要功能
public static final int MAX_PRIORITY	最高优先级 10
public static final int NORM_PRIORITY	中等优先级 5
public static final int MIN_PRIORITY	最低优先级 1

例 11-6　线程优先级的使用示例。

```
class PriorityThread implements Runnable {
    staticint num=0;
    public void run() {
        for (intx = 0; x< 10; x++) {
```

```
                try {
                        Thread.sleep(1000);
                } catch (InterruptedException e) {
                    e.printStackTrace();
                    }
                System.out.print(Thread.currentThread().getName() + ",  x = " + x+"");
                num++;
                if(num==3){
                num=0;
                System.out.println();
                }
            }
        }
    }
public class Demo11_07 {
    public static void main(String[] args) throws Exception {
        PriorityThread mt = new PriorityThread();
        Thread t1 = new Thread(mt,"线程 1") ;
        Thread t2 = new Thread(mt,"线程 2") ;
        Thread t3 = new Thread(mt,"线程 3") ;
        t3.setPriority(Thread.MAX_PRIORITY) ;
        t1.setPriority(Thread.MIN_PRIORITY) ;
        t2.setPriority(Thread. NORM_PRIORITY) ;
        t1.start() ;
        t2.start() ;
        t3.start() ;
    }
}
```

程序运行结果如图 11.6 所示。

```
线程2, x = 0 线程1, x = 0 线程3, x = 0
线程1, x = 1 线程2, x = 1 线程3, x = 1
线程3, x = 2 线程2, x = 2 线程1, x = 2
线程3, x = 3 线程1, x = 3 线程2, x = 3
线程3, x = 4 线程1, x = 4 线程2, x = 4
线程3, x = 5 线程1, x = 5 线程2, x = 5
线程3, x = 6 线程1, x = 6 线程2, x = 6
线程3, x = 7 线程2, x = 7 线程1, x = 7
线程3, x = 8 线程1, x = 8 线程2, x = 8
线程3, x = 9 线程1, x = 9 线程2, x = 9
```

图 11.6 程序运行结果

11.5 线程的同步机制

线程是一个独立运行的程序，有专用的运行栈，线程有可能和其他线程共享一些资源，如内存、文件、数据库等。

当多个线程同时读写同一份共享可变资源的时候，可能会引起冲突，这时候就需要引入线程同步机制，即各线程之间要有个先来后到，不能同时挤上去抢资源。

线程同步和字面意思恰好相反，线程同步指线程排队，采用同步机制对可变共享资源进行排队分配。在程序中，当多个线程访问共享资源的代码，有可能是同一份代码，也有可能是不同的代码，无论是否执行同一份代码，只要这些线程的代码访问同一份可变的共享资源，这些线程之间就需要同步。线程的同步机制具有以下特点：

（1）只有共享资源的读写访问才需要同步，如果不是共享资源，那么就无需同步。

（2）只有变量才需要同步访问，如果共享的资源是固定不变的，那么就相当于常量。线程同时读常量也不需要同步，只有在至少一个线程修改共享资源的情况下，线程之间才需要同步。

（3）Java 程序采用互斥锁标记实现线程同步，它保证在任一时刻，只能有一个线程访问该对象。

Java 使用 synchronized 关键字来同步代码块和方法。

（1）在一个方法中，用 synchronized 关键字声明的语句块称为同步代码块，同步代码块的语法形式如下：

```
Synchronized(synObject){
        //需同步的代码块
}
```

Synchronized 块中的代码必须获得对象 synObject 的锁才能执行。当一个线程欲进入该对象的关键代码时，JVM 将检查该对象的锁是否被其他线程获得，如果没有，JVM 将把该对象的锁交给当前请求锁的线程，该线程获得锁后就可以进入关键代码区域。

（2）用 synchronized 关键字声明的方法称为同步方法，其语法形式如下：

```
Synchronized 限定修饰符 static 方法返回值 方法名（形参）{
        //需同步的代码
}
```

该方法在同一时间内，一个方法只能有一个线程运行。

例 11-7 利用同步语句块实现两个线程输出 0～10 的值。

```
public class Demo11_07 implements Runnable{
    public static void main(String[] args) {
        Demo11_07 t1=new Demo11_07 ();
        Thread ta=new Thread(t1,"A");
        Thread tb=new Thread(t1,"B");
        ta.start();
        tb.start();
    }
    public void run() {
        synchronized(this){
            for(inti=0;i<=10;i++){
            System.out.print(Thread.currentThread().getName()+i);
            }
             System.out.println();
            }
        }
    }
```

程序运行结果如图 11.7 所示。

```
A0A1A2A3A4A5A6A7A8A9A10
B0B1B2B3B4B5B6B7B8B9B10
```

图 11.7　程序运行结果

例 11-8　利用同步语句实现同步方法。

```java
class Number {
    public   synchronized void getOne() {
        try {
            Thread.sleep(2000);
            System.out.println("getOne");
        } catch (InterruptedException e) {
            e.printStackTrace();
        }
    }
    public   synchronized void getTwo() {
        System.out.println("getTwo");
    }
}
public class TestSynchroinzed {
    public static void main(String[] args){
        Number number =new Number();
        new Thread(new Runnable(){
            @Override
            public void run(){
                number.getOne();
            }
        }).start();
        new Thread(new Runnable(){
            @Override
            public void run(){
                number.getTwo();
            }
        }).start();
    }
}
```

程序运行结果如图 11.8 所示。

图 11.8　程序运行结果

第 12 章　数据库编程

绝大多数的应用系统都是使用数据库进行数据存储和管理的。每一种编程语言都提供专门针对数据库操作的相关技术。对于 Java 来说，Java 数据库连接是实现数据库操作的最佳选择。

12.1　JDBC　概　述

Java 数据库连接（Java Database Connectivity，JDBC）一般由数据库厂商自己提供，它是一套用于执行 SQL 语句的 Java API。应用程序可通过这套 API 连接到关系型数据库，并使用 SQL 语句来完成对数据库中数据的查询、新增、更新和删除等操作。

在使用 Java 语言对数据库进行操作时，首先需要根据使用的数据库类型来安装对应的 JDBC 驱动，然后才能使用 JDBC 提供的 Java API 来对数据库进行各种操作。JDBC 的工作机制如图 12.1 所示。

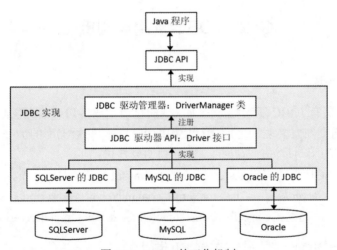

图 12.1　JDBC 的工作机制

JDBC 驱动管理器负责注册特定的 JDBC 驱动器，主要通过 java.sql.DriverManager 类实现。JDBC 驱动器 API 由 SUN 公司负责制定，其中最主要的接口是 java.sql.Driver 接口，JDBC 驱动器也称为 JDBC 驱动程序，由数据库厂商创建。JDBC 驱动器实现了 JDBC 驱动器 API，负责与特定的数据库连接，以及处理通信细节。

在使用 JDBC 之前，要根据使用的数据库下载相应的 JDBC 驱动，并手动添加到 IDE 集成开发环境中。注意下载 JDBC 的版本要与当前 Java 版本相适应。SQL Server 数据库和 MySQL 数据库的 JDBC 驱动可以到微软和 MySQL 的官网下载。

将 MySQL JDBC 驱动添加到 Eclipse 中的步骤如下：

（1）在 Eclipse 项目文件夹下创建一个名为 lib 的文件夹。将下载的驱动文件 mysql-connector-java-8.0.18.jar（不同版本，文件名可能略有不同）拷贝到 lib 文件夹下。

（2）在 Eclipse 中，展开 lib 文件夹，右击 mysql-connector-java-8.0.18.jar，在弹出的菜单中选择 Add to Build Path 选项。

成功加载 JDBC 驱动后的项目窗口，如图 12.2 所示。从图中可以看出，MySQL 的 JDBC 已经成功加载，但是 SQL Server 的 JDBC 驱动并未成功加载。

图 12.2　成功加载 MySQL JDBC 驱动的项目

12.2　JDBC 常用类和接口

12.2.1　Driver 接口

Driver 接口是所有 JDBC 驱动程序必须实现的接口，该接口专门提供给数据库厂商使用。Java 开发人员只需要在安装驱动之后进行使用即可。不同的数据库的加载方法也不尽相同，主要看数据库厂家的驱动是如何提供的。如下列加载方式：

（1）装载 MySQL 驱动：Class.forName("com.mysql.cj.jdbc.Driver");。

（2）装载 SQL Server 驱动：Class.forName("com.microsoft.sqlserver.jdbc.SQLServerDriver");。

（3）装载 Oracle 驱动：Class.forName("oracle.jdbc.driver.OracleDriver");。

12.2.2　DriverManager 类和 Connection 接口

DriverManager 类用于加载 JDBC 驱动，并创建与数据库的连接。在 DriverManager 类中，定义了一个重要的静态方法，语法格式如下：

　　　　static Connection getConnection(String url, String user, String pwd);

该方法用于建立和数据库的连接，并返回一个 Connection 对象。其中，三个参数分别代表数据库的 IP 地址、用户名和密码。用户名和密码是在安装数据库时设定的访问数据库的用户名和密码。

在进行增、删、改、查的操作之前，需要与数据库建立连接后才可以进行各种操作。Connection 接口就实现了与特定数据库建立连接，执行 SQL 语句并返回结果。Connection 接口中常用的方法如下：

（1）Statement createStatement()：创建向数据库发送 SQL 语句的 statement 对象。

（2）PreparedStatement prepareStatement(sql)：创建一个 PrepareSatement 对象来将带有参数的 SQL 语句发送到数据库。

（3）commit()：在连接上提交事务。

（4）rollback()：在此连接上回滚事务。

12.2.3　Statement 接口和 PreparedStatement 接口

Statement 接口用于执行静态的 SQL 语句，并返回一个结果对象。Statement 接口对象可以通过 Connection 实例的 createStatement()方法创建，该方法会把静态的 SQL 语句发送到数据库中编译执行，然后返回数据库的处理结果。

在 Statement 接口中，提供了 3 个常用的执行 SQL 语句的方法，具体见表 12.1。

表 12.1　Statement 接口的常用方法

方法名	作用
boolean execute(String sql)	可以执行任何指定的 SQL 语句，返回是否有结果集
ResultSet executeQuery(String sql)	运行指定的查询语句，返回查询结果对应的 ResultSet 结果集
int executeupdate(String sql)	运行 insert/update/delete 操作，返回受影响的行数

PreparedStatement 是 Statement 的子接口，它允许数据库预编译 SQL 语句，只需改变 SQL 命令的参数，避免数据库每次都编译 SQL 语句，因此性能更好。该接口扩展了带有参数 SQL 语句的执行操作，应用该接口中的 SQL 语句可以使用占位符"?"来代替其参数，然后通过 void setXXX(int parameterIndex, XXX value)方法为 SQL 语句的参数赋值，其中 XXX 表示数据类型，parameterIndex 表示当前参数在 SQL 语句所有参数中出现的序号，将该参数值设置为 value。

12.2.4　ResultSet 接口

ResultSet 接口用于保存 JDBC 执行查询时返回的结果集，该结果集封装在一个逻辑表格中。在 ResultSet 接口内部有一个指向表格数据行的游标（或指针），ResultSet 对象初始化时，游标在表格的第一行之前，调用 next()方法可将游标移动到下一行。如果下一行没有数据，则返回 false。在应用程序中，经常使用 next()方法作为 while 循环的条件来迭代 ResultSet 结果集。ResultSet 接口的常用方法见表 12.2。

表 12.2　ResultSet 接口的常用方法

方法名	作用
String getString(int index)	获取 varchar、char 类型的数据
float getFloat(int index)	获取 float 类型的数据
Date getDate(int index)	获取 date 类型的数据
Boolean getBoolean(int index)	获取 boolean 类型的数据
getObject(int index)	获取任意类型的数据
int getInt()	获取 int 类型的数据

续表

方法名	作用
boolean next()	指针移动到下一行，如果指向有效记录，返回 true
boolean previous()	指针移动到上一行，如果指向有效记录，返回 true
bloolean last()	指针移动到最后一行，如果指向有效记录，返回 true
boolean absolute(int row)	指针移动到第 row 行，如果指向有效记录，返回 true

需要说明的是，ResultSet 接口中定义了大量的 getXXX()方法，而采用哪种 getXXX()方法取决于字段的数据类型。程序既可以通过字段的名称来获取指定数据，也可以通过字段的索引来获取指定的数据，字段的索引是从 1 开始编号的。例如，数据表的第一列字段名为 id，字段类型为 int，那么既可以使用 getInt(1)获取该列的值，也可以使用 getInt("id")获取该列的值。

12.3　数据库操作

通常，JDBC 的使用可以按照以下几个步骤进行：
（1）加载并注册数据库驱动。
（2）通过 DriverManager 获取数据库连接。
（3）通过 Connection 对象获取 Statement 对象。
（4）使用 Statement 执行 SQL 语句。
（5）操作 ResultSet 结果集。
（6）关闭连接，释放资源。

在进行数据库操作之前，要确保要访问的数据库及数据表已经存在，而且已经启动了数据库服务。

本节所有讲解都以 MySQL 数据库为例，操作本机数据库 student 中的 user 表，数据表中的内容如图 12.3 所示。

图 12.3　student 数据库及 user 数据表

12.3.1 查询操作

例 12-1 查询 user 数据表。

```java
package ch12;

import java.sql.Connection;
import java.sql.DriverManager;
import java.sql.ResultSet;
import java.sql.SQLException;
import java.sql.Statement;

public class SelectMySql {
    static Statement stmt = null;
    static ResultSet rs = null;
    static Connection conn = null;
    public static Connection getConnection(){
        try {
            Class.forName("com.mysql.cj.jdbc.Driver");    //注册 JDBC 驱动
            System.out.println("加载驱动完成!");
        } catch (ClassNotFoundException e) {
            e.printStackTrace();
        }
        try {
            //连接 MySQL 数据库
            String url = "jdbc:mysql://127.0.0.1:3306/student?serverTimezone = UTC";    //数据 IP 及
数据库名
            String usrname = "root";    //访问数据库用户名
            String passWord = "123456";    //数据库登录密码
            conn = DriverManager.getConnection(url,usrname,passWord);    //连接数据库
            System.out.println("数据库连接成功。 ");
        } catch (Exception e) {
            e.printStackTrace();
            System.out.println("数据库连接失败！ ");
        }
        return conn;
    }

    private static void selectTable() {
        try {
            stmt = conn.createStatement();    //生成 Statement 对象准备操作数据库
            String sql = "select * from user";    //定义要执行的 SQL 语句
            rs = stmt.executeQuery(sql);    //使用 Statement 对象执行 SQL 语句,得到一个 ResultSet
对象
```

```
                    System.out.println("name   |   password      ");
                    while (rs.next()){    //操作结果集，调用 next()方法，依次访问结果集中的记录
                        String classno = rs.getString(1);    //调用 get 方法取出字段值
                        String classname = rs.getString(2);
                        System.out.println(classno +   "   | "  + classname   +"    |        ");
                    }
                    conn.close();    //关闭连接
                } catch (SQLException e) {
                    e.printStackTrace();
                }
            }

        public static void main(String[] args) {
            getConnection();
            selectTable();
        }
    }
```

程序运行结果如图 12.4 所示。

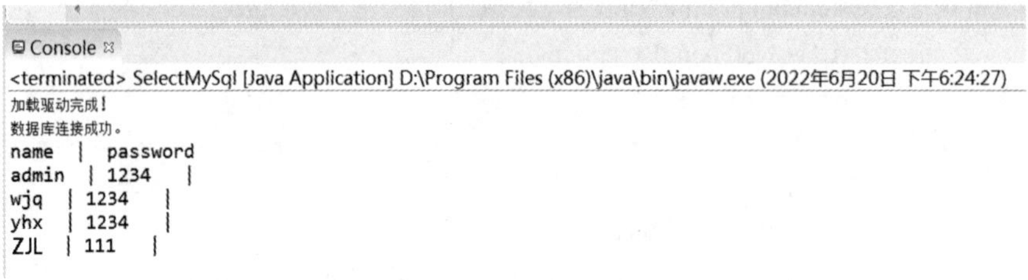

图 12.4　查询 user 数据表

本程序以连接 MySQL 数据库为例，如果要连接 SQL Server 数据库，只需要作以下修改即可，其中 IP、用户名和密码根据实际情况修改。

```
//连接 SQL Server 数据库
Class.forName("com.microsoft.sqlserver.jdbc.SQLServerDriver");
String url = "jdbc:sqlserver://127.0.0.1:1433;databaseName=studentDBwu";
String usrname = "sa";
String passWord = "123456";
```

12.3.2　插入操作

向表中插入记录是常用的数据库操作，在插入记录时，可以直接在代码中指定字段的值，也可以从键盘输入数据。在 insert()方法中使用参数，通过调用 setXXX()方法为各参数赋值。例 12-2 向数据表 user 中插入记录，插入时，从键盘输入要操作的表名和字段的值。

例 12-2　插入记录操作

```
package ch12;

import java.sql.Connection;
```

```java
import java.sql.DriverManager;
import java.sql.PreparedStatement;
import java.sql.ResultSet;
import java.sql.SQLException;
import java.sql.Statement;
import java.util.Scanner;

public class InsertMySql {
    static PreparedStatement stmt = null;
    static ResultSet rs = null;
    static Connection conn = null;
    public static Connection getConnection(){
        try {
            Class.forName("com.mysql.cj.jdbc.Driver");    //注册 JDBC 驱动
            System.out.println("加载驱动完成!");
        } catch (ClassNotFoundException e) {
            e.printStackTrace();
        }
        try {
            String url = "jdbc:mysql://127.0.0.1:3306/student?serverTimezone = UTC";    //数据 IP 及
数据库名
            String usrname = "root";    //访问数据库用户名
            String passWord = "123456"; //数据库登录密码
            conn = DriverManager.getConnection(url,usrname,passWord);    //连接数据库
            System.out.println("数据库连接成功。");
        } catch (Exception e) {
            e.printStackTrace();
            System.out.println("数据库连接失败！");
        }
        return conn;
    }

    private static void insertRecord(String tableName,String name, String pwd) throws SQLException {
        String sql = "insert into " + tableName + " values(?,?)";
        //生成 statement 对象
        stmt = conn.prepareStatement(sql);
        //调用 set 方法为各参数赋值
        stmt.setString(1, name);
        stmt.setString(2, pwd);
        System.out.println(sql);
        //执行 SQL 语句
        if(stmt.executeUpdate() > 0){
            System.out.println("插入成功");
        }else{
            System.out.println("插入失败");
        }
```

```
        }
        public static void main(String[] args) throws SQLException {
            getConnection();
            //插入记录到表中
            String tableName;
            String pwd;
            String name;
            System.out.println("输入表名、用户名和密码：");
            Scanner sc = new Scanner(System.in);
            tableName = sc.next();
            name = sc.next();
            pwd = sc.next();
            insertRecord( tableName, name, pwd);
        }
    }
```

程序运行结果如图 12.5 所示，图 12.6 展示了数据库 user 表中的记录内容，可以看到当前记录已成功插入。

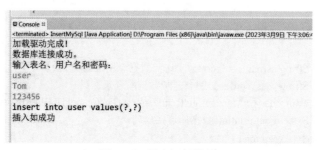

图 12.5　程序运行结果

图 12.6　程序执行后 user 表中记录

在书写带参数的 SQL 命令时，很容易出错，要加以注意。本示例还可以进一步完善，如一次插入多条记录等。具体实现方式，读者可以自行完成。

修改记录和删除记录的实现方式与插入相似，这里不再赘述。

第13章 网络编程

13.1 网络编程架构

网络编程指通过网络进行程序数据操作，既然是网络开发，那么一定就分为用户和服务两端，而这两个端的开发具有以下两种不同的架构：

（1）C/S（Client/Server，客户/服务模式）：开发人员要开发两套程序，一套是服务器端，另外一套是与之对应的客户端。但是这种架构在日后维护的时候，需要维护两套程序，而且客户端的程序更新也必须及时，此类架构安全性高。

（2）B/S（Browser/Server，浏览器/服务模式）：开发人员只需开发一套程序——服务器端的，客户端使用浏览器进行访问。这种架构在日后进行程序维护的时候只需要维护服务器端即可，客户端不需要做任何的修改。此类架构使用公共端口，包括公共协议，所以安全性很差。

如果从网络开发的角度，是分为以上两类，可是从现在的开发来讲，更多是针对 B/S 程序进行开发的，或者可以这么理解：B/S 程序的开发属于网络时代，而 C/S 程序的开发属于单机时代。而 WebService 的开发，也属于 B/S 结构的程序（跨平台）。

在日后学习 Android 开发的时候，如果要考虑安全性，则使用 Socket（套接字）；如果要考虑方便性，则使用基于 Web 的开发。而对于网络的开发，在 Java 中也分为两种：TCP（传输控制协议）和 UDP（数据报协议）。本章只专注于 TCP 程序的实现。

13.1.1 网络编程基础

网络编程的目的是直接或间接地通过网络协议与其他计算机进行通信。网络编程中有两个主要的问题，一个是如何准确地定位网络上一台或多台主机，另一个就是找到主机后如何可靠高效地进行数据传输。在 TCP/IP 协议（Transmission Control Protocol/Internet Protocol，传输控制协议/互联协议）中，IP 层主要负责网络主机的定位和数据传输的路由，由 IP 地址可以唯一地确定 Internet（互联网）上的一台主机。而 TCP 层则提供面向应用的可靠的或非可靠的数据传输机制。目前较为流行的网络编程模型是 C/S 结构，即通信双方中的一方作为服务器等待客户提出请求并予以响应，客户则在需要服务时向服务器提出申请。服务器一般作为守护进程始终运行，监听网络端口，一旦有客户请求，就会启动一个服务进程来响应该客户，同时自己继续监听服务端口，使后来的客户也能及时得到服务。网络编程涉及的几个概念：

1. 通信协议

计算机网络中实现通信必须遵循的一些约定，这些约定被称为通信协议。通信协议负责对传输速率、传输代码、代码结构、传输控制步骤、出错控制等制定处理标准。网络通信协议有很多种，目前应用最广泛的是 TCP/IP 协议、UDP 协议（User Datagram Protocol，用户数据报协议）、ICMP 协议（Internet Control Message Protocol，互联网控制报文协议）和其他一些协议的协议组。本章涉及 TCP 协议和 UDP 协议。

TCP 协议是一种保证数据传输的可靠性的协议。通过 TCP 协议传输，系统得到的是一个顺序的、无差错的数据流。客户端和服务器端每次建立数据连接都要经过"三次握手"。三次握手协议指的是在发送数据的准备阶段，服务器端和客户端之间需要进行三次交互：第一次握手，客户端发送 syn 包（syn=j）到服务器，并进入 SYN_SEND 状态，等待服务器确认；第二次握手，服务器收到 syn 包，必须确认客户的 syn 包（ack=j+1），同时自己也发送一个 syn 包（syn=k），即 syn+ack 包，此时服务器进入 SYN_RECV 状态；第三次握手，客户端收到服务器的 syn+ack 包，向服务器发送 ack 包（ack=k+1），此包发送完毕，客户端和服务器进入 ESTABLISHED 状态，完成三次握手。连接建立后，客户端和服务器就可以开始进行数据传输了。

UDP 协议是一种无连接的、不可靠的协议。每个数据报都是一个独立的信息，包括完整的源地址或目的地址，它在网络上以任何可能的路径传往目的地，因此能否到达目的地、到达目的地的时间以及内容的正确性都是不能被保证的。但是这个协议的传输速度却比较快，所以在现在网络基础设施越来越好的情况下，使用 UDP 协议的应用程序也越来越多了。

2. IP 地址

IP 地址标识 Internet 上的计算机。如果知道了网络中某台主机的 IP 地址，就可以定位这台计算机，通过这种地址标识，网络中的计算机可以相互定位和通信，采用 IPv4、IPv6 两种格式。

3. Port 端口号

Port 端口号是计算机输入输出信息的接口，端口是网络通信时同一主机上的不同进程的标识，标识正在计算机上运行的进程（程序）。端口号被规定为一个 16 位的整数，它的范围是 0～65535，其中，0～1023 被预定义的服务通信占用，应该使用 1024～65535 这些端口中的某一个进行通信。每个程序监听本机上的一个端口。

4. 套接字（Socket）

套接字是用来描述 IP 地址和端口的，可以把它看成是一个通信端点。Socket 实际是传输层供给应用层的编程接口，是应用层与传输层之间的桥梁。使用 Socket 编程可以开发客户机和服务器应用程序，可以在本地网络上进行通信，也可通过 Internet 在全球范围内通信，Socket 的连接如图 13.1 所示。

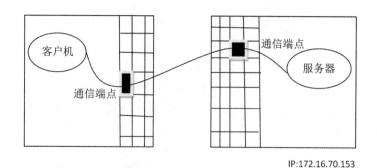

图 13.1　Socket 连接示意

创建客户端的 Socket 的语句为 socket=new Socket("218:198:118:108",80);，其中，Socket 连接到 IP 地址是 218:198:118:108，服务器端口为 80。创建客户端的同时会自动生成一个本地端口号，在该端口号和服务器端口号之间建立一条通信链路。

套接字是由 IP 地址和端口号组成的，假设你的计算机上有两个程序都在运行，并且都从服务器端读取数据，一个是 A，一个是 B，现在 A 的服务器和 B 的服务器同时发送来数据，如何判断接收到的网络数据是给哪一个程序使用的呢？这就是端口的作用了，每个程序监听本机上的一个端口，就可以从这个端口读取数据，这样数据就不会混乱。

本地端口号和服务器端端口号不一致。

5. URL

URL（Uniform Resourece Locator，统一资源定位符）用以表示浏览器从互联网上获取资源的位置及访问的方法。互联网上的每个文件都有一个唯一的 URL。URL 的格式如：

        protocol://resourceName

其中，协议名（protocol）指明获取资源所使用的传输协议，如 HTTP、FTP、GOPHER、FILE 等；资源名（resourceName）则应该是资源的完整地址，包括主机名、端口号、文件名或文件内部的一个引用。例如：

http://www.sun.com/（协议名://主机名）。

http://home.netscape.com/home/welcome.html（协议名://机器名+文件名）。

http://www.gamelan.com:80/Gamelan/network.html#BOTTOM（协议名://机器名+端口号+文件名+内部引用）。

13.1.2　网络编程原理

网络上的两个程序通过一个双向的通信连接实现数据的交换，这个双向链路的一端称为一个 Socket，它通常用来实现客户方和服务方的连接。Socket 是 TCP/IP 协议的一个十分流行的编程界面，一个 Socket 由一个 IP 地址和一个端口号唯一确定。但是，Socket 所支持的协议种类也不仅有 TCP/IP 协议一种，因此两者之间是没有必然联系的。在 Java 环境下，Socket 编程主要是指基于 TCP/IP 协议的网络编程。

要实现网络机器间的通信，首先从计算机系统网络通信的基本原理了解通信是什么。从底层层面去看，网络通信需要做的就是将流从一台计算机传输到另外一台计算机，基于传输协议和网络 I/O 来实现。其中，传输协议比较出名的有 HTTP、TCP、UDP 等，HTTP、TCP、UDP 协议都是在为某类应用场景而定义的传输协议；网络 I/O 主要有 bio、nio、aio 三种方式，所有的分布式应用通信都基于这个原理而实现。为了应用的易用，各种语言通常都会提供一些更为贴近应用易用的应用层协议。

TCP/IP 服务器端的应用程序是通过 Java 语言中提供的 ServerSocket 和 Socket 类来实现的。Socket 用于完成具体数据传输，客户端也可以使用 Socket 发起请求并传输数据。而 ServerSocket 类除了建立一个 Server 之外，还通过 accept()方法提供了随时监听客户端连接请求的功能，它的构造方法有以下两种：

        ServerSocket(int port);
        ServerSocket(int port,int backlog);

其中，port 是指连接中对方的端口号，backlog 则表示服务器端所能支持的最大连接数。

该语句后的程序用来监听客户端应用程序建立连接的请求，并在连接建立后向客户端发送信息。

ServerSocket 的使用可以分为三步：

（1）创建 ServerSocket：ServerSocket 有 5 个构造方法，其中最方便的是 ServerSocket(int port)方法，只需要一个 port 就可以了。

（2）调用 accept()方法进行监听：accept()方法是阻塞方法，也就是说调用 accept()方法后程序会停下来等待连接请求，在接受请求之前程序将不会继续执行，当接收到请求后 accept()方法返回一个 Socket。

（3）使用 accept()方法返回的 Socket 与客户端进行通信。

13.1.3　基于 TCP 协议的网络编程

发送方和接收方两个成对的 Socket 之间必须建立连接，以便在 TCP 协议的基础上进行通信。当一个 Socket（通常都是 Server Socket）等待建立连接时，另一个 Socket 可以要求进行连接，一旦这两个 Socket 连接起来，它们就可以进行双向数据传输，双方都可以进行发送或接收操作。

服务器端的步骤：

（1）创建服务器端的 ServerSocket 对象，绑定监听端口。

（2）调用 accept()方法进行监听客户端的请求，等待客户端的连接。

（3）与客户端建立连接以后，通过输入流读取客户端发送的请求信息。

（4）通过输出流来响应客户端。

（5）关闭输入/输出流及 Socket 等相应的资源。

客户端的步骤：

（1）创建 Socket 对象，并且指明需要连接的服务器端的地址以及端口号，用来与服务器端进行连接。

（2）连接建立后，获取一个输出流，通过输出流向服务器端发送请求信息。

（3）通过输入流读取服务器端响应的信息。

（4）关闭相应的资源。

在 Java 的 java.net 类库中，URL、URLConnection、Socket、ServerSocket 类都是利用 TCP 在网络上通信的；而 DatagramPacket 和 DatagramSocket 类使用的是 UDP。下面将主要讲述利用 TCP 协议进行通信的各个类。

1．URL 类

java.net.URL 是统一资源定位器，它是指向 Internet 资源的指针。通过 URL 标识，可以利用各种网络协议来获取远端计算机上的资源或信息，从而方便快捷地开发 Internet 应用程序。

格式：传输协议名://主机名:端口号/文件名#引用

URL 类的构造方法和常用方法见表 13.1、表 13.2。

表 13.1　URL 类的构造方法

构造方法	主要功能
URL(String spec)	从 String 形成一个 URL 对象
URL(URL context, String spec)	通过在指定的上下文中解析给定的规范来创建一个 URL

表 13.2　URL 类的常用方法

常用方法	主要功能
Object getContent()	获取此 URL 的内容
int getDefaultPort()	获取与此 URL 关联协议的默认端口号
String getFile()	获取此 URL 的文件名
String getHost()	获取此 URL 的主机名（如适用）
String getPath()	获取此 URL 的路径部分
int getPort()	获取此 URL 的端口号
String getProtocol()	获取此 URL 的协议名称
String getRef()	获取此 URL 的锚点（也称为"引用"）
URLConnection openConnection()	它表示到 URL 所引用的远程对象的连接
InputStream openStream()	打开此 URL，并返回一个 InputStream，以便从该连接读取

例 13-1　创建一个参数为 http://www.baidu.com/index.html 的 URL 对象，然后读取这个对象的文件。

```java
import java.io.*;
import java.net.URL;
publicclass Demo13_01 {
    publicstaticvoid main(String[] args) throws Exception {
        // 创建 URL 对象
        URL url = new URL("http://www.baidu.com/index.html");
        // 创建 InputStreamReader 对象
        InputStreamReader is = new InputStreamReader(url.openStream());
        System.out.println("协议：" + url.getProtocol()); // 显示协议名
        System.out.println("主机：" + url.getHost()); // 显示主机名
        System.out.println("端口：" + url.getDefaultPort());
        // 显示与此 URL 关联协议的默认端口号
        System.out.println("路径：" + url.getPath()); // 显示路径名
        System.out.println("文件：" + url.getFile()); // 显示文件名
        // 创建 BufferedReader 对象
        BufferedReader br = new BufferedReader(is);
        String inputLine;
        System.out.println("文件内容：");
        // 按行从缓冲输入流循环读字符，直到读完所有行
        while ((inputLine = br.readLine()) != null) {
            System.out.println(inputLine);// 把读取的数据输出到屏幕上
        }
        br.close();// 关闭字符输入流
    }
}
```

该程序运行结果如下：

```
协议：http
```

主机：www.baidu.com

端口：80

路径：/index.html

文件：/index.html

文件内容：

<!DOCTYPE html>

<!--STATUS OK--><html><head><meta http-equiv=content-type content=text/html;charset=utf-8><meta http-equiv=X-UA-Compatible content=IE=Edge><meta content=always name=referrer><link rel=stylesheet type=text/css href=http://s1.bdstatic.com/r/www/cache/bdorz/baidu.min.css><title>百度一下，你就知道</title></head>……

文件内容太多，</head>以下内容就此省略。

2．URLConnection 类

抽象类 URLConnection 是所有类的父类，它代表应用程序和 URL 之间的通信连接。此类的实例可用于读取和写入 URL 引用的资源。

URLConnection 类的构造方法和常用方法见表 13.3、表 13.4。

表 13.3　URLConnection 类的构造方法

构造方法	主要功能
URLConnection(URL url)	构造与指定 URL 的 URL 连接

表 13.4　URLConnection 类的常用方法

常用方法	主要功能
Object getContent()	检索此 URL 连接的内容
String getContentEncoding()	返回 ContentEncoding 标题字段的值
Int getContentLength()	返回 ContentLength 标题字段的值
String getContentType()	返回 ContentType 标题字段的值
URL getURL()	返回此 URLConnection 的 URL 字段的值
InputStream getInputStream()	返回从此打开的连接读取的输入流
OutputStream getOutputStream()	返回写入此连接的输出流
public void setConnectTimeout(int timeout)	设定一个指定的超时值（以毫秒为单位）

例 13-2　使用 URLConnection 显示网址 http://www.baidu.com/index.html 的相关信息。

```
import java.io.*;
import java.net.URL;
import java.net.URLConnection;
publicclass Demo13_02 {
    publicstaticvoid main(String[] args) throws Exception {
        String s;
        // 创建 URL 对象
        URL url = new URL("http://www.baidu.com/index.htm");
        // 定义 URLConnection 对象，并让其指向给定的连接
        URLConnection uc = url.openConnection();
```

```
System.out.println("文件类型: " + uc.getContentType());
System.out.println("文件长度: " + uc.getContentLength());
System.out.println("文件内容: ");
System.out.println("-------------------------------------------");
// 定义字节输入流对象，并使其指向给定连接的输入流
BufferedReader is=new    BufferedReader(new InputStreamReader(uc.getInputStream()));
// 创建 BufferedReader 对象
while ((s = is.readLine()) !=null) {
// 循环读下一个字节，直到文件结束
    System.out.println(s); // 输出字节对应的字符
}
is.close();// 关闭字节流
        }
    }
```

程序运行结果如下：

文件类型: text/html

文件长度: 2381

文件内容:

<!DOCTYPE html>

<!--STATUS OK--><html><head><meta http-equiv=content-type content=text/html;charset=utf-8><meta http-equiv=X-UA-Compatible content=IE=Edge><meta content=always name=referrer><link rel=stylesheet type=text/css href=http://s1.bdstatic.com/r/www/cache/bdorz/baidu.min.css><title>百度一下，你就知道</title></head>

文件内容太多，</head>以下内容就此省略。

3．InetAddress 类

在 Internet 上表示一个主机的地址有两种方式：域名地址（如：www.baidu.com）和 IP 地址（如：202.108.35.210）。InetAddress 类是用来表示主机地址的。

InetAddress 类提供将主机名解析为其 IP 地址（或反之）的方法，该类常用方法见表 13.5。

表 13.5　InetAddress 类的常用方法

常用方法	主要功能
Static InetAddress getByAddress(byte[]addr)	在给定原始 IP 地址的情况下，返回 InetAddress 对象
Static InetAddress getByAddress(String host,byte[]addr)	根据提供的主机名和 IP 地址创建 InetAddress
Static InetAddress getLocalHost()	返回本地主机
Static InetAddress getByName(String host)	在给定主机名的情况下确定主机的 IP 地址
Byte[] getAddress()	返回此 InetAddress 对象的原始 IP 地址
String getHostAddress()	返回 IP 地址字符串
String getHostName()	获取此 IP 地址的主机名
boolean isMulticastAddress()	检查 InetAddress 是否是 IP 多播地址
boolean isReachable(int timeout)	测试是否可以达到该地址
String toString()	将此 IP 地址转换为 String

例 13-3 使用 InetAddress 对象获取 Internet 上指定主机和本地主机的有关信息。

```java
import java.net.InetAddress;
import java.net.UnknownHostException;
public class Demo13_03 {
    publicstaticvoid main(String args[]) {
        try {
            // 获取给定域名的地址
            InetAddress inetAddress1 = InetAddress.getByName("www.baidu.com");
            System.out.println(inetAddress1.getHostName());// 显示主机名
            System.out.println(inetAddress1.getHostAddress());// 显示 IP 地址
            System.out.println(inetAddress1);// 显示地址的字符串描述
            // 获取本机的地址
            InetAddress inetAddress2 = InetAddress.getLocalHost();
            System.out.println(inetAddress2.getHostName());
            System.out.println(inetAddress2.getHostAddress());
            System.out.println(inetAddress2);
            // 获取给定 IP 的主机地址(72.5.124.55)
            byte[] bs = newbyte[] { (byte) 72, (byte) 5, (byte) 124, (byte) 55 };
            InetAddress inetAddress3 = InetAddress.getByAddress(bs);
            InetAddress inetAddress4 = InetAddress.getByAddress("Sun 官方网站(java.sun.com)", bs);
            System.out.println(inetAddress3);
            System.out.println(inetAddress4);
        } catch (UnknownHostException e) {
            e.printStackTrace();
        }
    }
}
```

程序运行结果如图 13.2 所示。

```
www.baidu.com
115.239.211.112
www.baidu.com/115.239.211.112
DESKTOP-K9DAHOU
192.168.1.17
DESKTOP-K9DAHOU/192.168.1.17
/72.5.124.55
Sun官方网站(java.sun.com)/72.5.124.55
```

图 13.2 程序运行结果

4. ServerSocket 类

网络编程简而言之就是两台计算机相互通信数据。对于程序员而言，掌握一种编程接口并使用一种编程模型相对简单。Java SDK 提供一些相对简单的 API 来完成这些工作，Socket 就是其中之一。对于 Java 而言，这些 API 存在于 java.net 这个包里面。因此只要导入这个包就可以进行网络编程了。

ServerSocket 类的构造方法和常用方法见表 13.6、表 13.7。

表 13.6　ServerSocket 类的构造方法

构造方法	主要功能
ServerSocket()	创建未绑定的服务器套接字
ServerSocket(int port)	创建绑定到指定端口的服务器套接字
ServerSocket(int port, int backlog)	创建服务器套接字，将其绑定到指定的本地端口号，并指定积压
ServerSocket(int port, int backlog, InetAddress bindAddr)	创建一个具有指定端口的服务器，监听 backlog 和本地 IP 地址绑定

表 13.7　ServerSocket 类的常用方法

常用方法	主要功能
Socket accept()	监听并接受此套接字的连接
void bind(SocketAddress endpoint)	将 ServerSocket 绑定到指定的地址（IP 地址和端口号）
void bind(SocketAddress endpoint, int backlog)	在有多个网卡（每个网卡都有自己的 IP 地址）的服务器上，将 ServerSocket 绑定到指定的地址（IP 地址和端口号），并设置最长连接队列
void close()	关闭此套接字
InetAddress getInetAddress()	返回此服务器套接字的本地地址
Int getLocalPort()	返回其此套接字在上监听的端口
SocketAddress getLocalSocketAddress()	返回此套接字绑定端口的地址，如果尚未绑定则返回 null
boolean isBound()	返回 ServerSocket 的绑定状态
boolean isClosed()	返回 ServerSocket 的关闭状态
String toString()	作为 String 返回此套接字的实现地址和实现端口

例 13-4　使用 ServerSocket 类获取服务器的状态信息。

```java
import java.io.*;
import java.net.ServerSocket;
publicclass Demo13_04 {
    publicstaticvoid main(String args[]) {
        ServerSocket serverSocket = null;
        try {
            serverSocket = new ServerSocket(2010);
            System.out.println("服务器端口：" + serverSocket.getLocalPort());
            System.out.println("服务器地址：" + serverSocket.getInetAddress());
            System.out.println("服务器套接字：" + serverSocket.getLocalSocketAddress());
            System.out.println("是否绑定连接：" + serverSocket.isBound());
            System.out.println("连接是否关闭：" + serverSocket.isClosed());
            System.out.println("服务器套接字详情：" + serverSocket.toString());
        } catch (IOException e1) {
            System.out.println(e1);
        }
    }
}
```

程序运行结果如图 13.3 所示。

```
服务器端口：2010
服务器地址：0.0.0.0/0.0.0.0
服务器套接字：0.0.0.0/0.0.0.0:2010
是否绑定连接：true
连接是否关闭：false
服务器套接字详情：ServerSocket[addr=0.0.0.0/0.0.0.0,localport=2010]
```

图 13.3　程序运行结果

5．Socket 类

在 Java 中 Socket 可以理解为客户端或者服务器端的一个特殊的对象，这个对象有两个关键的方法：getInputStream 方法和 getOutputStream 方法。getInputStream 方法可以得到一个输入流，客户端 Socket 对象上的 getInputStream 方法得到的输入流其实就是从服务器端发回的数据流。GetOutputStream 方法得到一个输出流，客户端 Socket 对象上的 getOutputStream 方法返回的输出流就是将要发送到服务器端的数据流（它如同一个缓冲区，暂时存储将要发送过去的数据）。

Socke 类的构造方法和常用方法见表 13.8、表 13.9。

表 13.8　Socket 类的构造方法

构造方法	主要功能
Socket()	创建一个未连接的套接字，并使用系统默认类型的 SocketImpl
Socket(InetAddress address, int port)	创建流套接字并将其连接到指定 IP 地址的指定端口号

表 13.9　Socket 类的常用方法

常用方法	主要功能
InetAddress getInetAddress()	返回套接字连接的地址
InetAddress getLocalAddress()	获取套接字绑定的本地地址
int getLocalPort()	返回此套接字绑定的本地端口
SocketAddress getLocalSocketAddress()	返回此套接字绑定的端点的地址，如果尚未绑定则返回 null
InputStream getInputSteam()	返回此套接字的输入流
OutputStream getOutputStream()	返回此套接字的输出流
int getPort()	返回此套接字连接到的远程端口
boolean isBound()	返回套接字的绑定状态
boolean isClosed()	返回套接字的关闭状态
boolean isConnected()	返回套接字的连接状态
void connect(SocketAddress endpoint,int timeout)	将此套接字连接到服务器，并指定一个超时值
void close()	关闭此套接字

例 13-5　使用 Socket 类获取指定连接的状态信息。

```
import java.net.Socket;
publicclass Demo13_05 {
```

```
    publicstaticvoid main(String args[]) {
        Socket socket;
        try {
            socket = new Socket("192.168.1.17", 4700);
            System.out.println("是否绑定连接: " + socket.isBound());
            System.out.println("本地端口: " + socket.getLocalPort());
            System.out.println("连接服务器的端口: " + socket.getPort());
            System.out.println("连接服务器的地址: " + socket.getInetAddress());
            System.out.println("远程服务器的套接字: " + socket.getRemoteSocketAddress());
            System.out.println("是否处于连接状态: " + socket.isConnected());
            System.out.println("客户套接详情: " + socket.toString());
        } catch (Exception e) {
            System.out.println("服务器端没有启动");
        }
    }
}
```

打开服务端的运行结果如图 13.4 所示。

```
是否绑定连接：true
本地端口：58346
连接服务器的端口：4700
连接服务器的地址：/192.168.1.17
远程服务器的套接字：/192.168.1.17:4700
是否处于连接状态：true
客户套接详情：Socket[addr=/192.168.1.17,port=4700,localport=58346]
```

图 13.4　打开服务端的运行结果

未打开服务端的运行结果如图 13.5 所示。

服务器端没有启动

图 13.5　未打开服务端的运行结果

例 13-6　实现简单的聊天功能。

```
//TalkServer.java
import java.io.*;
import java.net.*;
publicclass TalkServer{
    publicstaticvoid main(String args[]){
        try{
            ServerSocket server = null;
            try{
                server = new ServerSocket(4700);
            }catch(Exception e){
                System.out.println("can not listen to:" + e);
            }
            Socket socket = null;
            try{
                socket = server.accept();
```

```
        }catch(Exception e){
            System.out.println("Error:" + e);
        }
        String line;
        BufferedReader is = new BufferedReader(new InputStreamReader(
            socket.getInputStream()));
        PrintWriter os = new PrintWriter(socket.getOutputStream());
        BufferedReader sin = new BufferedReader(new InputStreamReader(System.in));
        System.out.println("Client:" + is.readLine());
        line = sin.readLine();
        while (!line.equals("bye")){
            os.println(line);
            os.flush();
            System.out.println("Server:" + line);
            System.out.println("Client:" + is.readLine());
            line = sin.readLine();
        }
        is.close();
        os.close();
        socket.close();
        server.close();
    }catch(Exception e){
        System.out.println("Error" + e);
    }
    }
}
//TalkClient.java
import java.io.*;
import java.net.*;
publicclass TalkClient{
    publicstaticvoid main(String args[]){
        try{
            Socket socket = new Socket("127.0.0.1",4700);
            BufferedReader sin = new BufferedReader(new InputStreamReader(System.in));
            PrintWriter os = new PrintWriter(socket.getOutputStream());
            BufferedReader is = new BufferedReader(
                        new InputStreamReader(socket.getInputStream()));
            String readline;
            readline = sin.readLine();
            while (!readline.equals("bye")){
                os.println(readline);
                os.flush();
                System.out.println("Client:" + readline);
                System.out.println("Server:" + is.readLine());
                readline = sin.readLine();
```

```
            }
            os.close();
            is.close();
            socket.close();
        }catch(Exception e){
            System.out.println("Error" + e);
        }
    }
}
```

TalkServer 运行结果如图 13.6 所示，TalkClient 运行结果如图 13.7 所示。

Client:你好!
你好！！！
Server:你好！！！
Client:你在做什么？
我在和你聊天
Server:我在和你聊天
Client:null
bye

图 13.6　TalkServer 运行结果

你好！
Client:你好!
Server:你好！！！
你在做什么？
Client:你在做什么？
Server:我在和你聊天
bye

图 13.7　TalkClient 运行结果

13.1.4　基于 UDP 协议的网络编程

1. DatagramPacket 类

数据报包用来实现无连接包投递服务。每条报文仅根据该包中包含的信息从一台机器路由到另一台机器。从一台机器发送到另一台机器的多个包可能选择不同的路由，也可能按不同的顺序到达。因此，无法对包投递做出保证。

要发送和接收数据报，需要用 DatagramPacket 类将数据打包，即用 DatagramPacket 类创建一个对象，它称为数据包。

（1）对应的构造方法，语句格式如下：

```
DatagramPackeg(byte data[],int len,InetAddress,int port);
```

其中，数组是数据包内容，len 为数据包长度，add 为数据包发送地址，port 为接受主机对应的应用。

```
DatagramPackeg(byte data[],int offset,int len,InetAddress,int port);
```

其中，数据包内容为数组从 offset 开始，长度为 len，add 为数据包发送地址，port 为接受主机对应的应用。

举例：

```
Byte [] data="数据包内容".getByte();
InetAdress add=InetAdress.getName("www.ahiec.net");
DatagramPacket datagram=new DatagramPacket(data,data.length,add,1234);
```

（2）发送数据：使用 DatagramSocket 对象的 send()方法发送数据。

```
DatagramSocket mail=new DatagramSocket();
mail.send(datagram);
```

（3）接收数据：使用 DatagramSocket 对象的 receive()方法接收数据，必须提前确定接收方的地址和端口号与数据包地址和端口号吻合。

```
Byte data[] =new byte[500];
DatagramSocket mail=new DatagramPacketSocket(1234);
DatagramPacket datagram=new DatagramPacket(data,data.length);
mail.receive(datagram);
```

例 13-7 客户端发送 1，2，3，4，5 数据，服务端接受该数据并显示。

```
// TestDatagramClient.java
import java.net.*;
publicclass TestDatagramClient {
    publicstaticvoid main(String[] args) {
        bytedata[]={1,2,3,4,5};
        try {
            InetAddress add=InetAddress.getByName("127.0.0.1");
            DatagramPacket datagram=new DatagramPacket(data,data.length,add,12345);
            DatagramSocket ds;
            ds = new DatagramSocket();
            ds.send(datagram);
            for(byteb :data )
                System.out.print(b+"");
        } catch (Exception e) {
            e.printStackTrace();
        }
    }
}
// TestDatagramServer.java
import java.net.*;
publicclass TestDatagramServer {
    publicstaticvoid main(String[] args) {
        byte data[]=newbyte[5];
        DatagramSocket ds;
        try {
            DatagramPacket dp=new DatagramPacket(data,data.length);
            ds = new DatagramSocket(12345);
            ds.receive(dp);
            for(int i=0;i<data.length;i++){
                System.out.print (data[i]+",");
            }
        } catch (Exception e) {
            e.printStackTrace();
        }
    }
}
```

TestDatagramServer 运行结果如图 13.8 所示。

1,2,3,4,5,

图 13.8 TestDatagramServer 运行结果

TestDatagramClient 运行结果如图 13.9 所示。

1 2 3 4 5

图 13.9 TestDatagramClient 运行结果

DatagramPacket 类的常用方法见表 13.10。

表 13.10 DatagramPacket 类的常用方法

常用方法	主要功能
inetAddress getAddress()	返回某台机器的 IP 地址，此数据报将要发往该机器或者是从该机器接收到的 IP 地址
byte[] getData()	返回数据缓冲区
int getLength()	返回将要发送或接收到的数据的长度
int getOffset()	返回将要发送或接收到的数据的偏移量
int getPort()	返回某台主机的端口号，此数据报将要发往该主机或者是从该主机接收到的
SocketAddress getSocketAddress()	获取要将此包发送到的或发出此数据报的远程主机的 SocketAddress（通常为 IP 地址+端口号）
void setAddress(InetAddress iaddr)	设置要将此数据报发往的那台机器的 IP 地址
void setData(byte[] buf)	为此包设置数据缓冲区
void setLength(int length)	为此包设置长度
void setPort(int iport)	设置要将此数据报发往远程主机上的端口号
void setSocketAddress(SocketAddress address)	设置要将此数据报发往远程主机的 SocketAddress（通常为 IP 地址+端口号）

2. DatagramSocket 类

DatagramSocket 类表示用来发送和接收数据报包的套接字。数据报套接字是包投递服务的发送或接收点。每个在数据报套接字上发送或接收的包都是单独编址和路由的。

DatagramSocket 构造方法和常用方法见表 13.11、表 13.12。

表 13.11 DatagramSocket 的构造方法

构造方法	主要功能
DatagramSocket()	构造数据报套接字，并将其绑定到本地主机上的任何可用端口
DatagramSocket(int port)	构造数据报套接字，并将其绑定到本地主机上的指定端口
DatagramSocket(int port, InetAddress laddr)	创建一个数据报套接字，绑定到指定的本地地址
DatagramSocket(SocketAddress bindaddr)	创建一个数据报套接字，绑定到指定的本地套接字地址

表 13.12　DatagramSocket 的常用方法

常用方法	主要功能
void bind(SocketAddress addr)	将此 DatagramSocket 绑定到指定的地址和端口
void close()	关闭此数据报套接字
void connect(InetAddress address,int port)	将此套接字连接到远程套接字地址（IP 地址+端口）
void connect(SocketAddress addr)	将此套接字连接到远程套接字地址
void disconnect()	断开套接字的连接
InetAddress　getInetAddress()	返回此套接字连接的地址
InetAddress getLocalAddress()	获取套接字绑定的本地地址
int getLocalPort()	返回此套接字绑定的本地主机上的端口号
SocketAddress getLocalSocketAddress()	返回此套接字绑定的端点的地址，如果尚未绑定则返回 null
SocketAddress getRemoteSocketAdddress()	返回此套接字连接的端点的地址，如果未连接则返回 null
void receive(DatagramPacket p)	从此套接字接收数据报
void send(DatagramPacket p)	从此套接字发送数据报

例 13-8　利用 UDP 协议进行网络编程。

```java
//TestUDPClient.java
import java.net.*;
import java.io.*;

publicclass TestUDPClient{
    publicstaticvoid main(String args[]) throwsException{
        longn = 10000L;
        ByteArrayOutputStream baos = new ByteArrayOutputStream();
        DataOutputStream dos = new DataOutputStream(baos);
        dos.writeLong(n);
        byte[] buf = baos.toByteArray();
        System.out.println(buf.length);
        DatagramPacket dp = new DatagramPacket(buf, buf.length, new InetSocketAddress("127.0.0.1",
5678));
        DatagramSocket ds = newDatagramSocket(9999);
        ds.send(dp);
        ds.close();
    }
}
//TestUDPServer.java
import java.net.*;
import java.io.*;
```

```java
publicclassTestUDPServer{
    publicstaticvoid main(String args[]) throws Exception{
        bytebuf[] = newbyte[1024];
        DatagramPacket dp = new DatagramPacket(buf, buf.length);
        DatagramSocket ds = new DatagramSocket(5678);
        while(true){
            ds.receive(dp);
            ByteArrayInputStream bais = new ByteArrayInputStream(buf);
            DataInputStream dis = new DataInputStream(bais);
            System.out.println(dis.readLong());
        }
    }
}
```

TestUDPServer 运行结果如图 13.10 所示，TestUDPClient 运行结果如图 13.11 所示。

```
10000
```
```
8
```

图 13.10　TestUDPServer 运行结果　　　　图 13.11　TestUDPClient 运行结果

13.2　综合案例

服务器端程序创建套接字，并等待客户端请求。客户端创建套接字，每秒发过去一个数字，并等待接收服务器返回的结果。服务器端接收请求，并将处理结果送回去，再次等待其他请求，而客户端接收到数据后继续发送请求（共 10 次）。

客户端代码如下：

```java
import java.io.*;
import java.net.Socket;
publicclass client{
    publicstaticvoid main(String [] args){
        String s=null;
        Socket c;
        DataInputStream in=null;
        DataOutputStream out=null;
        inti=1;
        try{
            c=new Socket("localhost",2345);
            in=new DataInputStream(c.getInputStream());
            out=new DataOutputStream(c.getOutputStream());
            out.writeInt(i);
            while(i<=10){
            s=in.readUTF();
```

```
                System.out.println("Hello"+i);
                System.out.println("客户收到:"+s);
            i++;
            out.writeInt(i);
             Thread.sleep(1000);
            }
        }catch(IOException e){
            System.out.println("无法连接服务端");
        }catch(InterruptedException e){}
    }
}
```

服务端代码如下:

```
import java.io.DataInputStream;
import java.io.DataOutputStream;
import java.io.IOException;
import java.net.ServerSocket;
import java.net.Socket;
publicclass Server{
    publicstaticvoid main(String [] args){
        ServerSocket s=null;
        Socket c=null;
        DataOutputStream out=null;
        DataInputStream in=null;
        try{
            s=new ServerSocket(2345);
            c=s.accept();
            in=new DataInputStream(c.getInputStream());
            out=new DataOutputStream(c.getOutputStream());
            while(true){
            intm=0;
            m=in.readInt();
            out.writeUTF("这是客户你是第"+m+"次请求");
            Thread.sleep(1000);
            }
        }catch(InterruptedException e){
        }catch(IOException e){
            System.out.println(""+e);
        }
    }
}
```

客户端运行结果如图 13.12 所示。

```
Hello1
客户收到：这是客户你是第1次请求
Hello2
客户收到：这是客户你是第2次请求
Hello3
客户收到：这是客户你是第3次请求
Hello4
客户收到：这是客户你是第4次请求
Hello5
客户收到：这是客户你是第5次请求
Hello6
客户收到：这是客户你是第6次请求
Hello7
客户收到：这是客户你是第7次请求
Hello8
客户收到：这是客户你是第8次请求
Hello9
客户收到：这是客户你是第9次请求
Hello10
客户收到：这是客户你是第10次请求
```

图 13.12　客户端运行结果

服务端运行结果如图 13.13 所示。

```
java.net.SocketException: Connection reset
```

图 13.13　服务端运行结果

第 14 章　计算器设计与实现

本章将以一个计算器的开发来演示如何使用 Java 语言开发应用软件，以加深对 Java 语言的了解。

14.1　功 能 分 析

计算器的功能包括：

（1）加、减、乘、除、平方及开方运算：单击计算器上面的数字键和相应的运算按钮就能实现数字的加、减、乘、除、平方及开方运算。

（2）修改功能：当输入的某个数据有误时，可以单击"退格"按钮消除输入有误的数据，并且重新输入。

（3）清零功能：当一次计算完毕后，单击"清零"按钮实现清零，并且开始下次运算。

计算器功能的结构如图 14.1 所示。

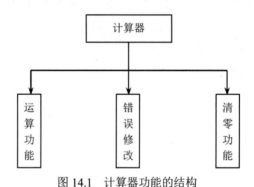

图 14.1　计算器功能的结构

14.2　计算器界面设计

根据 Java 中的 Swing 组件对计算器的界面进行设计，代码如下：

```java
import java.awt.Container;
import java.awt.GridLayout;
import javax.swing.JButton;
import javax.swing.JFrame;
import javax.swing.JPanel;
import javax.swing.JTextField;
import javax.swing.WindowConstants;
public class Caculator extends JFrame{
    private static final long serialVersionUID = 4907149509182425824L;
    public Caculator(){
```

```
Container c=getContentPane();
setLayout(new GridLayout(2,1));
JTextField jtf=new JTextField("0",40);
jtf.setHorizontalAlignment(JTextField.RIGHT );
JButton data0=new JButton("0");
JButton data1=new JButton("1");
JButton data2=new JButton("2");
JButton data3=new JButton("3");
JButton data4=new JButton("4");
JButton data5=new JButton("5");
JButton data6=new JButton("6");
JButton data7=new JButton("7");
JButton data8=new JButton("8");
JButton data9=new JButton("9");
JButton point=new JButton(".");
JButton equ=new JButton("=");
JButton plus=new JButton("+");
JButton minus=new JButton(".");
JButton mtp=new JButton("*");
JButton dvd=new JButton("/");
JButton sqr=new JButton("sqrt");
JButton root=new JButton("x^2");
JButton tg=new JButton("退格");
JButton ql=new JButton("清零");
JPanel jp=new JPanel();
jp.setLayout(new GridLayout(4,5,5,5));
jp.add(data7);
jp.add(data8);
jp.add(data9);
jp.add(plus);
jp.add(sqr);
jp.add(data4);
jp.add(data5);
jp.add(data6);
jp.add(minus);
jp.add(root);
jp.add(data1);
jp.add(data2);
jp.add(data3);
jp.add(mtp);
jp.add(ql);
jp.add(data0);
jp.add(point);
jp.add(equ);
jp.add(dvd);
jp.add(tg);
```

```
                c.add(jtf);
                c.add(jp);
                setSize(400,300);
                setTitle("计算器");
                setVisible(true);
                setResizable(false);
                setDefaultCloseOperation(WindowConstants.EXIT_ON_CLOSE);
        }
        public static void main(String[ ] args) {
                new Caculator();
        }
    }
```

计算器操作界面如图 14.2 所示。

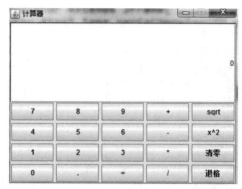

图 14.2   计算器操作界面

14.3   相关功能实现

部分关键代码如下：

```
    data0.addActionListener(new ActionListener(){       //数字 0 的输入
        public void actionPerformed(ActionEvent arg0){
            if(jtf.getText().equals("0")){
                jtf.requestFocus();
            }
            else{
                String str=jtf.getText();
                jtf.setText(str+"0");
            }
        }
    });
    data1.addActionListener(new ActionListener(){   //数字 1 的输入
        public void actionPerformed(ActionEvent arg0){
            if(jtf.getText().equals("0")){
                jtf.setText("");
                jtf.setText("1");
```

```
                jtf.requestFocus();
            }
            else{
                String str=jtf.getText();
                jtf.setText(str+"1");
            }
        }
    });
    data2.addActionListener(new ActionListener(){    //数字 2 的输入
        public void actionPerformed(ActionEvent arg0){
            if(jtf.getText().equals("0")){
                jtf.setText("");
                jtf.setText("2");
                jtf.requestFocus();
            }
            else{
                String str=jtf.getText();
                jtf.setText(str+"2");
            }
        }
    });
    data3.addActionListener(new ActionListener(){     //数字 3 的输入
        public void actionPerformed(ActionEvent arg0){
            if(jtf.getText().equals("0")){
                jtf.setText("");
                jtf.setText("3");
                jtf.requestFocus();
            }
            else{
                String str=jtf.getText();
                jtf.setText(str+"3");
            }
        }
    });
    data4.addActionListener(new ActionListener(){     //数字 4 的输入
        public void actionPerformed(ActionEvent arg0){
            if(jtf.getText().equals("0")){
                jtf.setText("");
                jtf.setText("4");
                jtf.requestFocus();
            }
            else{
                String str=jtf.getText();
                jtf.setText(str+"4");
            }
        }
    });
```

```java
        data5.addActionListener(new ActionListener(){      //数字 5 的输入
            public void actionPerformed(ActionEvent arg0){
                if(jtf.getText().equals("0")){
                    jtf.setText("");
                    jtf.setText("5");
                    jtf.requestFocus();
                }
                else{
                    String str=jtf.getText();
                    jtf.setText(str+"5");
                }
            }
        });
        data6.addActionListener(new ActionListener(){      //数字 6 的输入
            public void actionPerformed(ActionEvent arg0){
                if(jtf.getText().equals("0")){
                    jtf.setText("");
                    jtf.setText("6");
                    jtf.requestFocus();
                }
                else{
                    String str=jtf.getText();
                    jtf.setText(str+"6");
                }
            }
        });
        data7.addActionListener(new ActionListener(){      //数字 7 的输入
            public void actionPerformed(ActionEvent arg0){
                if(jtf.getText().equals("0")){
                    jtf.setText("");
                    jtf.setText("7");
                    jtf.requestFocus();
                }
                else{
                    String str=jtf.getText();
                    jtf.setText(str+"7");
                }
            }
        });
        data8.addActionListener(new ActionListener(){      //数字 8 的输入
            public void actionPerformed(ActionEvent arg0){
                if(jtf.getText().equals("0")){
                    jtf.setText("");
                    jtf.setText("8");
                    jtf.requestFocus();
                }
```

```
                else{
                        String str=jtf.getText();
                        jtf.setText(str+"8");
                }
        }
    });
    data9.addActionListener(new ActionListener(){    //数字 9 的输入
        public void actionPerformed(ActionEvent arg0){
                if(jtf.getText().equals("0")){
                        jtf.setText("");
                        jtf.setText("9");
                        jtf.requestFocus();
                }
                else{
                        String str=jtf.getText();
                        jtf.setText(str+"9");
                }
        }
    });
    point.addActionListener(new ActionListener(){    //点号的输入
        public void actionPerformed(ActionEvent arg0){
                if(jtf.getText().equals("0")){
                        jtf.requestFocus();
                }
                else{
                        String str=jtf.getText();
                        jtf.setText(str+".");
                }
        }
    });
    plus.addActionListener(new ActionListener(){    //运算功能
        public void actionPerformed(ActionEvent arg0){
                if(jtf.getText().equals("0")){
                        jtf.requestFocus();
                }
                else if(jtf.getText().indexOf('+')!=.1){
                        String[ ] s=jtf.getText().split("+");
                        jtf.setText("");
                        Double d1=Double.parseDouble(s[0]);
                        Double d2=Double.parseDouble(s[1]);
                        String s1=(d1+d2)+"";
                        jtf.setText(s1);
                        jtf.requestFocus();
                        String str=jtf.getText();
                        jtf.setText(str+"+");
                }
```

```
        else if(jtf.getText().indexOf('.')!=.1){
            String[ ] s=jtf.getText().split(".");
            jtf.setText("");
            Double d1=Double.parseDouble(s[0]);
            Double d2=Double.parseDouble(s[1]);
            String s1=(d1.d2)+"";
            jtf.setText(s1);
            jtf.requestFocus();
            String str=jtf.getText();
            jtf.setText(str+"+");
        }
        else if(jtf.getText().indexOf('*')!=.1){
            String[ ] s=jtf.getText().split("*");
            jtf.setText("");
            Double d1=Double.parseDouble(s[0]);
            Double d2=Double.parseDouble(s[1]);
            String s1=(d1*d2)+"";
            jtf.setText(s1);
            jtf.requestFocus();
            String str=jtf.getText();
            jtf.setText(str+"+");
        }
        else if(jtf.getText().indexOf('/')!=.1){
            String[ ] s=jtf.getText().split("/");
            jtf.setText("");
            Double d1=Double.parseDouble(s[0]);
            Double d2=Double.parseDouble(s[1]);
            String s1=(d1/d2)+"";
            jtf.setText(s1);
            jtf.requestFocus();
            String str=jtf.getText();
            jtf.setText(str+"+");
        }
        else{
            String str=jtf.getText();
            jtf.setText(str+"+");
        }
    }
});
......
```

14.4 程序打包

程序打包步骤：

（1）在 Eclipse 中右击需要打包的项目，本项目为 caculator，如图 14.3 所示。

（2）在弹出的菜单栏中选择"导出"选项，进入"导出"对话框，如图 14.4 所示。

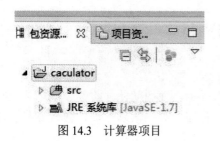

图 14.3　计算器项目

图 14.4　"导出"对话框

（3）单击"导出"对话框中的 Java 文件夹，在其中选择"可运行的 JAR 文件"，单击"下一步"按钮进入"可运行的 JAR 文件导出"对话框，如图 14.5 所示。

（4）在"可运行的 JAR 文件导出"对话框中的"启动配置"选择 Caculator(1)-caculator 选项，导出目标选择 E:\caculator.zip，单击"完成"按钮完成打包，如图 14.6 所示。

图 14.5　"可运行的 JAR 文件导出"对话框

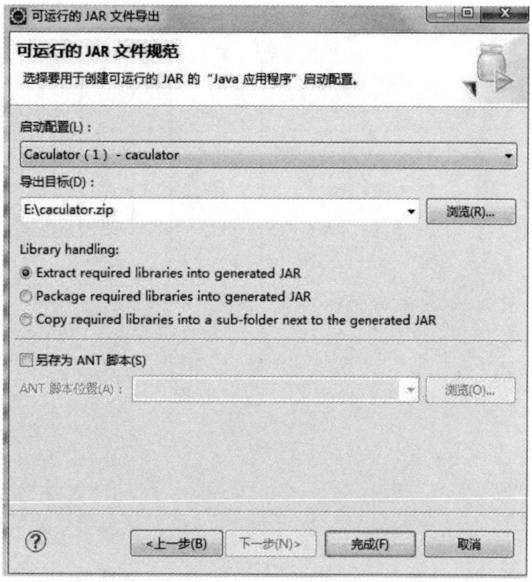

图 14.6　启动配置及目标选择

第15章 酒店管理系统设计与实现

本章案例构建了一个 B/S 结构的酒店管理系统。在本例中，主要介绍了系统的功能设计、数据库设计及系统各个模块的设计与实现。通过本章的学习，读者能够初步使用 Java 语言完成一个系统的设计与实现。

15.1 功 能 分 析

本系统将实现以下基本功能：

（1）系统具有简洁大方的页面、友好的错误操作提示，使用简便。

（2）管理员具有对客房信息管理、预订入住信息管理、菜品信息管理、餐饮消费管理、留言信息管理等功能。

（3）普通用户可以完成在线浏览客房信息、在线预订客房、在线留言等功能。

管理员功能模块和普通用户功能模块如图 15.1、图 15.2 所示。

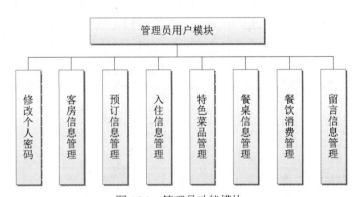

图 15.1 管理员功能模块

图 15.2 普通用户功能模块

15.2　数据库结构设计

1. 数据库的概念结构设计

根据对数据库的需求分析，并结合系统概念模型的特点及建立方法，建立各信息的实体
—属性图，主要的实体—属性图如下。

（1）会员信息实体—属性，如图 15.3 所示。

图 15.3　会员信息的实体—属性

（2）客房信息的实体—属性，如图 15.4 所示。

图 15.4　客房信息的实体—属性

（3）预订信息的实体—属性，如图 15.5 所示。

图 15.5　预订信息的实体—属性

（4）入住信息的实体—属性，如图 15.6 所示。

图 15.6　入住信息的实体—属性

（5）留言信息的实体—属性，如图 15.7 所示。

图 15.7　留言信息的实体—属性

（6）管理员信息的实体—属性，如图 15.8 所示。

图 15.8　管理员信息的实体—属性

2. 数据库的逻辑结构设计

根据 E-R（实体—联系）模型，酒店管理系统建立了以下逻辑数据结构，下面是各数据表的详细说明。

（1）会员信息表主要记录了注册会员的基本信息，其表结构见表 15.1。

表 15.1　会员信息表(t_user)

列名	数据类型	长度	允许空	是否主键	说明
id	int	4	否	是	编号
loginname	varchar	50	否	否	账号
loginpw	varchar	50	否	否	密码
name	varchar	50	否	否	姓名
sex	varchar	50	否	否	性别
age	varchar	50	否	否	年龄

（2）客房信息表主要记录了客房的基本信息，其表结构见表 15.2。

表 15.2　客房信息表(t_kefang)

列名	数据类型	长度	允许空	是否主键	说明
id	Int	4	否	是	编号
fangjianhao	varchar	50	否	否	房间号
fangjianmianji	varchar	50	否	否	面积
fangjianjianjie	varchar	50	否	否	介绍
fujian	varchar	50	否	否	图片
kefangleixing	varchar	50	否	否	类型
rijiage	varchar	50	否	否	价格

（3）预订信息表主要记录了客房预订的基本信息，其表结构见表 15.3。

表 15.3　预订信息表(t_yuding)

列名	数据类型	长度	允许空	是否主键	说明
id	Int	4	否	是	编号
user_id	Int	4	否	否	会员 ID
kefangid	Int	4	否	否	客房 ID
kaishishijian	varchar	50	否	否	入住时间
jieshushijian	varchar	50	否	否	结束时间
yudingshijian	varchar	50	否	否	预订时间

（4）入住信息表主要记录客房的入住信息，其表结构见表 15.4。

表 15.4　入住信息表(t_ruzhu)

列名	数据类型	长度	允许空	是否主键	说明
id	Int	4	否	是	编号
kefang_id	Int	4	否	是	客房 ID
user_id	varchar	50	否	否	会员 ID
kaishishijian	varchar	50	否	否	入住时间
jieshushijian	varchar	50	否	否	结束时间
yajin	Int	4	否	否	押金
xiaofeiheji	varchar	50	否	否	消费合计
shenfenzheng	varchar	50	否	否	身份证号

（5）留言信息表主要记录了留言的基本信息，其表结构见表 15.5。

表 15.5　留言信息表(t_liuyan)

列名	数据类型	长度	允许空	是否主键	说明
id	int	4	否	是	编号
title	varchar	50	否	否	标题
content	varchar	5000	否	否	内容
shijian	varchar	50	否	否	发布时间
user_id	Varchar	50	否	否	发布人

（6）管理员信息表主要记录管理员的账号信息，包括用户名和密码，其表结构见表 15.6。

表 15.6　管理员信息表(t_admin)

列名	数据类型	长度	允许空	是否主键	说明
userId	int	4	否	是	编号
userName	varchar	50	否	否	用户名
userPw	varchar	50	否	否	密码

15.3　系统设计与实现

15.3.1　系统登录模块

1．描述

为了保证系统的安全性，使用本系统时必须先登录到系统中，用户需要使用正确的用户名和密码登录本系统。

2．系统登录页面

系统登录页面如图 15.9 所示。

图 15.9　系统登录页面

3．部分实现代码

```java
public class loginService
{
    public String login(String userName,String userPw,int userType)
    {
        System.out.println("userType"+userType);
        try
        {
            Thread.sleep(700);
        } catch (InterruptedException e)
        {
            // TODO Auto-generated catch block
            e.printStackTrace();
        }
        String result="no";
        if(userType==0)//系统管理员登录
        {
            String sql="select * from t_admin where userName=? and userPw=?";
            Object[ ] params={userName,userPw};
            DB mydb=new DB();
            mydb.doPstm(sql, params);
```

```
        try
        {
            ResultSet rs=mydb.getRs();
            boolean mark=(rs==null||!rs.next()?false:true);
            if(mark==false)
            {
                result="no";
            }
            else
            {
                result="yes";
                TAdmin admin=new TAdmin();
                admin.setUserId(rs.getInt("userId"));
                admin.setUserName(rs.getString("userName"));
                admin.setUserPw(rs.getString("userPw"));
                WebContext ctx = WebContextFactory.get();
                HttpSession session=ctx.getSession();
                session.setAttribute("userType", 0);
                session.setAttribute("admin", admin);
            }
            rs.close();
        }
        catch (SQLException e)
        {
            System.out.println("登录失败！");
            e.printStackTrace();
        }
        finally
        {
            mydb.closed();
        }
    }
    if(userType==1)
    {
        String sql="select * from t_user where del='no' and loginname=? and loginpw=?";
        Object[ ] params={userName,userPw};
        DB mydb=new DB();
        mydb.doPstm(sql, params);
        try
        {
            ResultSet rs=mydb.getRs();
            boolean mark=(rs==null||!rs.next()?false:true);
            if(mark==false)
            {
                result="no";
            }
            else
```

```
                        {
                                result="yes";
                                Tuser user=new Tuser();
                                user.setId(rs.getString("id"));
                                user.setLoginname(rs.getString("loginname"));
                                user.setLoginpw(rs.getString("loginpw"));
                                user.setLoginpw(rs.getString("loginpw"));
                                user.setName(rs.getString("name"));
                                user.setSex(rs.getString("sex"));
                                user.setAge(rs.getInt("age"));
                                WebContext ctx = WebContextFactory.get();
                                HttpSession session=ctx.getSession();
                                session.setAttribute("userType", 1);
                                session.setAttribute("user", user);
                        }
                        rs.close();
                }
                catch (SQLException e)
                {
                        System.out.println("登录失败！");
                        e.printStackTrace();
                }
                finally
                {
                        mydb.closed();
                }
        }
        if(userType==2)
        {

        }
        return result;
}
public String userLogout()
{
        try
        {
                Thread.sleep(700);
        }
        catch (InterruptedException e)
        {
                e.printStackTrace();
        }
        WebContext ctx = WebContextFactory.get();
        HttpSession session=ctx.getSession();
        session.setAttribute("userType", null);
        session.setAttribute("user", null);
```

```
            return "yes";
        }
        public String adminPwEdit(String userPwNew)
        {
            System.out.println("DDDD");
            try
            {
                Thread.sleep(700);
            }
            catch (InterruptedException e)
            {
                // TODO Auto-generated catch block
                e.printStackTrace();
            }
            WebContext ctx = WebContextFactory.get();
            HttpSession session=ctx.getSession();
            TAdmin admin=(TAdmin)session.getAttribute("admin");
            String sql="update t_admin set userPw=? where userId=?";
            Object[ ] params={userPwNew,admin.getUserId()};
            DB mydb=new DB();
            mydb.doPstm(sql, params);
            return "yes";
        }
    }
```

15.3.2 后台管理主页面

1. 描述

系统后台管理主页面的左侧展示了管理员可操作的功能，单击进入相关的管理页面可以链接到子菜单，并且高亮显示，每个管理模块下面都有相应的子菜单。

2. 管理员主页面

管理员主页面如图 15.10 所示。

图 15.10 管理员主页面

15.3.3　客房信息管理模块

1.　客房信息录入

（1）描述：管理员输入相关客房的正确信息后单击"提交"按钮，如果没有输入完整的客房信息，则给出相应的错误提示，不能录入成功。输入的数据通过 form 表单中定义的方法 onsubmit="return checkForm()"来检查，checkForm()函数包含各种校验输入数据的方式。

（2）客房信息录入页面如图 15.11 所示。

图 15.11　客房信息录入页面

2.　客房信息管理

（1）描述：管理员单击左侧菜单的"客房信息"选项，页面跳转到客房信息管理界面，调用后台的 servlet 类查询出所有的客房信息，把这些信息转到数据集合 List 中，并绑定到 request 对象，然后页面跳转到相应的 jsp（Java 服务器页面），显示出客房信息。

（2）客房信息管理页面如图 15.12 所示。

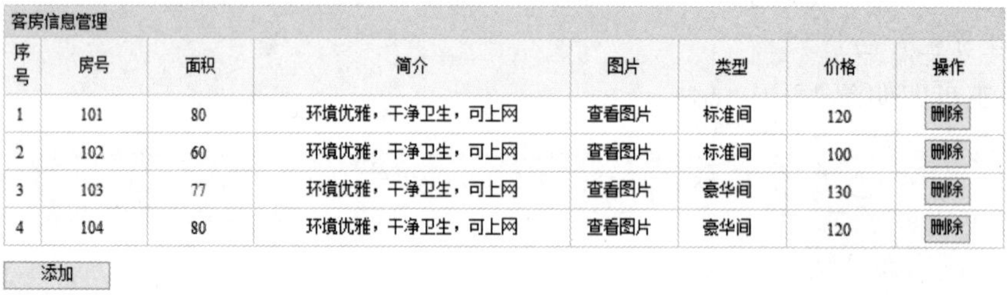

客房信息管理

序号	房号	面积	简介	图片	类型	价格	操作
1	101	80	环境优雅，干净卫生，可上网	查看图片	标准间	120	删除
2	102	60	环境优雅，干净卫生，可上网	查看图片	标准间	100	删除
3	103	77	环境优雅，干净卫生，可上网	查看图片	豪华间	130	删除
4	104	80	环境优雅，干净卫生，可上网	查看图片	豪华间	120	删除

添加

图 15.12　客房信息管理页面

3.　部分实现代码

```
public class kefang_servlet extends HttpServlet
{
    public void service(HttpServletRequest req,HttpServletResponse res)throws ServletException,
IOException
    {
        String type=req.getParameter("type");
        if(type.endsWith("kefangAdd"))
```

```
            {
                kefangAdd(req, res);
            }
        if(type.endsWith("kefangMana"))
            {
                kefangMana(req, res);
            }
        if(type.endsWith("kefangDel"))
            {
                kefangDel(req, res);
            }
        if(type.endsWith("kefangAll"))
            {
                kefangAll(req, res);
            }
        if(type.endsWith("kefangDetailQian"))
            {
                kefangDetailQian(req, res);
            }
    }
    public void kefangAdd(HttpServletRequest req,HttpServletResponse res)
    {
        String id=String.valueOf(new Date().getTime());
        String fangjianhao=req.getParameter("fangjianhao");
        int fangjianmianji=Integer.parseInt(req.getParameter("fangjianmianji"));
        String fangjianjianjie=req.getParameter("fangjianjianjie");
        String fujian=req.getParameter("fujian");
        String fujianYuanshiming=req.getParameter("fujianYuanshiming");
        String kefangleixing=req.getParameter("kefangleixing");
        int rijiage=Integer.parseInt(req.getParameter("rijiage"));
        String del="no";
        if(liuService.panduan_fangjianhao(fangjianhao)==0)//房号不存在
        {
            String sql="insert into t_kefang values(?,?,?,?,?,?,?,?,?)";
            Object[ ] params={id,fangjianhao,fangjianmianji,fangjianjianjie,fujian,fujianYuanshiming,
kefangleixing,rijiage,del};
            DB mydb=new DB();
            mydb.doPstm(sql, params);
            mydb.closed();
            req.setAttribute("message", "操作成功");
            req.setAttribute("path", "kefang?type=kefangMana");
        }
        else
        {
            req.setAttribute("message", "房号重复，请重新输入");
            req.setAttribute("path", "kefang?type=kefangMana");
```

```
            }
            String targetURL = "/common/success.jsp";
            dispatch(targetURL, req, res);
    }
    public void kefangMana(HttpServletRequest req,HttpServletResponse res) throws ServletException,
IOException
        {
            List kefangList=new ArrayList();
            String sql="select * from t_kefang where del='no' order by kefangleixing";
            Object[ ] params={};
            DB mydb=new DB();
            try
            {
                mydb.doPstm(sql, params);
                ResultSet rs=mydb.getRs();
                while(rs.next())
                {
                    Tkefang kefang=new Tkefang();
                    kefang.setId(rs.getString("id"));
                    kefang.setFangjianhao(rs.getString("fangjianhao"));
                    kefang.setFangjianmianji(rs.getInt("fangjianmianji"));
                    kefang.setFangjianjianjie(rs.getString("fangjianjianjie"));
                    kefang.setFujian(rs.getString("fujian"));
                    kefang.setFujianYuanshiming(rs.getString("fujianYuanshiming"));
                    kefang.setKefangleixing(rs.getString("kefangleixing"));
                    kefang.setRijiage(rs.getInt("rijiage"));
                    kefang.setDel(rs.getString("del"));
                    kefangList.add(kefang);
                }
                rs.close();
            }
            catch(Exception e)
            {
                e.printStackTrace();
            }
            mydb.closed();
            req.setAttribute("kefangList", kefangList);
            req.getRequestDispatcher("admin/kefang/kefangMana.jsp").forward(req, res);
    }
    public void kefangDel(HttpServletRequest req,HttpServletResponse res)
        {
            String sql="update t_kefang set del='yes' where id=?";
            Object[ ] params={req.getParameter("id")};
            DB mydb=new DB();
            mydb.doPstm(sql, params);
            mydb.closed();
```

```
        req.setAttribute("message", "操作成功");
        req.setAttribute("path", "kefang?type=kefangMana");
        String targetURL = "/common/success.jsp";
        dispatch(targetURL, req, res);
    }
    public void kefangAll(HttpServletRequest req,HttpServletResponse res) throws ServletException,
IOException
    {
        List kefangList=new ArrayList();
        String sql="select * from t_kefang where del='no' order by kefangleixing";
        Object[ ] params={};
        DB mydb=new DB();
        try
        {
            mydb.doPstm(sql, params);
            ResultSet rs=mydb.getRs();
            while(rs.next())
            {
                Tkefang kefang=new Tkefang();
                kefang.setId(rs.getString("id"));
                kefang.setFangjianhao(rs.getString("fangjianhao"));
                kefang.setFangjianmianji(rs.getInt("fangjianmianji"));
                kefang.setFangjianjianjie(rs.getString("fangjianjianjie"));
                kefang.setFujian(rs.getString("fujian"));
                kefang.setFujianYuanshiming(rs.getString("fujianYuanshiming"));
                kefang.setKefangleixing(rs.getString("kefangleixing"));
                kefang.setRijiage(rs.getInt("rijiage"));
                kefang.setDel(rs.getString("del"));
                kefangList.add(kefang);
            }
            rs.close();
        }
        catch(Exception e)
        {
            e.printStackTrace();
        }
        mydb.closed();
        req.setAttribute("kefangList", kefangList);
    req.getRequestDispatcher("qiantai/kefang/kefangAll.jsp").forward(req, res);
    }
    public void kefangDetailQian(HttpServletRequest req,HttpServletResponse res) throws ServletException,
IOException
    {
        req.setAttribute("kefang", liuService.get_kefang(req.getParameter("id")));
        req.getRequestDispatcher("qiantai/kefang/kefangDetailQian.jsp").forward(req, res);
    }
```

```
public void dispatch(String targetURI,HttpServletRequest request,HttpServletResponse response)
{
    RequestDispatcher dispatch = getServletContext().getRequestDispatcher(targetURI);
    try
    {
        dispatch.forward(request, response);
        return;
    }
    catch (ServletException e)
    {
        e.printStackTrace();
    }
    catch (IOException e)
    {
        e.printStackTrace();
    }
}
```

15.3.4　预订信息管理模块

1．描述

管理员单击左侧菜单的"预订信息"选项，页面跳转到预订信息管理界面，调用后台的serlvet 类查询出所有的预订信息，把这些信息转到数据集合 List 中，并绑定到 request 对象，然后页面跳转到相应的 jsp，显示出预订信息。单击"取消预定"按钮，可以取消对当前客房的预订，并且扣除 5%的押金；单击"入住"按钮，可以完成对客房的入住操作。

2．预订信息管理页面

预订信息管理页面如图 15.13 所示。

预订信息管理								
序号	预订客房	入住时间	结束时间	押金	支付方式	预订时间	会员信息	操作
1	101	2012-11-19	2012-11-20	500	网银转账	2012-11-18 02:45	会员信息	取消预定 入住
2	103	2012-11-19	2012-11-20	500	网银转账	2012-11-18 02:45	会员信息	取消预定 入住

图 15.13　预订信息管理页面

3．部分实现代码

```
public void yudingMana(HttpServletRequest req,HttpServletResponse res) throws ServletException,
IOException
{
    List yudingList=new ArrayList();
    String sql="select * from t_yuding";
    Object[ ] params={};
    DB mydb=new DB();
    try
    {
        mydb.doPstm(sql, params);
```

```
                ResultSet rs=mydb.getRs();
                while(rs.next())
                {
                        Tyuding yuding=new Tyuding();

                        yuding.setId(rs.getString("id"));
                        yuding.setkefang_id(rs.getString("kefang_id"));
                        yuding.setKaishishijian(rs.getString("kaishishijian"));
                        yuding.setJieshushijian(rs.getString("jieshushijian"));
                        yuding.setYajin(rs.getInt("yajin"));
                        yuding.setZhifufangshi(rs.getString("zhifufangshi"));
                        yuding.setYudingshijian(rs.getString("yudingshijian"));
                        yuding.setUser_id(rs.getString("user_id"));
                        yuding.setUser(liuService.getUser(rs.getString("user_id")));
                        yuding.setKefang(liuService.get_kefang(rs.getString("kefang_id")));
                        yudingList.add(yuding);
                }
                rs.close();
        }
        catch(Exception e)
        {
                e.printStackTrace();
        }
        mydb.closed();
        req.setAttribute("yudingList", yudingList);
        req.getRequestDispatcher("admin/yuding/yudingMana.jsp").forward(req, res);
}
public void yudingDel(HttpServletRequest req,HttpServletResponse res)
{
        String id=req.getParameter("id");
        String sql="delete from t_yuding where id=?";
        Object[ ] params={id};
        DB mydb=new DB();
        mydb.doPstm(sql, params);
        mydb.closed();
        req.setAttribute("msg", "取消预定扣除 5%的押金，返回客户押金 500-25=475");
        String targetURL = "/common/msg.jsp";
        dispatch(targetURL, req, res);
}
public void dispatch(String targetURI,HttpServletRequest request,HttpServletResponse response)
{
        RequestDispatcher dispatch = getServletContext().getRequestDispatcher(targetURI);
        try
        {
                dispatch.forward(request, response);
                return;
```

```
            }
            catch (ServletException e)
            {
                e.printStackTrace();
            }
            catch (IOException e)
            {
                e.printStackTrace();
            }
        }
        public void init(ServletConfig config) throws ServletException
        {
            super.init(config);
        }
        public void destroy()
        {

        }
    }
```

15.3.5 新闻信息管理模块

1. 新闻信息录入

（1）描述：管理员输入相关新闻的正确信息后单击"录入"按钮，否则不能录入成功。输入的数据通过 form 表单中定义的方法 onsubmit="return checkForm()"来检查，checkForm()函数中是各种的校验输入数据的方式。

（2）新闻信息录入页面如图 15.14 所示。

图 15.14　新闻信息录入页面

2. 新闻信息管理

（1）描述：管理员单击左侧菜单的"新闻信息管理"选项，页面跳转到新闻信息管理界面，调用后台的 action 类查询出所有的公告信息，把这些信息封装到数据集合 List 中，并绑定到 request 对象，然后页面跳转到相应的 jsp，显示出公告信息。

（2）新闻信息管理页面如图 15.15 所示。

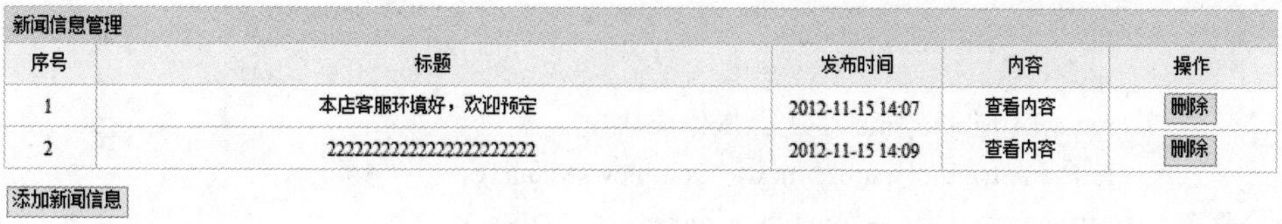

新闻信息管理				
序号	标题	发布时间	内容	操作
1	本店客服环境好，欢迎预定	2012-11-15 14:07	查看内容	删除
2	2222222222222222222222222	2012-11-15 14:09	查看内容	删除

添加新闻信息

图 15.15　新闻信息管理页面

3. 部分实现代码

```java
public class news_servlet extends HttpServlet
{
    public void service(HttpServletRequest req,HttpServletResponse res)throws ServletException, IOException
    {
        String type=req.getParameter("type");
        if(type.endsWith("newsAdd"))
        {
            newsAdd(req, res);
        }
        if(type.endsWith("newsMana"))
        {
            newsMana(req, res);
        }
        if(type.endsWith("newsDel"))
        {
            newsDel(req, res);
        }
        if(type.endsWith("newsDetailHou"))
        {
            newsDetailHou(req, res);
        }
        if(type.endsWith("newsAll"))
        {
            newsAll(req, res);
        }
        if(type.endsWith("newsDetailQian"))
        {
            newsDetailQian(req, res);
        }
    }
    public void newsAdd(HttpServletRequest req,HttpServletResponse res)
    {
        String id=String.valueOf(new Date().getTime());
        String title=req.getParameter("title");
        String content=req.getParameter("content");
        String shijian=new SimpleDateFormat("yyyy-MM-dd HH:mm").format(new Date());
        String sql="insert into t_news values(?,?,?,?)";
        Object[ ] params={id,title,content,shijian};
        DB mydb=new DB();
```

```
        mydb.doPstm(sql, params);
        mydb.closed();
        req.setAttribute("message", "操作成功");
        req.setAttribute("path", "news?type=newsMana");
        String targetURL = "/common/success.jsp";
        dispatch(targetURL, req, res);

    }
    public void newsDel(HttpServletRequest req,HttpServletResponse res)
    {
        String id=req.getParameter("id");
        String sql="delete from t_news where id=?";
        Object[ ] params={id};
        DB mydb=new DB();
        mydb.doPstm(sql, params);
        mydb.closed();
        req.setAttribute("message", "操作成功");
        req.setAttribute("path", "news?type=newsMana");
        String targetURL = "/common/success.jsp";
        dispatch(targetURL, req, res);
    }
    public void newsMana(HttpServletRequest req,HttpServletResponse res) throws ServletException, IOException
    {
        List newsList=new ArrayList();
        String sql="select * from t_news";
        Object[ ] params={};
        DB mydb=new DB();
        try
        {
            mydb.doPstm(sql, params);
            ResultSet rs=mydb.getRs();
            while(rs.next())
            {
                Tnews news=new Tnews();
                news.setId(rs.getString("id"));
                news.setTitle(rs.getString("title"));
                news.setContent(rs.getString("content"));
                news.setShijian(rs.getString("shijian"));
                newsList.add(news);
            }
            rs.close();
        }
        catch(Exception e)
        {
            e.printStackTrace();
        }
```

```
        mydb.closed();
        req.setAttribute("newsList", newsList);
        req.getRequestDispatcher("admin/news/newsMana.jsp").forward(req, res);
    }
    public void newsDetailHou(HttpServletRequest req,HttpServletResponse res) throws ServletException,
IOException
    {
        String id=req.getParameter("id");
        Tnews news=new Tnews();
        String sql="select * from t_news where id=?";
        Object[ ] params={id};
        DB mydb=new DB();
        try
        {
            mydb.doPstm(sql, params);
            ResultSet rs=mydb.getRs();
            rs.next();
            news.setId(rs.getString("id"));
            news.setTitle(rs.getString("title"));
            news.setContent(rs.getString("content"));
            news.setShijian(rs.getString("shijian"));
            rs.close();
        }
        catch(Exception e)
        {
            e.printStackTrace();
        }
        mydb.closed();
        req.setAttribute("news", news);
        req.getRequestDispatcher("admin/news/newsDetailHou.jsp").forward(req, res);
    }
    public void newsAll(HttpServletRequest req,HttpServletResponse res) throws ServletException,
IOException
    {
        List newsList=new ArrayList();
        String sql="select * from t_news";
        Object[ ] params={};
        DB mydb=new DB();
        try
        {
            mydb.doPstm(sql, params);
            ResultSet rs=mydb.getRs();
            while(rs.next())
            {
                Tnews news=new Tnews();
                news.setId(rs.getString("id"));
                news.setTitle(rs.getString("title"));
```

```
                news.setContent(rs.getString("content"));
                news.setShijian(rs.getString("shijian"));
                newsList.add(news);
            }
            rs.close();
        }
        catch(Exception e)
        {
            e.printStackTrace();
        }
        mydb.closed();
        req.setAttribute("newsList", newsList);
        req.getRequestDispatcher("qiantai/news/newsAll.jsp").forward(req, res);
    }
    public void newsDetailQian(HttpServletRequest req,HttpServletResponse res) throws ServletException,
IOException
    {
        String id=req.getParameter("id");
        Tnews news=new Tnews();
        String sql="select * from t_news where id=?";
        Object[ ] params={id};
        DB mydb=new DB();
        try
        {
            mydb.doPstm(sql, params);
            ResultSet rs=mydb.getRs();
            rs.next();
            news.setId(rs.getString("id"));
            news.setTitle(rs.getString("title"));
            news.setContent(rs.getString("content"));
            news.setShijian(rs.getString("shijian"));
            rs.close();
        }
        catch(Exception e)
        {
            e.printStackTrace();
        }
        mydb.closed();
        req.setAttribute("news", news);
        req.getRequestDispatcher("qiantai/news/newsDetailQian.jsp").forward(req, res);
    }
    public void dispatch(String targetURI,HttpServletRequest request,HttpServletResponse response)
    {
        RequestDispatcher dispatch = getServletContext().getRequestDispatcher(targetURI);
        try
        {
            dispatch.forward(request, response);
```

```
            return;
        }
        catch (ServletException e)
        {
            e.printStackTrace();
        }
        catch (IOException e)
        {
            e.printStackTrace();
        }
    }
    public void init(ServletConfig config) throws ServletException
    {
        super.init(config);
    }
}
```

15.3.6　留言信息管理模块

1．留言信息管理

（1）描述：管理员单击左侧菜单的"留言信息管理"选项，页面跳转到留言信息管理界面，调用后台的 action 类查询所有留言信息。

（2）留言信息管理页面如图 15.16 所示。

留言人：	刘三		留言时间：	2012-11-17 21:32	删除
标题：	1111111111111				
内容：	11111111111111				

图 15.16　留言信息管理页面

2．留言信息删除

在留言信息管理界面浏览所有的留言信息，单击要删除的留言信息，即可删除该留言信息。

3．部分实现代码

```
public class liuyan_servlet extends HttpServlet
{
    public void service(HttpServletRequest req,HttpServletResponse res)throws ServletException,
IOException
    {
        String type=req.getParameter("type");
        if(type.endsWith("liuyanAdd"))
        {
            liuyanAdd(req, res);
        }
        if(type.endsWith("liuyanAll"))
        {
            liuyanAll(req, res);
```

```
        }
        if(type.endsWith("liuyanDel"))
        {
            liuyanDel(req, res);
        }
        if(type.endsWith("liuyanMana"))
        {
            liuyanMana(req, res);
        }
    }
    public void liuyanAdd(HttpServletRequest req,HttpServletResponse res)
    {
        String id=String.valueOf(new Date().getTime());
        String title=req.getParameter("title");
        String content=req.getParameter("content");
        String shijian=new SimpleDateFormat("yyyy-MM-dd HH:mm").format(new Date());
        String user_id="0";
        if(req.getSession().getAttribute("user")!=null)
        {
            Tuser user=(Tuser)req.getSession().getAttribute("user");
            user_id=user.getId();
        }
        String sql="insert into t_liuyan values(?,?,?,?,?)";
        Object[ ] params={id,title,content,shijian,user_id};
        DB mydb=new DB();
        mydb.doPstm(sql, params);
        mydb.closed();
        req.setAttribute("message", "操作成功");
        req.setAttribute("path", "liuyan?type=liuyanAll");
        String targetURL = "/common/success.jsp";
        dispatch(targetURL, req, res);
    }
    public void liuyanAll(HttpServletRequest req,HttpServletResponse res) throws ServletException,
IOException
    {
        List liuyanList=new ArrayList();
        String sql="select * from t_liuyan";
        Object[ ] params={};
        DB mydb=new DB();
        try
        {
            mydb.doPstm(sql, params);
            ResultSet rs=mydb.getRs();
            while(rs.next())
            {
                Tliuyan liuyan=new Tliuyan();
```

```
                    liuyan.setId(rs.getString("id"));
                    liuyan.setTitle(rs.getString("title"));
                    liuyan.setContent(rs.getString("content"));
                    liuyan.setShijian(rs.getString("shijian"));
                    liuyan.setUser_id(rs.getString("user_id"));
                    liuyan.setUser(liuService.getUser(rs.getString("user_id")));
                    liuyanList.add(liuyan);
                }
                rs.close();
            }
        catch(Exception e)
        {
                e.printStackTrace();
        }
        mydb.closed();
        req.setAttribute("liuyanList", liuyanList);
        req.getRequestDispatcher("qiantai/liuyan/liuyanAll.jsp").forward(req, res);
    }
    public void liuyanDel(HttpServletRequest req,HttpServletResponse res)
    {
        String id=req.getParameter("id");
        String sql="delete from t_liuyan where id=?";
        Object[ ] params={id};
        DB mydb=new DB();
        mydb.doPstm(sql, params);
        mydb.closed();
        req.setAttribute("message", "操作成功");
        req.setAttribute("path", "liuyan?type=liuyanMana");
        String targetURL = "/common/success.jsp";
        dispatch(targetURL, req, res);
    }
    public void liuyanMana(HttpServletRequest req,HttpServletResponse res) throws ServletException,
IOException
    {
        List liuyanList=new ArrayList();
        String sql="select * from t_liuyan";
        Object[ ] params={};
        DB mydb=new DB();
        try
        {
                mydb.doPstm(sql, params);
                ResultSet rs=mydb.getRs();
                while(rs.next())
                {
                    Tliuyan liuyan=new Tliuyan();
                    liuyan.setId(rs.getString("id"));
                    liuyan.setTitle(rs.getString("title"));
```

```
                          liuyan.setContent(rs.getString("content"));
                          liuyan.setShijian(rs.getString("shijian"));
                          liuyan.setUser_id(rs.getString("user_id"));
                          liuyan.setUser(liuService.getUser(rs.getString("user_id")));
                          liuyanList.add(liuyan);
                      }
                      rs.close();
              }
              catch(Exception e)
              {
                      e.printStackTrace();
              }
              mydb.closed();
              req.setAttribute("liuyanList", liuyanList);
              req.getRequestDispatcher("admin/liuyan/liuyanMana.jsp").forward(req, res);
      }
      public void dispatch(String targetURI,HttpServletRequest request,HttpServletResponse response)
      {
              RequestDispatcher dispatch = getServletContext().getRequestDispatcher(targetURI);
              try
              {
                      dispatch.forward(request, response);
                      return;
              }
              catch (ServletException e)
              {
                      e.printStackTrace();
              }
              catch (IOException e)
              {
                      e.printStackTrace();
              }
      }
      public void init(ServletConfig config) throws ServletException
      {
              super.init(config);
      }
      public void destroy()
      {
      }
  }
```

15.3.7 前台管理模块

1．网站首页

（1）描述：酒店管理系统首页由菜单导航栏与最新客房信息两部分组成。

（2）网站首页如图 15.17 所示。

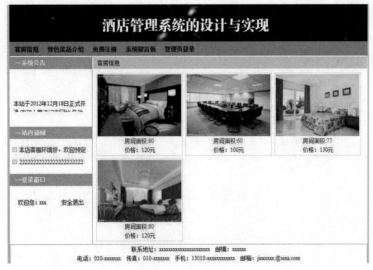

图 15.17 网站首页

2. 免费注册

（1）描述：新用户通过该模块实现网站注册功能的实现。

（2）用户注册页面如图 15.18 所示。

图 15.18 用户注册页面

3. 客房信息

（1）描述：单击客房图片，打开"客房详细信息"界面。

（2）客房信息查看页面如图 15.19 所示。

图 15.19 客房信息查看页面

4. 预订该客房

（1）描述：注册用户通过该模块实现客房预订操作。

（2）客房预订页面如图 15.20 所示。

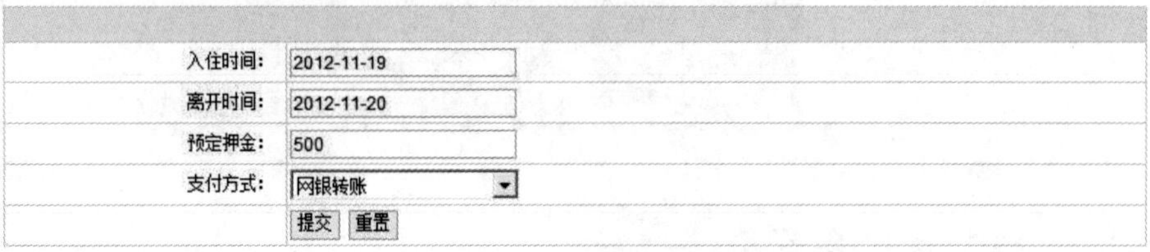

图 15.20　客房预订页面

第16章 编程思维训练器设计与实现

16.1 功 能 分 析

对于编程人员而言，不仅要有扎实的编程知识基础，还要有一定的逻辑思维能力和找规律能力。所以，在学习编程知识之前，要进行一系列的逻辑思维的锻炼。其次，编程知识的学习也是一个重要的环节，该系统有别于传统教学的方式，采用游戏化的教学方式，用户不断地玩游戏，就能不断地积累编程知识，从而达到快速入门编程的效果。这种学习方法不仅轻松，而且效率也非常高。对于建立编程思维训练器的软件需要如下几个功能模块：

1. 基础核心模块分析

该系统是由多个子游戏组合而成，不同的游戏之间具有大量共用的操作，比如数据的存取，图像的剪裁、绘制，声音的播放、暂停等。为了避免代码的重复，基础核心模块将图像、声音、数据库、用户操作等功能封装起来，供其他模块调用，如图16.1所示。这种设计不仅降低了项目的复杂度，更提高了开发的效率，节约了成本。

2. 思维拼图模块分析

学习编程的过程中，逻辑思维能力有着举足轻重的重要作用。在本系统中，采用填补有规律的卡片的方法来锻炼用户的逻辑思维能力。进入此模块后，系统会生成一个有空缺的卡片组以及可供选择的卡片，用户需要在规定的时间内，填补卡片组空缺的地方。卡片组具有一定规律，找出正确的答案有一定的难度，因此，需要用户积极缜密地思考，这也就渐渐地调动了用户的积极性，锻炼了用户的逻辑思维能力。思维拼图模块效果如图16.2所示。

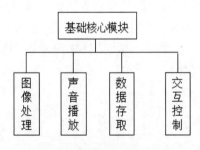

图 16.1 基础核心模块功能

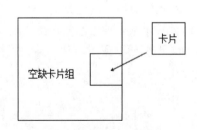

图 16.2 思维拼图示意图

3. 光速码字模块分析

刚开始编程的初学者难免会对编写代码感到生涩，编码的速度和效率往往很低。本模块采用码字游戏的方式锻炼用户对于编程的适应性。进入此模块后，用户会选择一个难度级别，有简单、正常、困难和大师四个级别，用户根据自己的情况直接选择。选择难度后，系统会自动生成一个代码片段，用户需要按照这个代码片段输入代码，用户的输入速度影响用户所控制角色的奔跑速度，若输入速度过慢会导致我方角色被敌方角色追上，游戏失败。这样日积月累地练习后，将加快用户的输入速度，提高用户的编程效率。光速码字模块整体效果如图16.3所示。

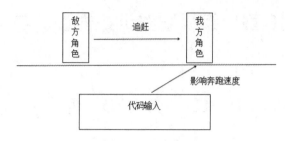

图16.3 光速码字示意图

4. 找找错模块分析

学习编程的过程中，由于编程知识体系庞大，难免会产生一些错误的理解或者遗漏一些重要的知识点。本系统采用在代码片段中找错的方式来弥补用户的学习漏洞。进入本模块后，系统会列出一段代码，用户需要在规定时间内找出代码错误的地方，系统也会显示出代码错误地方的正确写法以及错误原因。这样，用户接触的错误代码越多，越能发现和弥补自己的不足，潜移默化地给用户打下了扎实的基础。找找错模块整体效果如图16.4所示。

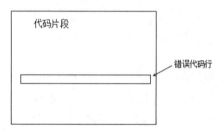

图16.4 找找错示意图

5. 代码迷宫模块分析

学以致用是学习编程的终极目的，本系统采用游戏与代码结合的方式来锻炼用户的动手能力。进入此模块后，系统会根据当前关卡生成一个迷宫，用户需要编写代码，控制游戏中的角色渡过种种难关，走出迷宫。在此过程中，用户会充分利用已学的编程知识，发挥自己的能力，做到真正地学以致用。代码迷宫模块整体效果如图16.5所示。

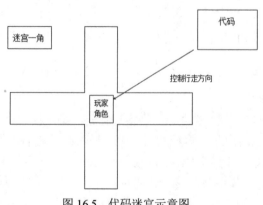

图16.5 代码迷宫示意图

6. 编程字典模块分析

编程字典模块记录了 Java 语言中重要的基础知识点。系统按照知识点的属性进行分类，生成一个树状目录。用户可以选择知识点目录里面的章节，查看相应的知识点内容。这样，用户可以方便地进行知识点查阅，节省了学习编程的时间。编辑字典模块整体效果如图 16.6 所示。

图 16.6　编程字典示意图

16.2　总 体 设 计

16.2.1　系统总体框架设计

软件设计可以进一步地分为两个阶段：总体设计和详细设计。其中，总体设计是对全局问题的设计，也就是设计系统总的处理方案，又称概要设计。在此阶段，开发人员需要确定编程思维训练器各个模块之间的联系，确定每个模块的具体实现方案，并给出软件的结构图。编程思维训练器的结构如图 16.7 所示。

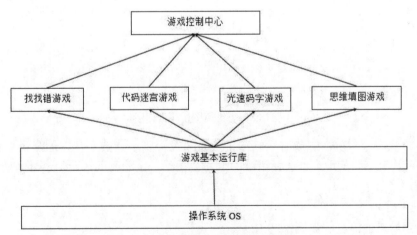

图 16.7　编程思维训练器结构图

操作系统为本系统提供了最基本的技术支撑，它的上一层是游戏基本运行库。游戏基本运行库作为游戏运行的基础模块，提供了 GUI 图像的显示输出、音频的控制输出、用户数据的存取和用户交互的控制等游戏基本功能。找找错游戏、代码迷宫游戏、光速码字游戏和思维填图游戏充分利用这些功能，实现需求分析中所需要实现的目标。但是，由于四个游戏都是单独存在的，因此，需要一个统一四个游戏的工具，这个工具就是系统最上层的游戏控制中心。它用于各个游戏之间的切换以及统计数据，是各个游戏连接的桥梁。这样，各个模块之间协调运作，使系统构成了有机的整体。

16.2.2　模块功能流程图

流程图功能应该指明控制流程、处理能力、数据组织等以便在编码阶段能够准确翻译成代码。以下是系统功能模块的流程图。

1. 思维填图游戏

思维填图游戏的流程图如图 16.8 所示。

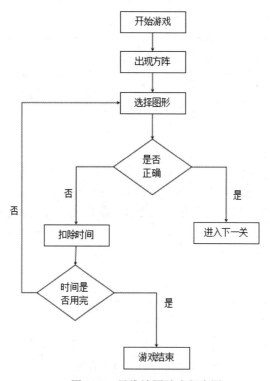

图 16.8　思维填图游戏程序图

进入本游戏后，系统会生成有空缺的卡片组以及可供选择的卡片，用户需要在规定的时间内，填补卡片组空缺的地方。选择错误的卡片会扣除一定的时间，当剩余时间用完时，游戏结束。

2. 光速码字游戏

光速码字游戏的流程图如图 16.9 所示。

进入本游戏后，用户会选择一个难度级别，有简单、正常、困难和大师四个级别，用户根据自己的情况直接选择。选择难度后，系统会自动生成一个代码片段，用户需要按照这个代码片段输入代码，输入速度会影响自己所控制的游戏角色的奔跑速度，若输入速度过慢会导致被后方怪物追上，游戏失败。因此，需要保持一个持续稳定的输入速度，才有游戏胜利的可能。

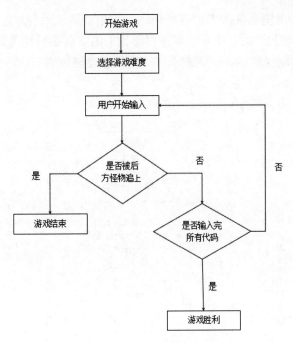

图 16.9　光速码字游戏流程图

3. 代码迷宫游戏

代码迷宫游戏的流程图如图 16.10 所示。

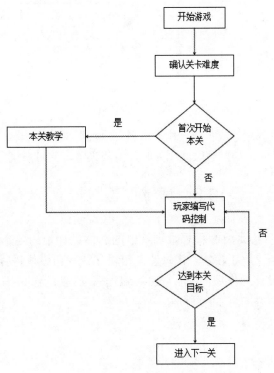

图 16.10　代码迷宫游戏流程图

进入本游戏后，会出现当前关卡的各种信息，当用户确认后开始游戏。系统会根据当前关卡生成一个迷宫，迷宫过大时，用户可以使用键盘上的方向键移动视野，观察迷宫的整体布局。游戏时，用户需要编写代码，控制游戏中的角色度过种种难关，达到当前关卡的目标。

4. 找找错游戏

找找错游戏的流程图如图 16.11 所示。

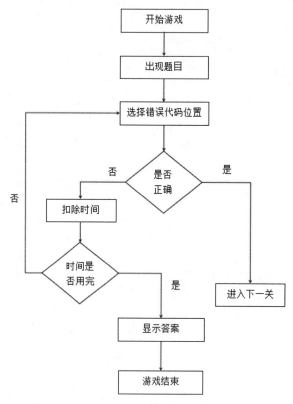

图 16.11　找找错游戏流程图

进入本游戏后，系统会列出一段代码，用户需要在规定时间内找出代码错误的地方，若选择错误，会扣除一定的剩余时间。当剩余时间用完时，游戏失败，此时系统会显示出正确的答案。

16.3　详细设计

系统详细设计阶段的目标是将编程思维训练器的总体设计中的各个模块进行细化，对程序界面、思维填图模块、光速码字模块、代码迷宫模块和找找错模块进行准确定义和描述。换而言之，经过这个阶段的设计工作后，就能得出对编程思维训练器的准确描述，从而可以准确地把这些描述翻译成代码，生成可执行程序。

16.3.1　首页界面设计

首页界面主要显示的内容有：

（1）展示系统所有的学习功能，如图 16.12 所示。该系统包含的学习类游戏有：光速码字、代码迷宫、找找错、思维填图、编程字典等。

（2）展示用户的学习经验。系统会根据玩家所得经验值评估玩家等级，每到达一个等级会有相应的称号。

（3）展示用户的金币数量，使用金币可以购买游戏中的相关道具，辅助自己完成游戏关卡的任务。

图 16.12　主界面效果图

16.3.2　编程字典模块设计

该编程字典集成了 Java 基本语法、Java 基本数据结构等基本信息，方便使用此软件的人员进行快速查询操作。通过单击左边的目录即可查看相应内容。编程字典模块效果如图 16.13所示。

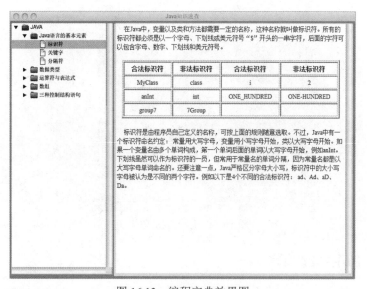

图 16.13　编程字典效果图

16.3.3 思维填图模块设计

思维填图模块主要是锻炼用户找规律的思维能力。进入游戏后，系统会随机地在题库中抽取题目，形成待选择的卡片组，时间计时器开始计时。玩家需要及时选择正确的卡片填入方块组。当填入错误时，会扣除一定时间。思维填图的事件定义见表 16.1。

表 16.1   思维填图事件定义

大主题	小主题	内容
运行条件	开始条件	玩家在主界面选择思维填图模式
	结束条件	时间用完前未选择正确的答案
处理逻辑	初始化	1. 系统会随机从题库里抽取一道逻辑填图题目，并将题目显示在屏幕上。 2. 开始计时
	用户输入	1. 用户根据观察，选择合适的卡片填入空格处。 2. 对用户选择的卡片进行验证： （1）选择错误的场合，则扣除一定时间，当时间为 0 时，进入"游戏结束"步骤。 （2）选择正确的场合，进入"游戏胜利"步骤
	结束判断	根据结束条件的设定，若满足条件，则进入"游戏结束"步骤，若不满足条件，则继续执行"用户输入步骤"
	游戏结束	提示游戏结束，单击按钮可返回到上一步
	游戏胜利	提示游戏胜利，增加用户一定的金币数量，并提供进入下一关和返回游戏主界面的选择

思维填图界面的右上角为计时器，该计时器的进度条表示该关卡的剩余时间，当时间用完后，游戏结束。界面中间为有规律的卡片组，其中含有空缺部分等待用户填充，相应的，界面底部就是用户可以选择的卡片。整个界面效果如图 16.14 所示。

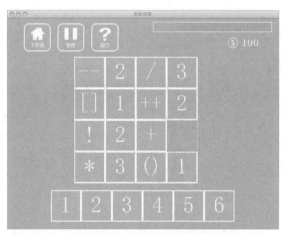

图 16.14   思维填图效果图

16.3.4 光速码字模块设计

光速码字模块主要是锻炼用户对于编程的适应性，提高用户的码字速度。进入游戏后，玩家首先会选择游戏难度，有简单、一般、困难、大师四种难度。选择结束后会倒数三秒钟，等待开始游戏。开始游戏后参照代码在输入栏输入代码，系统会自动根据键入代码的速度来设定游戏角色的奔跑速度。当游戏角色被后方怪物追上时，游戏结束。该模块的结构事件定义见表 16.2。

表 16.2　光速码字事件定义

大主题	小主题	内容
运行条件	开始条件	玩家选择光速码字模式
	结束条件	玩家被后方怪物追上
处理逻辑	初始化	1．弹出对话框提示用户选择当前关卡难度。 2．根据相应的关卡难度设定怪物的奔跑速度
	用户输入	1．用户敲击键盘，输入屏幕上的代码。系统根据代码的输入速度，设定游戏角色的奔跑速度。 2．若用户单击"暂停"按钮，则游戏暂停
	结束判断	当所有代码都已经输入完成且没有被怪物追上，游戏胜利。当控制的角色被怪物追上，游戏失败
	游戏结束	提示游戏结束，并提供重新开始和返回游戏主界面的选择
	游戏胜利	提示游戏胜利，增加用户一定的金币数量，并提供重新开始和返回游戏主界面的选择

光速码字界面左上角为游戏控制按钮，通过这两个按钮可对当前游戏的流程进行相关操作。

（1）主界面按钮：单击该按钮会丢弃当前游戏进度，返回到主菜单。

（2）暂停按钮：单击该按钮，将暂停当前游戏。

界面右上角会显示当前玩家所拥有的金币数。

界面底部是代码输入栏，已经输入的代码会自动呈现为红色，代码输入栏会一次显示三行代码，当输入到底部时会自动滚动到下一行。代码输入栏的上边显示玩家角色和敌人角色，两个角色都呈向前奔跑动作。整个界面效果如图 16.15 所示。

图 16.15　光速码字效果图

16.3.5　找找错模块设计

找找错模块主要是用于巩固用户的编程基础，补充用户的知识漏洞。进入游戏后，系统会随机从题库抽取一道试题，时间计时器开始计时，用户需要在相应的时间内选择出含有错误的代码。若选择错误，则会扣除一定时间。当用户单击"提示"按钮后，会扣除一定金币，并直接显示答案。找找错的事件定义见表 16.3。

表 16.3　找找错事件定义

大主题	小主题	内容
运行条件	开始条件	玩家选择找找错模式
	结束条件	游戏时间结束
处理逻辑	初始化	1. 系统随机从题库抽取一道题目，并显示在屏幕上。 2. 根据相应的关卡等级，读取相应的关卡数据，并显示在屏幕上。 3. 显示对话框，其内容包含该关卡信息，等待玩家确认
	用户输入	1. 显示"开始"按钮，等待玩家确认开始。 2. 开始计时，并逐渐扣除时间。 3. 对用户单击的代码进行判断： （1）选出代码错误的场合，扣除一定时间，进行游戏结束判断。 （2）选出代码正确的场合，进入游戏胜利步骤。 4. 当用户选择"提示"按钮时，消耗一定金币，直接进入游戏胜利步骤
	结束判断	当剩余时间为 0，则进入游戏失败步骤
	游戏失败	显示游戏失败按钮，提示重新开始或者返回主界面
	游戏胜利	提示游戏胜利，显示正确答案的解析。根据剩余时间额外增加玩家一定的金钱，并提供进入下一关和返回游戏主界面的选择

界面左上角为游戏控制按钮，这两个按钮可对当前游戏的流程进行相关操作。

（1）主界面按钮：单击该按钮会丢弃当前游戏进度，返回到主菜单。

（2）提示按钮：单击该按钮提示当前应该选择的卡片，直接跳过本关卡，但是需要消耗一定金币，当金币不足时无法使用。

界面右上角为时间计时器和金币数，时间计时器会显示当前关卡的剩余时间，该时间会逐渐减少。界面下方为含有错误的代码片段，用户需要在其中找出有错误的位置。

16.3.6　代码迷宫模块设计

代码迷宫模块采用游戏与代码结合的方式来锻炼用户的动手能力，用户需要灵活运行自己所学的编程知识控制角色走出迷宫。进入游戏后，可以查看当前关卡的信息，包括当前关卡的名称和难度。单击"开始"按钮开始游戏。

　　此时，用户可以通过键盘上的上下左右方向键来控制地图视图的移动。在界面右侧代码输入栏中输入代码来控制游戏角色的移动，调用 goDown()函数会控制角色向下行走，调用 goUp()函数会控制角色向上行走、调用 goRight()函数会控制角色向右行走，调用 goLeft()函数会控制角色向左行走。输入完毕后，单击右下角的"运行"按钮，开始编译代码，编译成功后，游戏角色会自动按照用户所编写的代码进行移动。若编写的代码有错误，则会弹出相应的错误信息。代码迷宫模块的事件定义见表 16.4 所示。

表 16.4　代码迷宫事件定义

大主题	小主题	内容
运行条件	开始条件	玩家选择代码迷宫模式
	结束条件	无
处理逻辑	初始化	1. 获取当前的关卡记录：从游戏文件 GameRecord.dat 中读取，获取现在进行的关卡等级。 2. 根据相应的关卡等级，读取相应的关卡数据，并显示在屏幕上。 3. 显示对话框，其内容包含该关卡信息，等待玩家确认
	用户输入	1. 若用户按上下左右按键，则控制游戏地图视野进行上下左右移动。 2. 若用户单击屏幕右侧的快捷键，则在下方代码输入框中自动生成相应代码。 3. 若用户输入完代码并单击运行按钮： （1）若用户代码编译有错误则显示的代码错误信息。 （2）若用户代码编译没有错误则运行代码，游戏角色根据玩家输入的代码进行行走。当行走完毕时，进行"结束判断步骤"
	游戏失败	当用户到达本关卡指定的终点时，游戏结束
	游戏胜利	提示游戏胜利，增加玩家一定的金币数量，并提供进入下一关和返回游戏主界面的选择

　　界面左上角为游戏控制按钮，这三个按钮可对当前游戏的流程进行相关操作。

　　（1）主界面按钮：单击该按钮会丢弃当前游戏进度，返回到主菜单。

　　（2）暂停按钮：单击该按钮暂停当前游戏。

　　（3）编程字典按钮：单击该按钮会快速打开编程字典界面，方便用户快速查阅相关编程知识点。

　　界面左侧为游戏地图，游戏角色会出现在一个迷宫内，迷宫里会标注起点和终点位置。游戏角色默认出现的位置就是迷宫内标注的起点位置。

　　界面右侧上部分为代码快捷添加栏，只要单击每个函数后面的"+"按钮，代码就会自动添加到下方的代码输入栏中。

　　界面右侧下方为代码输入栏，用户需要在此处输入控制游戏角色动作的代码。

　　界面右侧最下方为"执行"按钮，当用户输入完代码后，点击该按钮后，系统会自动对用户输入的代码进行编译，并将最终效果应用在左侧的角色上。整个界面效果如图 16.16 所示。

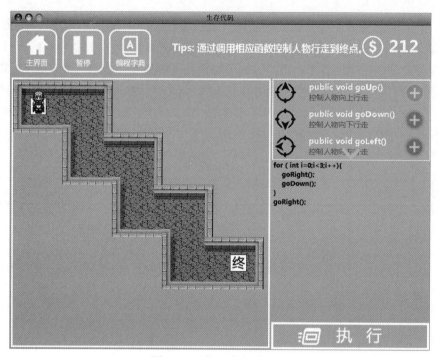

图 16.16   代码迷宫效果图

第17章 实 验 指 导

实验一 Java 运行环境

实验项目：Java 运行环境

实验目的：

1．掌握安装 JDK、配置环境变量的方法，在记事本中编写 Java 源程序，使用命令对其进行编译并运行。

2．掌握在 Eclipse 下新建项目及 Java 程序的方法。

实验内容：

1．编写源程序 HelloWorld.java，输出字符串 HelloWorld。

2．编写源程序 Test.java，输出九九乘法表。

实验步骤：

1．输出字符串 HelloWorld

（1）安装 JDK（查看机器是否已经安装 JDK）。

（2）查看并设置环境变量 java_home、path 和 classpath。

（3）编写源程序 HelloWorld.java，主要程序代码如下：

```
public class HelloWorld
{
    public static void main(String[ ] args)
    {//输出"HelloWorld"
    }
}
```

（4）编译 HelloWorld.java（在源程序所在目录下进行）。

（5）运行 HelloWorld.java（在源程序所在目录下进行）。

（6）进入其他目录下重复步骤（4）和步骤（5）。

（7）在 Eclipse 下完成程序。

2．输出九九乘法表

主要步骤同上，主要程序代码如下：

```
public class Test
{
    public static void main(String[ ] args)
    {//输出九九乘法表
    }
}
```

注意事项：

（1）在控制台输出使用 System.out.print("…")语句。

（2）注意 System.out.print("…") 与 System.out.print("…")的区别。

实验二　类和对象

实验项目：类和对象

实验目的：

1. 理解对象的封装性。

2. 理解构造方法的定义。

3. 掌握使用类创建对象的方法。

4. 掌握 static 成员的用法。

5. 理解成员的访问权限。

实验内容：

1. 定义一个 Triangle 类，在类中定义一个构造方法，构造方法中使用方法的参数来初始化成员变量，并判断成员变量是否能构成三角形。分别定义一个求周长和求面积的方法。定义一个 TestTriangle 类，用类创建对象，并调用这两个方法输出结果。

2. 定义一个 Person 类，要求类在 abc.def 包中，类中定义成员 num，其类型是 int、非 private，用于计算成员方法 getName 的调用次数；定义另一成员 name，其类型是 String、private；定义一构造方法，构造方法将形参值赋给成员变量；定义 getName 成员方法，类型为非 private，用于读取 name 的值，另外将次数 num 加 1。定义 TestPerson 类，在其中用 Person 类创建两个对象，分别输出这两个对象的成员值。

实验步骤：

1. 实验 1

（1）打开 Eclipse，新建一个 Java 项目。

（2）在项目下新建文件 TestTriangle.java，在该文件中定义两个类 Triangle 和 TestTriangle，在类体中完成相关程序。部分程序如下：

```
class Triangle
{
    double sideA,sideB,sideC,area,length;
    boolean boo;
    /*在此处定义一个构造方法，在方法中将方法参数赋值给三个成员变量，判断其是否能构成三角形，并给 boo 赋值*/
    double getLength()
    { if(boo)
        {//计算周长
        }
        else
        {//输出无法构成三角形，不能计算周长
        }
    }
    public double getArea()
        {
            if(boo)
            {//计算面积
```

```
                }
                    else
                    {//输出无法构成三角形，不能计算面积

                    }
            }
        }
    public class TestTriangle
    {
        public static void main(String[ ] args)
        {
            Triangle t=new Triangle(3,4,5);    //可改变参数的值
            //输出周长
            //输出面积

        }
    }
```
（3）运行程序。

2．实验 2

（1）打开 Eclipse，新建一个 Java 项目。

（2）在项目下新建一个包 abc.def，在包下创建文件 TestPerson.java，在该文件中定义两个类 Person、TestPerson，在类体中完成相关程序。部分程序如下：

```
    package abc.def;
    class Person
    {
        //此处定义 num，类型是 int、非 private，用于计算成员方法 getName 的调用次数
        private String name;
        //此处定义一构造方法，将形参值赋给成员变量
        //此处定义 getName 成员方法，类型是非 private，用于读取 name 的值，另外将次数 num 加 1
    }
    public class TestPerson
    {
        public static void main(String[ ] args)
        {
            Person p1=new Person("wang");
            //输出 p1 的 name 及 num 成员（此时 num 应该为 1）
            Person p2=new Person("zhao");
            //输出 p2 的 name 及 num 成员（此时 num 应该为 2）

        }
    }
```
（3）运行程序。

注意事项：

（1）计算面积方法：若三边是 a，b，c，半周长是 p，那么面积=Math.sqrt(p*(p-a)*(p-b)*(p-c))。

（2）注意 Triangle 类中构造方法的参数应该与调用构造方法时参数的个数和类型一致。

实验三 类 的 继 承

实验项目：类的继承

实验目的：理解继承机制，掌握继承的使用方法，掌握继承中构造函数的使用方法，掌握 super 关键字的用法。

实验内容：

程序包含三个类：TestA，TestB，Test。其中已定义 TestA 类和 Test 类，要求在不改变 TestA 类和 Test 类中程序的情况下，定义 TestB 类完成以下功能，最后要求程序的输出结果是：helloworld20132014。

定义 TestB 类使得它继承 TestA，在 TestB 中重写继承的 fun1()方法，并且在重写的 fun1()方法中调用从父类继承的 fun1()方法；在 TestB 中定义新添加的 fun2()方法，以及定义一个无参的构造方法。

实验步骤：

（1）打开 Eclipse，新建一个 Java 项目。

（2）在项目下新建文件 Test.java，在该文件中定义三个类 TestA，TestB，Test，在类体中完成相关程序。

部分程序如下：

```
/*TestA 类中程序不得改变*/
class TestA
{
    int i;
    TestA(int i)
    {
        this.i=i;
    }
    void fun1()
    {
        System.out.print("hello");
    }
}
/*按要求定义 TestB 类*/
class TestB extends TestA
{
}
/*以下程序不得改变*/
public class Test
{
    public static void main(String[ ] args)
    {
        String str;
        TestB tb=new TestB();
        tb.fun1();
```

```
            System.out.print(tb.i);
            str=tb.fun2();
            System.out.println(str);
        }
    }
```

（3）运行程序。

要求程序的运行结果为：helloworld20132014。

注意事项：

（1）注意 super 关键字的用法。

（2）注意重写继承的成员方法。

实验四　抽　象　类

实验项目：抽象类

实验目的：理解抽象类的定义，掌握抽象类的使用。

实验内容：

1．定义抽象类 A，A 中仅有一抽象方法 f1，无参，无返回值。

2．定义类 B，B 中定义两个成员方法 f2，f3。

3．定义类 TestAbs，类中已定义了 f4 方法和 main 方法，完成 main 方法，要求在 main 方法中调用 f2 和 f4 方法，使得程序输出结果是：helloworld。

实验步骤：

（1）打开 Eclipse，新建一个 Java 项目。

（2）新建文件 TestAbs.java，在该文件中定义三个类 A，B，TestAbs，在类体中完成相关程序。

部分程序如下：

```
abstract class A
{
}
class B
{
    void f2(A a)
    {
        a.f1();
    }
    void f3()
    {System.out.println("world");
    }
}
public class TestAbs
{
    static void f4(B b)
    {b.f3();
```

```
        }
        public static void main(String[ ] args)
        {
        //创建 B 的对象，调用 f2 方法
        }
    }
```

（3）运行程序。

注意事项：

（1）注意抽象方法的写法。

（2）调用 f2 方法时参数可使用匿名类。

实验五　接　　口

实验项目：接口

实验目的：理解接口的功能，掌握接口的使用方法。

实验内容：

1．定义一个 IShape 接口，在接口中定义一个求面积的抽象方法 getArea()，方法类型是 double，无参。

2．定义 Circle 类实现该接口，类中定义一个成员变量（半径），定义一个构造方法，调用构造方法时可将参数值赋给成员变量。

3．定义 Rectangle 类实现该接口，类中定义两个成员变量（长，宽），定义一个构造方法，调用构造方法时可将参数值赋给成员变量。

4．定义 TestInterface 类，用 IShape 创建接口变量 s1、s2，分别使用它们求圆的面积和矩形的面积。半径、长、宽的数值在参数中指定。

实验步骤：

（1）打开 Eclipse，新建一个 Java 项目。

（2）在项目下新建文件 TestInterface.java，在该文件中定义接口 IShape，定义三个类 Circle、Rectangle、TestInterface，在接口体和类体中完成相关程序。

部分程序如下：

```
    interface IShape
    {
        //定义抽象方法
    }
    class Circle//实现接口
    {
        //定义一个成员变量（半径）
        //定义一个构造方法，调用构造方法时可将参数值赋给成员变量
        //实现接口中抽象方法，求出圆的面积
    }
    class Rectangle//实现接口
    {
        //类中定义两个成员变量（长，宽）
```

```
//定义一个构造方法，调用构造方法时可将参数值赋给成员变量
//实现接口中抽象方法，求出矩形的面积
}
public class TestInterface
{
    public static void main(String[ ] a)
    {
        IShape  s1,s2;   //使用 s1、s2 分别求圆的面积和矩形的面积，半径、长、宽的数值在参数
中指定
    }
}
```

（3）运行程序。

实验六　多　　态

实验项目：多态

实验目的：理解多态机制，掌握上转型对象的使用。

实验内容：

1．定义接口 say，接口体中定义 speak 方法，无参，无返回值。

2．定义 Person 类，该类实现接口 say，在实现的 speak 方法中输出 speaked by Person。

3．定义 Student 类，该类也实现接口 say，在实现的 speak 方法中输出 speaked by Person，并且 Student 类是 Person 类的直接子类。

定义 Te 类，该类中定义成员方法 test，该方法已经给出（不用写），另外在 main 方法中，用 Te 创建对象 t，要求使用 t 调用 test 方法使得输出结果是：

```
speaked by Person
speaked by Student
```

实验步骤：

（1）打开 Eclipse，新建一个 Java 项目。

（2）在项目下新建文件 Te.java，在该文件中定义接口 say，定义三个类 Person、Student、Te，在接口体和类体中完成相关程序。

部分程序如下：

```
interface say
{
}
class Person //实现接口 say
{
}
class Student //实现接口 say，继承类 Person
{
}
public class Te
{
    void test(Person p)
```

```
        {
            p.speak();
        }
        public static void main(String[ ] args)
        {
            Te t=new Te();
            //利用对象 t 调用 test 方法，两条调用语句
        }
    }
```

（3）运行程序。

注意事项：

（1）注意一个类如果同时实现一个接口和继承另一个类，类的声明部分的写法。

（2）注意调用 test 方法时使用上转型对象。

实验七 字 符 串

实验项目：字符串

实验目的：

1．掌握如何创建字符串对象。

2．掌握 String 类的常用方法。

3．掌握正则表达式的定义及使用。

实验内容：

1．编写源程序 Test1.java，在其中编写身份证号码的正则表达式，要求合法的身份证号码必须是 15 位纯数字、18 位纯数字或 17 位纯数字加字母 X 结尾。定义一个身份证号码，将它与正则表达式匹配，输出匹配结果。

2．编写源程序 Test2.java，要求为：将字符串中索引为偶数的字符取出组成一个新的字符串，并且使字符串中的每一个字符变成其下一个字符，输出新字符串。如字符串是 helloworld，则新的字符串是 imppm。

实验步骤：

1．Test1.Java

（1）打开 Eclipse，新建一个 Java 项目。

（2）在项目下新建一类 Test1，在类体中完成程序。

部分程序如下：

```
    public class Test1
    {
        public static void main(String[ ] args)
        {
            String str="正则表达式";
            String s="身份证号";
            System.out.println(s.matches(str));
        }
    }
```

（3）运行程序。

2．Test1.Java

主要步骤同上，部分程序如下：

```
public class Test2
{
        public static void main(String[ ] args)
        {
                //使用 length 方法、charAt 方法和连接方法
                //注意类型的转换
        }
}
```

注意事项：

（1）注意正则表达式的写法。

（2）注意方法的参数。

实验八　异常处理

实验项目：异常处理

实验目的：理解异常机制，理解 try、catch、finally、throws、throw 的使用方法，掌握自定义异常类的使用方法。

实验内容：

1．定义异常类 Nopos，在类中写构造方法，构造方法中确定异常信息（m 或 n 不是正整数），m 和 n 在输出时要用具体值。

2．定义 Computer 类，类中定义成员方法 int f(int m,int n)，方法中若 m<0 或 n<0 则抛出自定义的异常，否则求 m 和 n 最大公约数。

3．定义 TestException 类，在 main 方法中，用 Computer 创建对象，用对象调用 f 方法，若参数正确则求出公约数，否则输出异常信息。

实验步骤：

（1）打开 Eclipse，新建一个 Java 项目。

（2）在项目下新建文件 TestException.java，在该文件中定义三个类 Nopos、Computer、TestException，在类体中完成相关程序。

部分程序如下：

```
class Nopos //自定义异常类
{   Nopos(int m,int n)
    {   //设置异常信息：m 或 n 不是正整数
    }
}
class Computer
{   //f 方法求参数 m 和 n 的最大公约数
    public int f(int m,int n)
    {   if(n<=0||m<=0)
        {//抛出自定义的异常
```

```
        }
        if(m<n)
        {   交换 m 和 n
        }
        //可用辗转相除法求最大公约数
    }
}
public class TestException
{   public static void main(String args[ ])
    {   int m=24,n=36,result=0;
        Computer a=new Computer();
        result=a.f(m,n);
        System.out.println(m+"和"+n+"的最大公约数  "+result);
        m=-12;
        n=22;
        result=a.f(m,n);
        System.out.println(m+"和"+n+"的最大公约数  "+result);
    }
}
}
```
（3）运行程序。

注意事项：

（1）注意异常类的定义。

（2）注意五个关键字的用法。

实验九　输入流和输出流

实验项目：输入流和输出流

实验目的：理解输入流和输出流，掌握利用文件输入流和文件输出流进行读写的方法。

实验内容：

1．已有一段英文文本存储在 1.txt 中，要求：编写程序利用输入流和输出流将该文件中的所有内容复制到另外一个文件 2.txt 中，并且将其内容也在屏幕上显示出来。使用字节流实现复制。

2．将实验 1 的 1.txt 中加入汉字字符，使用字符流实现复制。

实验步骤：

1．使用字节流复制

（1）打开 Eclipse，新建一个 Java 项目。

（2）在项目下新建文件 TestCopy.java，在该文件中定义一个类 TestCopy，在类体中完成相关程序。

（3）创建 FileInputStream 输入流对象（利用 1.txt）和 FileOutputStream 输出流对象（利用 2.txt）。

（4）调用输入流对象的 read()方法，注意使用循环，若返回值为-1 表示读取结束，在循环体中将读取的文本写入输出流和屏幕。

（5）运行程序。

2．使用字符流复制

（1）同实验九 1。

（2）同实验九 1。

（3）创建 FileReader 输入流对象（利用 1.txt）和 FileWriter 输出流对象（利用 2.txt）。

（4）调用输入流对象的 read()方法，注意使用循环，若返回值为-1 表示读取结束，在循环体中将读取的文本写入输出流和屏幕。

注意事项：

（1）注意创建流对象时可能抛出的异常。

（2）注意 read()方法可能抛出的异常。

（3）注意不同输入流对象 read()方法的参数类型。

实验十　Java Swing

实验项目：Java Swing

实验目的：掌握使用 Java Swing 设计图形界面。

实验内容：设计一个简单计算器，界面如图 17.1 所示。

图 17.1　简单计算器

设计要求如下：

（1）设计一窗口，其标题显示"简单计算器"，窗口位置(100,100)，窗口大小(300,300)。

（2）使用 JTextField 创建用于计算的两个操作数及其计算结果（最底部）。

（3）使用 JComboBox 创建四个运算符号。

（4）使用 JButton 创建"计算结果"。

（5）将需输入的两个数和操作符可放在一个 JPanel 面板上，其布局使用默认布局 FlowLayout。

（6）对窗口使用布局管理器 BorderLayout，其中，EASE 和 WEST 可以不设置。

（7）要求窗口能够关闭。

实验步骤：

（1）打开 Eclipse，新建一个 Java 项目。

（2）在项目下新建文件 SimpleCa.java，在该文件中定义一个类 SimpleCa，类体中完成相关程序。

（3）运行程序。

注意事项：

（1）注意布局管理器的使用。

（2）关闭窗口。

实验十一　事　件　处　理

实验项目： 事件处理

实验目的： 理解监听事件原理，掌握 java swing 中事件处理的方法。

实验内容：

在实验十设计的简单计算器界面基础上，实现计算机功能。输入两个操作数，选择操作符，单击"计算结果"按钮显示结果，如图 17.2 所示。

图 17.2　计算功能

设计要求：

（1）编写事件处理器，其实现 ActionListener 接口，将处理程序写在以下方法中：

```
public void actionPerformed(ActionEvent e)
{
    //处理程序
}
```

（2）处理程序中，先获取 JTextField 中操作数，使用 getText()方法（返回值是 String 类型），但计算前将 String 转换成基本类型，如 double。

例如，可以写成以下形式：

　　　　double a=Double.valueOf(t1.getText()).doubleValue();

（3）处理程序中接着获取操作符，如可使用 int c=jcb.getSelectedIndex();，根据获取的值进行相应的运算。

（4）将计算结果显示在最底部的 JTextField 中，并调用 setText 方法。

（5）给"计算结果"按钮注册监听器，使用创建的事件处理器对象。

实验步骤：

（1）打开 Eclipse，打开实验十的项目。

（2）在项目下打开文件 SimpleCa.java，在该文件中继续补充完成类 SimpleCa。

（3）运行程序。

注意事项：

（1）注意类型的转换。

（2）注意相关包的引入：

　　　　import javax.swing.*;
　　　　import java.awt.*;
　　　　import java.awt.event.*;

实验十二　数据库编程

实验项目： 数据库编程

实验目的： 掌握 Java 中连接数据库及访问数据库的方法。

实验内容：

现有一 Access 示例数据库 NorthWind.mdb，该数据库中有一"客户"表，要求编写程序访问该数据库并显示出该表中所有记录的前三个字段信息。

实验步骤：

（1）打开 Eclipse，新建一个 Java 项目。

（2）在项目下新建文件 TestData.java，在该文件中定义一个类 TestData，类体中完成相关程序。

1）设置数据源。

2）加载驱动程序：Class.forName("sun.jdbc.odbc.JdbcOdbcDriver");

3）建立连接：

Connection con=DriverManager.getConnection("jdbc:odbc:数据源名称","","");

4）建立 Statement 对象：

Statement sql=con.createStatement();

5）执行查询语句：

ResultSet rs=sql.executeQuery("sql 语句");

6）使用循环将结果集内容 rs 显示出来。

（3）运行程序。

注意事项： 注意引入包：import java.sql.*;。

参考源代码

实验一 Java 运行环境

```java
//HelloWorld.java
public class Test
{
    public static void main(String args[ ])
    {
        System.out.println("HelloWorld");
    }
}
//Test.java
public class Test
{
    public static void main(String args[ ])
    {
        int i,j;
        for(i=1;i<=9;i++)
        {   for(j=1;j<=i;j++)
            System.out.print(i+"*"+j+"="+i*j+"    ");
            System.out.println();
        }
    }
}
```

实验二 类和对象

```java
// TestTriangle.java
class Triangle
{
    double sideA,sideB,sideC,area,length;
    boolean boo;
    Triangle(double sa,double sb,double sc)
    {
        sideA=sa;
        sideB=sb;
        sideC=sc;
        if(sideA+sideB>sideC&&sideB+sideC>sideA&&sideC+sideA>sideB)
        boo=true;
    }
    double getLength()
    {   if(boo)
        {
            return (sideA+sideB+sideC);
```

```
        }
    else
    {
        return 0;
    }
}
public double getArea()
{
    if(boo)
    {
        double p=0.5*(sideA+sideB+sideC);
        return Math.sqrt(p*(p-sideA)*(p-sideB)*(p-sideC));
    }
        else
        {
            return 0;
        }
    }
}
public class TestTriangle
{
    public static void main(String[ ] args)
    {
        Triangle t=new Triangle(3,4,5);    //可改变参数的值
        double l,s;
        l=t.getLength();
        s=t.getArea();
        if(l!=0)
        System.out.println(l);
        else
        System.out.println("输出无法构成三角形，不能计算周长");
        if(s!=0)
        System.out.println(s);
        else
        System.out.println("输出无法构成三角形，不能计算面积");

    }
}

// TestPerson.java
package abc.def;
class Person
{
    int num;
    private String name;
    Person(String name)
```

```
        {
             this.name=name;
        }
        public String getName()
        {
             num++;
             return name;
        }
    }

public class TestPerson
{
    public static void main(String[ ] args)
    {

        Person p1=new Person("wang");
        //输出 p1 的 name 及 age 成员
        System.out.println(p1.getName()+p1.num);
        Person p2=new Person("zhao");
        System.out.println(p2.getName()+p2.num);
    }
}
```

实验三　类的继承

```
//Test.java
class TestA
{
    int i;
    TestA(int i)
    {
        this.i=i;
    }
    void fun1()
    {
        System.out.print("hello");
    }
}
class TestB extends TestA
{   void fun1()
    {   super.fun1();
        System.out.print("world");
    }
    TestB()
    {
        super(2013);
    }
```

```
        String fun2()
        {
         return "2014";
        }
}
public class Test
{
    public static void main(String[ ] args)
    {
        String str;
        TestB tb=new TestB();
        tb.fun1();
        System.out.print(tb.i);
        str=tb.fun2();
        System.out.println(str);
    }
}
```

实验四　抽象类

```
//TestAbs.java
abstract class A
{
    abstract void f1();
}
class B
{
    void f2(A a)
    {
      a.f1();
    }
    void f3()
    {   System.out.println("world");
    }
}
public class TestAbs
{
    static void f4(B b)
    {   b.f3();
    }
public static void main(String[ ] args)
{   B b1=new B();
    b1.f2(new A()
    {   void f1()
        {   System.out.print("hello");
        }
});
```

```
        f4(new B());
    }


}
```

实验五　接口

```java
// TestInterface.java
interface IShape
{
    double getArea();
}

class Circle implements IShape
{
    double radius;
    Circle(double r)
    {radius=r;
    }
    public double getArea()
    {
     return 3.14*radius*radius;
    }
}

class Rectangle implements IShape
{
    Double height,width;
    Rectangle(double h,double w)
    {
        height=h;
        width=w;
    }
    public double getArea()
    {
       return height*width;
    }
}
public class TestInterface
{
    public static void main(String[ ] a)
    {
        IShape s1,s2;
        s1=new Circle(2);
```

```
        s2=new Rectangle(4,5);
        System.out.println(s1.getArea());
        System.out.println(s2.getArea());
    }
}
```

实验六　多态

```
//Te.java
interface say
{
    void speak();
}
class Person implements say
{
    public void speak()
    {
        System.out.println("speaked by Person");
    }
}
class Student extends Person implements say
{
    public void speak()
    {
        System.out.println("speaked by Student");
    }
}
class Te
{
    void test(Person p)
    {
        p.speak();
    }
    public static void main(String[ ] args)
    {
        Te t=new Te();
        t.test(new Person());
        t.test(new Student());
    }
}
```

实验七　字符串

```
//Test1.java
public class Test
{
    public static void main(String args[ ])
```

```
        {
            String str="\\d{15}|\\d{17}[\\d|x]";
            String s="342601198307031";
            System.out.println(s.matches(str));
        }
    }


//Test2.java
public class Test2
{
    public static void main(String args[ ])
    {
        String s="helloworld",t="";
        for (int i=0;i<s.length();i+=2)
        t+=(char)(s.charAt(i)+1);
        System.out.println(t);
    }
}
```

实验八　异常处理

```
// TestException.java
class Nopos extends Exception
{   Nopos(int m,int n)
    {    super(m+"或"+n+"不是整数");
    }
}
class Computer
{   //f 求最大公约数
    public int f(int m,int n) throws Nopos
    {   if(n<=0||m<=0)
        {   Nopos e1=new Nopos(m,n);
            throw e1;
        }
        if(m<n)
        {   int temp=0;
            temp=m;
            m=n;
            n=temp;
        }
        int r=m%n;
        while(r!=0)
        {   m=n;
            n=r;
            r=m%n;
        }
        return n;
```

```
        }
    }
    public class TestException
    {   public static void main(String args[ ])
        {   int m=24,n=36,result=0;
            Computer a=new Computer();
            try
            {   result=a.f(m,n);
                System.out.println(m+"和"+n+"的最大公约数  "+result);
                m=-12;
                n=22;
                result=a.f(m,n);
                System.out.println(m+"和"+n+"的最大公约数  "+result);
            }
            catch(Nopos e)
            {   System.out.println(e.getMessage());
            }
        }
    }
```

实验九　输入流和输出流

```java
//TestCopy1.java
import java.io.*;
public class TestCopy1 {
    public static void main(String[ ] args) {
        byte[ ] b=new byte[10];
        try {
            FileInputStream input = new FileInputStream("1.txt");
            FileOutputStream br = new FileOutputStream("2.txt");
            int len=input.read(b);
            while (len!=-1 ) {

                String str=new String(b,0,len);
                br.write(b,0,len);
                System.out.print(str);
                len= input.read(b);
            }
            input.close();
            br.close();
        } catch (IOException e) {
            e.printStackTrace();
        }
    }
}
```

```java
//TestCopy2.java
import java.io.*;
public class TestCopy {
    public static void main(String[ ] args) {
        try {
                FileReader input = new FileReader("1.txt");
                BufferedReader br = new BufferedReader(input);
                FileWriter output = new FileWriter("2.txt");
                BufferedWriter bw = new BufferedWriter(output);
                String s=br.readLine();
                while ( s!=null ) {
                bw.write(s);
                bw.newLine();
                System.out.println(s);
                s = br.readLine();
            }
            br.close();
            bw.close();
            } catch (IOException e) {
                e.printStackTrace();
        }
    }
}
```

```java
//TestCopy2.java(方法二)
import java.io.*;
public class TestCopy2{
    public static void main(String[ ] args) {
        try {
                FileReader input = new FileReader("1.txt");
                FileWriter output = new FileWriter("temp.txt");
                int c=input.read();
                while ( c != -1 ) {
                    output.write(c);
                    System.out.print((char)c);
                    c = input.read();
            }
            input.close();
            output.close();
            } catch (IOException e) {
                System.out.println(e);
        }
    }
}
```

实验十　Java Swing

```java
// SimpleCa.java
import javax.swing.*;
import java.awt.*;
import java.awt.event.*;
public class SimpleCa extends JFrame{
    SimpleCa(String s)
    {   super(s);
    }
    public static void main(String[ ] args) {
        SimpleCa s=new SimpleCa("简单计算器");
        s.setLayout(new BorderLayout());
        final JTextField t1=new JTextField(10);
        final JTextField t2=new JTextField(10);
        final JTextField t3=new JTextField();
        JButton b=new JButton("计算结果");
        JPanel p=new JPanel();
        s.setBounds(100, 100, 300, 300);
        String[ ] str={"+","-","*","/"};
        final JComboBox jcb=new JComboBox(str);
        p.add(t1);
        p.add(jcb);
        p.add(t2);
        s.add(p,BorderLayout.NORTH);
        s.add(t3,BorderLayout.SOUTH);
        s.add(b,BorderLayout.CENTER);
        s.setVisible(true);
        s.setDefaultCloseOperation(JFrame.EXIT_ON_CLOSE);

    }

}
```

实验十一　事件处理

```java
// SimpleCa.java
import javax.swing.*;
import java.awt.*;
import java.awt.event.*;
public class SimpleCa extends JFrame{
    SimpleCa(String s)
    {   super(s);
    }
    public static void main(String[ ] args) {
        SimpleCa s=new SimpleCa("简单计算器");
        s.setLayout(new BorderLayout());
```

```java
final JTextField t1=new JTextField(10);
final JTextField t2=new JTextField(10);
final JTextField t3=new JTextField();
JButton b=new JButton("计算结果");
JPanel p=new JPanel();s.setBounds(100, 100, 300, 300);
String[ ] str={"+","-","*","/"};
final JComboBox jcb=new JComboBox(str);
p.add(t1);
p.add(jcb);
p.add(t2);
s.add(p,BorderLayout.NORTH);
s.add(t3,BorderLayout.SOUTH);
s.add(b,BorderLayout.CENTER);
s.setVisible(true);
s.setDefaultCloseOperation(JFrame.EXIT_ON_CLOSE);
b.addActionListener(
new ActionListener()
{
    public void actionPerformed(ActionEvent e)
    {   double a=Double.valueOf(t1.getText()).doubleValue();
        double b=Double.valueOf(t2.getText()).doubleValue();
        int c=jcb.getSelectedIndex();
        double result=0;
        switch(c)
        {   case 0: result=a+b;break;
            case 1: result=a-b;break;
            case 2: result=a*b;break;
            case 3: result=a/b;break;
        }
        t3.setText(""+result);
    }
}
);
}

}
```

实验十二　数据库编程

```java
// TestData.java，先设置数据源 nw
import java.sql.*;
public class TestData
{   public static void main(String args[ ])
    {Connection con;
     Statement sql;
     ResultSet rs;
     try{Class.forName("sun.jdbc.odbc.JdbcOdbcDriver");
```

```
        }
    catch(ClassNotFoundException e)
        {System.out.println(""+e);
        }
    try{con=DriverManager.getConnection("jdbc:odbc:nw","","");
        sql=con.createStatement();
        rs=sql.executeQuery("SELECT * FROM 客户");
        while(rs.next())
        {String i=rs.getString(1);
         String j=rs.getString("公司名称");
         String k=rs.getString(3);
         System.out.print("姓名: "+i);
         System.out.print("公司: "+j);
         System.out.println("联系人: "+k);
         }
        con.close();
        }
    catch(SQLException e)
        {System.out.println(e);
        }
    }
}
```

参 考 文 献

[1] 埃克尔. Java 编程思想 [M]. 4 版. 北京：机械工业出版社，2007.

[2] 耿祥义，张跃平. Java 面向对象程序设计：微课视频版[M]. 3 版. 北京：清华大学出版社，2020.

[3] 耿祥义，张跃平. Java 面向对象程序设计（第 3 版）实验指导与习题解答[M]. 3 版. 北京：清华大学出版社，2020.

[4] 明日科技. Java 从入门到精通[M]. 6 版. 北京：清华大学出版社，2021.

[5] 平泽章. 面向对象是怎样工作的[M]. 2 版. 北京：人民邮电出版社，2020.